教育部人文社会科学研究项目“新发展阶段我国国民生态素质教育的路径研究”（21YJC710056）

海南省教育厅 2022 年度海南省高校思想政治工作研究文库建设培育项目“我国国民生态素质教育研究”（琼教思政 [2021] 17 号）

海南省教育厅 2022 年度海南省高校思想政治工作中青年骨干队伍建设项目（琼教思政 [2021] 17 号）

我国国民生态素质教育研究

邵娜娜　著

中国社会科学出版社

图书在版编目(CIP)数据

我国国民生态素质教育研究/邵娜娜著. --北京：中国社会科学出版社，2024.10

ISBN 978-7-5227-3621-1

Ⅰ.①我… Ⅱ.①邵… Ⅲ.①生态环境—环境教育—素质教育—研究—中国 Ⅳ.①X321.2

中国国家版本馆CIP数据核字(2024)第110685号

出 版 人　赵剑英
责任编辑　张　湉
责任校对　姜志菊
责任印制　李寡寡

出　　版　中国社会科学出版社
社　　址　北京鼓楼西大街甲158号
邮　　编　100720
网　　址　http://www.csspw.cn
发 行 部　010-84083685
门 市 部　010-84029450
经　　销　新华书店及其他书店

印　　刷　北京明恒达印务有限公司
装　　订　廊坊市广阳区广增装订厂
版　　次　2024年10月第1版
印　　次　2024年10月第1次印刷

开　　本　710×1000　1/16
印　　张　18.5
插　　页　2
字　　数　268千字
定　　价　108.00元

凡购买中国社会科学出版社图书，如有质量问题请与本社营销中心联系调换
电话：010-84083683

前　言

生态，是从自然界系统延伸而来的一个概念，延伸到素质教育中来，成为一种追求爱与尊重、智慧与责任的话语表达。放眼世界，人类进入工业文明时代以来，在创造了巨大物质财富的同时，也加速了对自然资源的攫取，打破了地球生态系统平衡，人与自然深层次矛盾日益显现。当前，我们面临着环境污染、资源枯竭等自然问题，信仰缺失、道德失范、意义缺场、审美力匮乏等社会问题，这些问题都呼唤我们建立一种寻求整体的智慧型教育，重拾对自然万物生命的敬畏和对人类命运的情感关怀，重建健康、持续、恢复性、正义和繁荣的社会。习近平总书记在党的二十大报告中强调："要牢固树立和践行绿水青山就是金山银山的理念，站在人与自然和谐共生的高度谋划发展""推动绿色发展，促进人与自然和谐共生"。新时代呼唤新理论，新理论引领新实践。中国式现代化注重生态文明建设，要求在教育事业中积极融入生态文明理念，强化生态素质教育。这就要从根本上弘扬一种生态有机的思维方式，呼吁以内向的精神修炼控制外向的过度欲求，引导更多的受教育者群体做到尊重世界完整性、尊重他者和差异、尊重地方文化等，逐步成长为具备落地生根能力、审美想象力、宏阔视野和真实情感的人，共同致力于创建普惠包容的美丽家园。

教育的拉丁文词根为 educe，即导出，从教育中引出人与自然和谐共生之美，激发内心深处的生态责任意识，为万物创造共同福祉，亦成为素质教育的应然之举。依此，我们要在不断追求人与自然和谐相处的过程中，努力将教育打造成为一个“生命鲜活展开”的过程，使人们在“五彩缤纷的生活”中建立起对生命价值和意义的科学认知，激发人们对情感、责任和美的认知，进而以多样化物种相安相促的原则定位生态化的生命需要，以系统化思维构筑一种厚道美好、宽缓静定的生命共同体之美，为民族复兴事业找寻具有生命力的精神气质和文化心理，为建设富而美的社会主义现代强国筑牢根基，最终构建一个普遍关怀、返璞归真的生态型和关联型社会，打造人与自然和谐发展的崭新格局。我想这也是一名教育工作者的职业操守与初心使命之所在。

本书第一部分对生态素质教育领域的前期研究成果进行了系统概括与综合评述，力求在研究内容和研究视角等方面有所创新。第二部分对国民生态素质教育相关概念进行科学界说，阐释了我国国民生态素质教育的时代语境，论述了推进生态素质教育的重要意义，奠定了本书开展研究的理论基石。第三部分对我国国民生态素质教育的理论渊源和思想资源展开解读，在来自时空维度的宏阔视野和伟大思想的理论继承之下，系统阐释马克思主义经典作家、中国共产党人、中国传统文化和西方社会思潮等有关生态文明思想。第四部分针对我国国民生态素质教育取得的诸多成就、存在的问题及其成因等基本现状进行了深入剖析。第五部分论述了国外国民生态素质教育的基本情况与先进经验，从注重宣传教育、重视教学改革、发挥市场监管职能、加强立法和执法建设、合理开发利用资源、构建协作网络等方面展开阐述，详细介绍了美国、俄罗斯、德国、日本等国的生态素质教育概况。第六部分论述了推动我国国民生态素质教育的现实路径，提出通过培养生态文明意识以更新国民生态素质教育理念、丰富生态文明知识以增强国民生态素质教育效果、加强生态教育制度以完善国民生态素质教育体系、优化生态教育环境以营造国民生态素质教育氛围、创新生态教育形式以拓宽国民生态素质教育渠道等，进而推动教育现代化发展、美好生活的构建和人类社会的可持续发展。第七部分整体梳理了本书主要研究内容与基本观点，对我国国民生态素质教育的发展前景进行展望。

本书不再仅仅着眼于生态文明的“生态”表层或人才培养事业中的“成绩或结果”导向，而是将人类敬畏自然、关爱他者的“生态思维方式”“生态素质水平”“整体有机思维”等置于更广阔的视野中，在促使人与人和解、人与自然和解的基础上，推动人类生态素养的整体提升和人类自身的全面进步。一方面，本书是关于生态素质教育的综合性研究，既具有学术价值，又具有现实针对性，是对生态素质教育研究领域进行的一个立体把握与建构；另一方面，本书的主旨思想接轨教育现代化目标与“十四五”规划建设所提出的“推动绿色发展，促进人与自然和谐共生”远景战略目标，也是增强我国在全球生态治理体系中的话语权和影响力，夯实“中国之治”基础的一项战略需要。希望本书的出版能够为进一步丰富和发展马克思主义关于生态文明和人的发展的相关思想提供一些理论思路，为助力经济社会绿色化转型、教育生态化转型以及建设社会主义生态文明提供一些有益借鉴。

目　　录

绪　论

一　选题依据及研究意义

（一）选题依据

随着工业化的飞速发展，自然界和人类社会呈现出诸多的生态环境问题，主要有生物多样性锐减、土地沙漠化、森林覆盖率降低、空气污染、乡村空心化以及各类疾病增多等。人们凭借先进的科学技术和发达的生产力水平，移山填海，呼风唤雨，以强大的力量改变着世界，这不仅给人类带来了巨大的社会财富，也激发了人们过度控制自然的欲望。“野性”的技术奴役着人们的思想和意识，技术的不合理使用为生态危机的产生提供了巨大的工具性力量和作用机制，在人类对生产、生活方式提出高质量要求的同时，也在一定程度上产生了对“其他生命的抢夺”现象，损坏和毁灭着其他生命体的内在价值。怀海特曾说，“所有生命都是抢夺”，关键在于我们是否可以用一种合理的、损害最小的方式去“抢夺”，而这取决于人是否具备不可或缺的生态价值理念与生态文明素养。从人与自然的关系来看，教育是以人类的本体自然为对象，改造体外自然的实践活动，[①] 具有特定的社会服务功能。因此，要实现大自然整个生态系统内部的有机联系与共生

① 刘贵华：《新世纪大学教育的“生态化”路向》，《未来与发展》2001 年第 1 期。

共荣，为人们提供更多美好生活所需要的优质生态产品，则必然要求我们进行自身价值观念和社会教育方式的深层次改革。人是地球上生态道德的承载者和“代理人”，人类必须对自己以往落后的价值观念和生存方式进行全面而深刻的反思，牢固树立尊重自然、顺应自然、保护自然的生态文明理念，培育共荣共生、公正分配资源和机会的价值观，进而全面提升自身生态素质水平，推动形成人与自然和谐发展的新格局。我国国民生态素质教育的实践路径便是在生态素质教育理论与实践之间搭建起能够增强素质教育实效的逻辑链条，这也是推动美丽中国建设和中华民族伟大复兴的有效保障。

1. 理论依据

思想、理论或观念的传播与推广，离不开教育的开展和实施。落实和贯彻生态素质教育，帮助人们培育生态价值观、树立生态道德观、增强生态实践能力等，能够为我国生态素质教育事业提供重要的理论支撑。通过积极推进国民生态素质教育，可以丰富生态文明知识，完善生态文明教育体系，进而建立强化生态文明知识和培育社会责任感的教育平台，在全社会范围内弘扬生态文明理念，培育具备生态文明意识和生态文明观的现代化新型人才，增强全社会对生态素质教育系统的全面认识。因此，当今时代不断加强国民生态素质教育是一种必然趋势，它能够促进人的全面发展，为社会培养具有科学世界观、人生观、价值观以及生态观的生态型公民。

2. 现实依据

在二元对立的狭隘思维下，人与自然的关系严重失衡，气候变暖、森林锐减、土地沙漠化、生物多样性锐减等生态类问题日益突出，甚至人与人、人与社会之间的关系也变得日益紧张，人性冷漠、欺凌弱势群体、精神焦虑等社会性问题时有发生。为了更好地推进人、自然与社会之间生态关系的均衡发展，实现人与人、人与自然之间的和解，需要提高公众的生态文明意识与生态素质水平，这就离不开国民生态素质教育。党的二十大报告提出，要践行“两山”理念，建设人与自然和谐共生的现代化。中共中央、国务院印发的《新时代公民道德建设实施纲要》中提出，生态道德是现代文明的标志，要引导人们树立尊重自然和保护自然的理念，做生态环境的保护者和建设者。因此，在时代背景和现实诉求下，要把生态素质教育工作列入人才培养计划和国民教育工作总体框架中，帮助人们培养生态文明意识，强化环境道德素养，构建起与我国社会主义生态文明建设和教育发展要求相适应的国民素质均衡发展模式，不断增强人们的生态文明观和生态价值观，同时，推动创建各类生态环保组织，推广绿色健康、低碳消费的生活方式等，为创造美好生活和推动实现教育现代化贡献力量。

（二）研究意义

本书以推动我国国民生态素质教育为研究的落脚点，系统地研究和探讨了国民生态素质教育的内涵、我国国民生态素质教育的现状以及推进国民生态素质教育的基本路径等，通过深入思考，以期更好地完善我国国民生态素质教育模式，创新国民生态素质教育观念，并推动整个社会的全面可持续发展，加快美丽中国和中华民族伟大复兴目标的实现。

1. 理论意义

新时代是一个需要理论而且一定能够产生理论的时代，也是一个需要思想而且一定能够产生思想的时代。在时代背景和现实诉求下研究我国国民生态素质教育，可以更好地挖掘生态素质教育新内容，变革生态素质教育新模式。将生态文明观融入国民素质教育中，为国民素质教育增加生态取向的价值标准，同时也为我国素质教育的变革、转型与创新创造重要条件。

第一，生态文明教育和生态素质教育等基本概念的梳理，在一定程度上拓宽了素质教育的内容、范畴。国民素质教育不仅涵盖了如何处理人与人、人与社会的基本关系，也包括如何处理人与自然的关系。随着时代的发展和国内外环境的变化，我国逐步重视国民生态素质教育，并将其纳入教育的全过程、全方位，帮助人们重塑科学合理的生态危机反思意识和生态批判精神，成为当今时代赋予人才培养事业的全新课题。

第二，充分吸收和承扬马克思主义经典作家的生态文明观和人的全面发展思想，中国共产党人的生态环保和绿色发展思想，我国传统文化的生态道德和生态和谐思想，以及西方社会的生态价值和生态伦理思想等。从哲学视域下审视、反思人与自然的关系问题，使生态素质教育的研究视角更为系统和多维。通过对生态素质教育所蕴含内容和深刻阐释，有助于增进人们对国民生态素质教育理论内涵、丰富内容、目标体系以及现实意义等方面的整体性认知。

第三，运用马克思主义的立场、观点和方法，全面阐释国民生态素质教育工作的多重内涵特征、社会功能以及运行机制。深入剖析产生各类生态危机和教育问题的原因，总结出推动我国生态素质教育的基本路径，从生态文明意识、生态文明知识、生态教育制度建设、生态教育环境以及生态教育形式等方面展开论述，以期为提升我国国民生态素质教育水平提供理论启示。

第四，有利于促进生态素质教育问题多学科、跨领域的研究。通过对马克思主义哲学、生态环保学、生态伦理学、社会心理学等多学科知识的综合分析，帮助人们拓展对生态素质教育的理论性认知，深化人们对生态道德观、绿色发展观、生态自然观、低碳消费观等方面的探索，进而更好地延展国民素质教育的研究空间。

2. 现实意义

建设生态文明是中华民族永续发展的千年大计。在各类政策指引和时代发展的现实诉求下，需要我们强化国民生态文明观，全方位推进国民生态素质教育。只有人们具备了一定的生态素质，才能更好地践行“绿水青山就是金山银山”“良好的生态环境就是最公平的产品”等生态文明理念。

第一，有利于弘扬生态文明理念，推动生态文明建设、美丽中国建设和中华民族伟大复兴。素质教育为培养新型人才、推动学科进步、带动社会经济发展提供了重要保障，通过强调先进生态素质教育的引领和导向作用、生态素质教育现状的警示作用以及国外较好做法的启示作用，明晰生态素质教育的基本做法和路径，不仅能够极大提高公民的绿色情商和绿色认知，增强人们的环境道德素质和生态文明素质，也能构建一套成熟的“人-自然-社会”发展机制，促进全社会实现公平公正，培养更多生态文明建设和美丽中国建设所需要的中流砥柱，引导人们像对待生命一样对待生态环境，实现山更绿、水更清、天更蓝、空气更清新，促进中华民族伟大复兴中国梦的实现。

第二，有利于培育更多高素质的生态型、复合型人才，进而促进全社会保护环境、尊重他者以及呵护生命万物。通过宣扬生态文明理念，重塑生态文明行为，帮助人们树立积极向上的生态文明理念，强化全社会生态养成教育。同时，也使得人们深刻认识并积极超越资本主义社会中以财富驱动为主导的经济发展模式，投身于保护环境与节约资源的生态实践活动中，为培养新时代生态型人才和社会主义现代化建设的合格人才不懈奋斗，实现人与自然、人与人、人与社会的和谐可持续发展，进而营造美丽、和谐、稳定的良好社会风尚。

二 国内外研究现状

学术界对于生态素质教育的研究主要源于生态伦理学、生态环境教育、生态道德观等方面的借鉴和拓展。纵观十多年来国内外的研究成果，学术界对“生态道德教育”“生态意识教育”“环境伦理教育”“生态文明教育”等进行了系统阐释，主要集中在理论内涵、基本特征、丰富内容以及实践路径等方面。但是，对国民生态素质教育仍然缺乏系统性和完整性的理论研究，整体尚处于不断探索之中。全面系统地梳理国内外在生态教育方面的相关研究成果，总结教育过程中的先进经验和不足，为本书开展创新性研究打下了坚实基础。

（一）国内研究现状

我国学者主要在生态素质教育的内涵、基本内容、客观现状以及实践路径等方面进行了系统全面的研究和探讨，为培养具备生态理念、生态情感以及生态责任的新时代生态型人才提供了理论指导，助力我国教育现代化的发展和推动中华民族伟大复兴中国梦的实现。20 世纪 70 年代开始，我国逐步展开对环境理论和实践问题的探索与反思。80 年代以来，涌现出一批研究成果，主要有余谋昌的《生态观与生态方法》（1982）、刘国城的《生产生态化与技术的发展趋向》（1984）、张云飞的《生态伦理学初探》（1986）等。随着研究的深入，人们开始从人与自然的关系、自然界的价值等方面探讨培育生态道德和生态价值观的必要性，这一时期的著作主要有陈登林的《生态学和伦理学》（1982）、余谋昌的《当代社会与环境科学》（1986）和《生态学中的价值观念》（1987）等。90 年代以来，人们已经深刻认识到环境问题的严重性和优美环境对人类的反哺作用，开始研究生态思维和智慧、生态理念和方法等，主张摒弃人类中心主义，重视自然的内在价值，把道德权利范围延伸到自然界所有生命体中去，为用生态学观点揭示客观现实提供伦理学意义上的思维框架，主要成果有余谋昌的《生态学哲学》（1991）、刘国城等的《生物圈与人类社会》（1992）、刘湘溶的《生态伦理学》（1992）、张云飞的《天人合一：儒家与生态环境》（1995）、陈敏豪的《生态文化与文明前景》（1995）、叶平的《道法自然：生态智慧与理念》（2001）等，这一时期的成果为我国生态伦理研究和推进生态素质教育指明了方向。随着对西方生态伦理学的研究和借鉴，我国开始对儒道释等传统文化中的生态伦理思想资源进行系统整理，为健全生态素质教育体系提供了理论渊源。

1. 关于国民生态素质教育基本内涵的研究

学者们对生态素质教育的研究主要是基于生态理念和生态学知识，针对人们的思想观念、实践方式和制度设计等方面展开阐述，以期提升人们的生态文明意识与综合素养，建设美丽、稳定、和谐的社会。郇庆治认为，生态文明教育并非只是关于公民个体生活言行私德的培训或养育的问题，而是关于中国特色社会主义进入新时代之后的生态文明理论与实践的大众性宣传教育，因而兼具知识体系完整性和实践过程科学性的特点，它不仅关心其作为一种知识的传播与传承，也尤为关注这些知识的大众化认同与践行，直至内化为一种德行。[①] 张惠虹认为，生态文明教育就是以促进人与自然和谐共生为旨归，积极传播和谐共生的生态价值观。[②] 孙燕芳、李晓甜认为，生态文明素质教育主要是指以人与自然、人与社会及人与人之间和谐关系的建立和以生态价值观培育为主体内容的素质教育。[③] 路琳、付明明认为，生态文明素质教育较之生态文明教育，更加强调“素质”一词，凸显了人才培养的功能定位和规格要求，指的是以人与自然、人与社会、人与人之间和谐发展为价值导向，以生态情感认同、意志强化、信念培养与行为方式养成为着眼点，以确立生态价值观为重点，以培养具有生态文明素养的人才为目的的一种新型素质教育。[④] 张晓芳认为，生态素质教育具有时代性、全面性和发展性，其包括生态文明认知教育、生态文明道德观教育、生态文明行为教育、生态环境法制教育。[⑤]

综上，多数学者对国民生态素质教育内涵的理解主要偏重三个方面。一是在目前生态危机仍然存在的背景下，积极培育生态观和生态意识以指导生态环保与可持续发展等工作。二是在对人们进行教育的同时，引导人们养成整体思维和系统思维，学会观照和尊重其他生命体，将情感关怀拓展到生态环境和全人类，以期实现人、自然与社会三者的共荣共生、繁荣并茂。三是不断提高人们的生态文明素养和生态践行能力，助力教育事业和生态文明建设事业的可持续发展。

---

① 郁庆治：《加强我国生态文明教育理论研究》，《中国德育》2023 年第 23 期。

② 张惠虹：《生态文明教育的反思与优化——从垃圾分类说起》，《思想理论教育》2019 年第 10 期。

③ 孙燕芳、李晓甜：《高校学生评教探微》，《教育探索》2015 年第 1 期。

④ 路琳、付明明：《高校生态文明素质教育研究综述》，《内蒙古财经大学学报》2013 年第 2 期。

⑤ 张晓芳：《大学生生态文明素质教育的现状及其对策研究——基于成都市部分高校的调研》，硕士学位论文，西华大学，2015 年。

2. 关于国民生态素质教育现状的研究

学者们大都认为，我国生态素质教育模式整体不够成熟和完善，主要表现为生态教学体系设置不科学、教师生态素质水平欠佳、学生的生态认知和生态践行能力不强、生态教育体制机制滞后等。比如闫金红、陈婧霏认为目前我国生态教育仍面临着传统生态文化主导性不强、生态教育整体性和系统性不足，践行效果不佳等诸多问题。① 张学敏、陈笛认为我国生态文明教育面临理论供给不足，实践形态单一和治理机制不健全等困境。② 孙玉涵认为，高校生态教育的内容与方法不完善，学生生态文明理念缺乏和生态文明习惯尚未养成，生态文明校园文化建设滞后。③ 刘志坚认为，生态文明教育价值尚未凸显，缺乏必要的政策法规保障，组织运行和教学体系尚未建立，评价、督导和参与机制有待完善。④ 任美娜、张兴海认为，当今生态文明教育存在课程体系不完善、教学方法不灵活、教材建设不到位、师资队伍质量不高和实践基地亟待优化等现实困境。⑤ 王程程提出了我国生态教育存在宣传不力、教育内容缺乏系统性、职能部门针对高校生态教育约束力不够以及教育联动效应差等问题。⑥ 吴明红认为，在许多学校里，除了生态环境类专业专门设置了生态学、生物学、环境学、资源学等相关专业课程之外，其他专业在课程设置中并没有专门体现生态环境的知识模块，大都通过思想政治教育课设立的生态文明建设专题来讲授生态类知识，导致大部分学生在生态素质教育学习过程中面

① 闫金红、陈婧霏：《中华优秀传统文化融入生态文明教育的时代价值与现实进路》，《中国德育》2024 年第 1 期。

② 张学敏、陈笛：《生态文明教育的时代际遇与发展理路》，《中国远程教育》，https：//doi. org/10. 13541/j. cnki. chinade. 20240402. 001，2024 年 4 月 7 日。

③ 孙玉涵、吴鹏：《高校生态文明教育的困境与对策——评〈中国生态文明教育研究〉》，《生态经济》2019 年第 10 期。

④ 刘志坚：《新时代高校生态文明教育的制度体系探析》，《广西社会科学》2019 年第 3 期。

⑤ 任美娜、张兴海：《破解我国高校生态文明教育的困境》，《人民论坛》2019 年第 24 期。

⑥ 王程程：《高校生态文明教育发展方向探索——以现代环境伦理观为视角》，《人民论坛·学术前沿》2019 年第 21 期。

临先天不足、后天乏力的问题，提出要通过打破学科之间的隔阂和壁垒，不断扩大接受生态文明教育的学生比例，营造全民生态教育氛围。[①] 李福源认为，人们对生态文明教育的重要性认识不足，生态文明教育课程体系建设相对滞后，生态文明教育内容和教育方法存在一定程度的滞后等。[②] 颜克美认为，目前许多教师自身的生态观念和生态知识认知度较为欠缺，无法促进生态素质教育达到良好效果。[③] 吴明红、严耕指出，大学生对生态文明知识大多停留在知晓或记忆的层面，对基本常识能够准确掌握，但是缺乏系统化、立体化和全面化的认知，在日常生活中也未能真正体现。[④] 陈艳认为，部分大学生在生态文明认知与实践方面存在知行脱节的问题，学习到的生态文明知识不能较好地运用于实践活动或日常行动中，大多停留在书面表达和口头阐述。[⑤]

综上，我国国民生态素质教育中依然存在诸多问题，大致体现在几个方面。一是生态素质教育教学体系不够完善，专业学科间存在壁垒，全民生态素质教育社会氛围不足；二是教师的生态文明理论知识缺失、生态素养不够，导致难以用科学准确的知识架构教育引导学生深入学习和研究；三是大部分学生缺少全面系统的生态理论认知，他们往往局限于对生态文明基本常识的认知，不利于生态价值观的培养和生态行为的养成。

3. 关于国民生态素质教育基本路径的研究

学者们分别从健全生态法律法规、培育国民生态意识和生态价值、弘扬传统文化中的生态观、拓展课外生态实践、发挥大众媒体作用、

---

① 吴明红：《高校思想政治理论课实践教学中融入生态文明教育的思考》，《教育探索》2013 年第 10 期。

② 李福源：《高校生态文明教育的现状及强化途径》，《社会主义论坛》2019 年第 11 期。

③ 颜克美：《当代大学生的生态文明教育路径探析》，《内蒙古师范大学学报》（教育科学版）2015 年第 5 期。

④ 吴明红、严耕：《高校生态文明教育的路径探析》，《黑龙江高教研究》2012 年第 12 期。

⑤ 陈艳：《论高校生态文明教育》，《思想理论教育导刊》2013 年第 4 期。

加强校园生态环境建设等不同角度阐述了推动国民生态素质教育工作的基本路径。陈时见、袁利平认为要通过健全生态文明教育法律法规、完善生态文明教育体系建设、加快生态文明教育数字建设等路径推动生态教育现代化发展。[①] 张惠虹提出，要推动生态文明教育价值转型，优化生态文明教育体系，以法治护航规范发展、以激励促进行为养成、以协同推进综合治理等。[②] 王丹从塑造国民生态意识出发，提出了应通过坚持正确的指导思想、充分发挥政府的主导作用、促进国民生态政治参与、树立文明的生态行为方式、大力开展生态教育、引领民间环保组织健康发展等路径，不断增强人们的生态文明素养。[③] 陈花艳提出要以“天人合一”树立生态理念、以“民胞物与”引领生态伦理、以“崇尚节俭”启迪生态消费观、以“以时禁发”构筑生态原则、以“以法为教”培养法治观念。[④] 胡金木指出，生态文明教育要培育生态公民，促进学生深入了解生态环境知识，积极参与生态环保行动，养成生态和谐的价值观念，涵养较高生态审美情趣，形成一种绿色生活样态。[⑤] 李福源认为，应强化生态文明教育育人理念，构建生态文明教育课程体系，创新生态文明教育教学方式等。[⑥] 侯利军、付书朋主张从课程体系、校园文化、实践体系三个层面进行生态文明教育的渗透和融合，改善生态文明教育的不足之处，帮助大学生牢固树立正确的生态观。[⑦] 艾曦锋、侯利军认为，应该把课堂上的生态文明知识切实运用于日常生活中去，在实践中激发学生的生态知识学习

---

① 陈时见、袁利平：《我国生态文明教育的演进逻辑与未来图景》，《西南大学学报》（社会科学版）2024 年第 1 期。

② 张惠虹：《生态文明教育的反思与优化——从垃圾分类说起》，《思想理论教育》2019 年第 10 期。

③ 王丹：《生态文化与国民生态意识塑造研究》，博士学位论文，北京交通大学，2014 年，第 131 页。

④ 陈花艳：《以中华优秀传统文化涵养大学生生态文明教育》，《中学政治教学参考》2023 年第 48 期。

⑤ 胡金木：《生态文明教育的价值愿景及目标建构》，《中国教育学刊》2019 年第 4 期。

⑥ 李福源：《高校生态文明教育的现状及强化途径》，《社会主义论坛》2019 年第 11 期。

⑦ 侯利军、付书朋：《高校生态文明教育研究》，《学校党建与思想教育》2019 年第 14 期。

兴趣，唤起其接受生态文明教育的热情和积极性，培养学生的生态道德良知。[1] 黄志海提出，加强生态文明教育，应引导树立生态性育人观念以培养生态文明价值观，发挥课堂教学的主阵地作用及课外实践教学的特殊作用，加强生态文明教育的师资队伍建设，加大国家财政与政策扶持力度。[2] 陆林召指出，应该注重生活实践的教育作用，引导学生将课堂上学习到的生态文明知识带到社区、企业和田间，开展生态文明知识的相关调研考察活动与宣讲教育活动，真正做到将生态文明大建设的理念注入一言一行中。[3] 任美娜、张兴海指出，应整合教育资源，完善课程体系；创新教学方法，增强教育实效；推进教材建设，提高专业水平；健全培训机制，强化师资队伍；构筑实践基地，增强学生的实践体验。[4] 邬晓燕提出，要通过全方位完善教育教学体系、方式方法创新、师资队伍整体化、社会联动机制、管理激励和评估反馈机制等建设，推动生态文明主流价值观的养成。[5] 黄正福指出，要通过科学规划和设计优美校园环境，将校园环境设计成集观赏与育人为一体的生态文明教育基地，营造环境育人的整体氛围，并通过校园环境中的生态教育元素，推动学生生态环保理念、生态责任意识与生态践行能力的培育。[6] 王逢博指出，要准确把握时代诉求，重塑高校生态文明教育模式；多方形成教育合力，完善高校生态文明教育机制；建构高校生态文化，提高师生生态文明素养。[7]

综上，大部分学者认为，在推动生态素质教育过程中应注重以下

---

① 艾曦锋、侯利军：《高校生态文明教育改进策略探微》，《学校党建与思想教育》2015 年第 18 期。

② 黄志海：《高校生态文明教育现状及对策探究》，《广西社会科学》2018 年第 12 期。

③ 陆林召：《加强大学生生态文明教育的意义及实施策略》，《学校党建与思想教育》2015 年第 2 期。

④ 任美娜、张兴海：《破解我国高校生态文明教育的困境》，《人民论坛》2019 年第 24 期。

⑤ 邬晓燕：《高校生态文明教育：现实难题与路径探索》，《人民论坛 · 学术前沿》2019 年第 7 期。

⑥ 黄正福：《美丽中国视野下高校生态文明教育探究》，《成人教育》2014 年第 3 期。

⑦ 王逢博：《基于“美丽中国”理念的高校生态文明教育》，《学校党建与思想教育》2020 年第 4 期。

几点。一是强化培育国民生态文明意识和生态价值理念，积极推动多学科、多领域的广泛合作。在日常教育过程中，不仅要引导学生学好教学课程大纲中的生态文明知识，还要鼓励他们涉猎其他学科和领域的相关知识，增强生态道德意识和生态文明素养水平。二是将课堂内外的知识有机结合起来，使受教育者不仅能掌握大量的生态文明理论知识，也在实践中养成自觉接受和吸收生态知识的习惯，极大地提高生态教育工作的实效性。在日常生活实践中，人们可以深入社区或者田间地头开展实地考察，同时，充分利用新媒体和互联网进行数据储存、分析和整合归纳，构建良好的线上线下联合发力的生态素质教育体系。三是注重校园的整体生态环境规划工作，营造良好的生态校园文化氛围。通过推动校园物质环境、精神环境和制度环境等方面的生态文化建设，塑造全方位、多层次和立体化的生态教育模式，进而建立集生态育人和环境怡情为一体的校园生态环境。

（二）国外研究现状

国外学者的相关研究主要从不同的教育领域、不同的教育年龄和教育阶段展开环境教育或生态文明教育，在研究成果中包含了许多现实案例，同时，研究还涉及多学科、多领域、多维度，呈现出跨学科、立体化等特点。

生态文明教育在西方最早称作环境教育。[①] 国外对生态环境教育或生态素质教育方面的研究大多集中于生态伦理学、生态马克思主义、绿色思潮与环境主义等方面，倡导重塑人与自然生态系统之间的关系，强调自然也具有内在价值和权利，要求按照生态道德标准培育和养成注重生态环保的思维方式与行为方式，不断提升人们的生态素养水平，把社会意识的尺度从人类扩大到自然界，寻求解决社会和自然关系问题的最优策略。20 世纪四五十年代后，国外逐步开展了对生态相关问题的广泛研究，主要从政治、经济、教育、历史、技术、观念等方面

---

① 张艳：《习近平生态文明教育思想探析》，《黑龙江教育学院学报》2018 年第 12 期。

开展相关研究工作，涌现出了一批成果，如奥尔多·利奥波德的《沙乡年鉴》(1949)，蕾切尔·卡逊的《寂静的春天》(1962)，林恩·怀特的《我们生态危机的历史根源》(1967)，梅棹忠夫的《文明的生态史观》(1988)，阿尔贝特·施韦泽的《敬畏生命：五十年来的基本论述》(1992)，另外，还有汤因比的《人类在人造环境的自我奴役》、马尔藤·哈耶尔的《环境话语的政治学：生态现代化与政策过程》等，他们都揭露了人类社会发展给自然环境带来的危害，进而推动了大规模生态环境教育运动和相关研究的开展。1972 年，在联合国人类环境会议上通过了《人类环境宣言》，明确提出，要提高全人类的环境素质水平，意味着环境教育的正式开始。同年，美国通过《环境教育法》，从法律上保障环境教育。1977 年，召开了"环境教育在政府"的国际会议，标志着环境教育进入蓬勃发展时期。1992 年，联合国环境与发展大会通过的《21 世纪议程》指出，要对不同年龄的人进行环境教育。同一时期，美国学者大卫·W·奥尔提出了"生态素养"一说，面对日益严重的生态危机，人们应该革新教育理念，创新教育模式，培养生态涵养，才能实现人与自然和谐发展；美国学者卡普拉提出，提高公众的生态教养，对人类后代的可持续发展具有重大意义。20 世纪 90 年代以来，人们在生态价值观、权力观和智慧论等方面的研究逐渐由浅层生态学过渡到深层生态学，涌现出了奥尔多·利奥波德、霍尔姆斯·罗尔斯顿、约翰·缪尔、阿尔贝特·施韦泽等思想家，他们对生态学的研究一定程度上强化了人们的生态科学认知，有助于生态价值观和有机整体性思维的形成。

1. 关于国民生态素质教育内容和目标的研究

大部分国外学者认为，提升生态环保意识或生态文明素养，应该引导人们从思想上保护自然环境和本土文化，帮助社会公众建立人与自然和谐发展的生命价值观，提高人们的生态素质教育践行能力，全面构建对大自然、对全人类的爱和正面情感。1977 年《第比利斯宣言》指出，环境教育的目标在于促使人们从整体上认识环境问题，使他们既能满足社会需求，又能采取比较合理的行动。[①] 同时提出，在环境教育中，要做到全面提升人们的生态理念，强化人们的生态道德和情感，培养人们的生态技能与生活方式，从而为全面深入推进生态素质教育提供理论基础和行动指南。1989 年英国在《国家课程》中对生态道德教育的基本目标做了阐述，指出应使学生了解周围环境所发生的各种自然过程，包括生态准则及存在的相互关系，认识到自己在关爱环境方面所负有的责任。[②] Robert Efird 指出，环境教育需要本土化，开展地方环境教育能够使学生更深刻地了解本地生态环境和历史文化。[③] 帕尔默指出，环境教育目标包括对环境状况的批判性评价和有关此类问题的道德形式等方面的智力培养任务，并包括通过为个人提供参与改善环境的实践机会，培养人们负责任的价值观。[④] Gillian Judson 认为，人们应该认清人与自然界之间的关系状态，人类与自然环境密切相关、互不可分，与万物平等存在，即人类利益与所有生命体的生存可以同时实现，谁都不能离开谁。[⑤]

综上，国外大部分学者认为，生态文明教育、生态素质教育不仅仅涉及生态环境保护工作，还是一项全人类共同呵护自然、尊重万物的富有教育性意义的工作，生态素质教育必须致力于消除经济发展与生态保护之间的矛盾，进而促进人的自由全面发展，更好地延续人类社会文明成果。

2. 关于生态素质教育存在问题的研究

近几年，虽然西方在生态素质教育研究相关领域涌现出了大量著作和研究成果，但是在资本主义生产方式和资本逻辑的指导下，生态

---

① 徐辉、祝怀新：《国际环境教育的理论与实践》，人民教育出版社 1996 年版，第 26 页。

② ［英］Joy A. Palmer：《21 世纪的环境教育：理论、实践、进展与前景》，田青、刘丰译，中国轻工业出版社 2002 年版，第 43 页。

③ Robert Efird：《国外怎么看我国的环境教育》，《环境教育》2016 年第 10 期。

④ 杜佳：《大学环境伦理教育研究》，硕士学位论文，四川师范大学，2017 年。

⑤ Gillian，J.，*A New Approach to Ecological Education*，New York：Peter Lang Publishing，2010，p. 31.

教育工作遭受诸多限制。比如，生态素质教育基本内容的外延无法深化扩展，生态素质教育在日常生活中的具体举措无法有效落实，生态素质教育的创新工作难以有效推进，等等。以上问题的出现，使得许多学者纷纷站在国际视角进行研究和探讨，尝试从政治、经济、制度以及生态等多角度、全方位深入探索。埃德加·高迪亚诺曾说，在西方资本主义社会里，开展环境教育或生态素质教育离不开资本主义国际发展理论的渗透，也就是说，生态素质教育的整体推进离不开资本主义思维的指导。国外许多环境教育领域的学者，其观点集中于将生态观教育定义为田园保护政策。[①] 赖斯认为，在资本主义国家，社会生产力持续增长的基本现实在一定程度上制约了生态环保工作的顺利开展，毕竟生态环境资源是有限的，这为开展环境教育带来了重大挑战。生态学家理查德通过深入研究西方国家的社会现象、环境问题以及教育革新现状等，撰写了《批判教育学、生态扫盲和全球危机》一书，书中提出，由于工业化和科技水平的加快发展，社会形态发生了变化，人们赖以生存的环境出现了资源破坏、环境污染等大量危机事件，相关教育工作者在其研究中也将自己的关键研究领域和研究观点做了调整，他们认为，生态环境危机的出现并非自然界发展过程中自发诞生的，根源在于人类淡薄的生态环保意识、不合理的生产生活方式、滞后的科学技术和生态技术等。因此，生态环境教育应将重点放在变革人类思维方式和行为方式、对社会结构做出积极调整等方面，这就需要我们摒弃落后的教育理念和教育方式，采取更加全面系统的教育方式，进而从根本上克服各类生态危机。

综上，国外学者大都认为，西方社会经济发展过程中受到了资本主义生产方式和资本逻辑的支配与影响，随着工业化发展水平的提高，大量环境污染事件产生，这也为生态环境教育提供了现实契机。学者们认为，当前生态素质教育存在的问题主要有社会公众的生态价值观

---

① Gonzalez, E., "Education for Sustainable Development: Configuration And Meaning", *Policy Futures in Education*, No. 3, 2005, p. 15.

淡薄、生态技术不发达以及生产生活方式相对落后等，提出要从改革思维方式和行为方式出发，推进环境教育的生态化转向，逐步克服各类生态危机。

3. 关于国民生态素质教育途径和方法的研究

国外学者主要从提高生态知识水平，增强生态践行能力，创建生态伦理和环境教育类课程，发挥家庭和社区的合力教育作用，创建环境教育基地和生态文化中心等方面出发，引发人们对环境问题和教育事业的思考，探讨推动国民生态环境教育和生态素质教育的方法策略。20 世纪 70 年代以来，从事生态教育研究的学者从生态教育观的基础理论知识出发，剖析了生态教育中存在各类问题的原因以及给全社会带来的影响。Freire 提出，人们应该将保护生态环境当作自己的一项义务，既要做到尊重人类自身的生命，也要做到尊重和保护自然界万物的生命。[①] Frisk 指出，应教会人们如何做到运用知识或技能促使公众环保行为的产生。[②] Redman 认为，应使公众能够更直观地感受和体验知识与技能，满足公众的求知欲和好奇心，促使公众积极践行环保行为。[③] 赖斯认为，在资本主义制度下，由于人类滥用科学技术，自然生态面临着沉重的负担，由此，需要在伦理道德层面强化人们的生态认知，将生态文明观真正融入政治、经济、文化等多个领域。生态学家乔治・史密斯曾指出，推进环境教育，不能仅仅依靠技术上的创新和国家政策的扶持，更要注重生态文化的熏陶和激励作用，以期激发广大青少年培养生态文明理念，践行生态文明价值观。阿妮塔・温登指出，可通过完善和优化科学合理的生态环境教育手段与方法，正确处理各类生态问题。思想家 Gillian Judson 认为，应该充分发挥和调动学

---

① Freire, P., *Pedagogy of Indignation*, Boulder, Colorado: Paradigm Publishers, 2004, p. 13.

② Frisk, E., Larson, K. L., "Educating for Sustainability: Competencies & Practices for Transformative Action", *Journal of Sustainability Education*, No. 2, 2011, pp. 1 – 20.

③ Redman, E., Redman, A., "Transforming Sustainable Food and Waste Behaviors by Realigning Domains of Knowledge in Our Education System", *Journal of Cleaner Production*, Vol. 64, 2014, p. 147.

生的自我想象力和创新力，帮助他们培养生态文明理念，激发他们践行生态环保意识的潜力。①

许多国家在学校开设了有关生态环境教育类的课程，创新环境教育理论和实践授课形式，取得了较好的环境教育实践效果。比如，日本不仅设置了环境教育类专业，对本专业学生进行深入系统、全方位的生态教育，还在非环境教育专业内讲授生态文明理论知识，在全校范围内设立环境类的选修课，提高学生的生态素质；法国注重环境教育学在各学科间的交叉式进行，并鼓励发挥家庭和社区的作用，创设环境教育实践场域；英国学校从中小学阶段就开设专门的环境教育类课程，带领学生在实践中亲身体悟环境的魅力和重要性，增强自身理解力和行动力，不断推动自然社会可持续发展；新加坡不仅重视环境教育的理论讲授，还鼓励在户外开展教育活动，带领学生接触大自然，并开设环保俱乐部，鼓励将由垃圾构成的人工岛改造为环境教育基地，使学生在参观接触的过程中深刻理解生态文明知识和生态环保原理；美国为了弘扬生态文化，提升生态理念在社会公众层面的认可度和接受度，成立了生态文化研究中心，该研究中心主要面向城市的景观或园林设计等领域，提倡运用生态文明理念进行整体设计和布局等。②

（三）国内外研究现状评述

国内外学术界对生态文明、素质教育和生态素质教育的研究已经取得了较为丰富的研究成果。国内的环境教育、生态教育大致始于20世纪80年代，涌现出了诸如余谋昌、刘湘溶、路琳等一批学者；国外对环境意识和环境教育的研究可以追溯到20世纪60年代，随着研究内容的更新，已经形成了较为完善的理论体系，然而，从研究视角和

① Gillian, J., *A New Approach to Ecological Education*, New York: Peter Lang Publishing, 2010, p. 35.

② 江泽慧：《生态文明时代的主流文化——中国生态文化体系研究总论》，人民出版社2013年版，第2页。

内容分析来看，仍存在不足之处。

第一，研究的系统性尚需加强。目前学术界对生态素质教育领域的研究呈现碎片化特征，大部分学者分别从各自的专业基础、思维角度出发，在微观层面分析较多，学科之间的交叉和融合不充分，对价值层面的探讨以及对整体思想和知识架构的系统性研究与整体性考量不够，导致“只见树木不见森林”，缺少理论研究的整合性。

第二，研究视野尚需拓展。国民生态素质教育涉及价值理念、思维和行为方式、生产和生活方式、体制机制等多方面因素的创新性变革，需要从多学科、多领域的角度出发共同研究。然而，国内在这方面的研究较为匮乏，比如，对生态素质教育历史渊源的考察较少，导致研究缺少历史视野和历史深度；对生态素质教育的研究缺乏全球视野和国际比较，导致研究缺乏研究深度和广度。国民生态素质教育研究应在一定的历史文化背景下进行，同时也是一个全球性的问题，只有在历史文化视野和世界宏观层面的前提下，才能够更好地理解生态素质教育的丰富内涵和创新之处。国外的生态伦理、生态文明理论的积累较深、著述颇丰，但是存在着明显的“西方优越论”色彩，在生态文明建设和生态素质教育方面对发展中国家提出了较多责任，其研究特征呈现出重视伦理道德和内在情感，侧重描述个体想象力和创造力等特点，相比之下，对社会现实和阶级事实的探究不够系统全面。而且国外生态文明教育或环境教育方面的成果主要集中在生态哲学或伦理学等方面，而对于生态素质教育的内涵、基本内容与改革突破口等方面阐述较少，导致研究视野不够开阔，存在较大的局限性。

三　研究方法

（一）历史与逻辑相统一法

生态文明超越工业文明并对工业文明进行了合理的扬弃，是人类认识世界最新的世界观和方法论。国民生态素质教育自古就有十分广泛丰富的理论著述，具有很深的历史渊源。本书梳理了国内外不同历史发展阶段和社会形态下生态文明与生态伦理等思想的基本脉络和演进过程，对我国生态素质教育的实践经验、历史启示和演进逻辑进行了系统概括，论证了“人－自然－社会”间的密切关系。同时，又坚持从系统逻辑论的整体性特征出发，探析了生态素质教育的目标体系和内在机理，以严密的逻辑推理方式，明确地探究和论证了国民生态素质教育的基本内涵、主要功能、价值理念、内在发展规律以及未来发展路径等。

（二）系统分析法

系统分析法要求将要解决的一个问题看成一个系统，运用系统思维对系统内各要素之间、要素与系统之间、系统与环境之间的关系进行研究。国民生态素质教育作为一个系统性的理论问题，包括生态认知、生态情感、生态行为以及生态法制等多方面系统化的教育内容。同时，它又是一定时代和社会条件下的一种先进性教育模式，具备独特的社会背景、现实要求和人文环境。因此，系统化的研究能够为深入研究如何推动生态素质教育工作提供有力的方法依据和理论支持。

（三）学科交叉研究法

生态素质教育研究涉及生态哲学、政治经济学、生态伦理学、生态社会学以及生态美学等多学科、多领域的知识，需要我们从学科交叉的视角进行深入研究和全面考察。本书采用学科交叉的研究方法，对我国国民生态素质教育思想进行了多层次、宽领域和多角度的研究，并根据不同的学科知识对生态素质教育带来的社会效应和影响力等方面进行了详细论证和延伸思考，尝试构建一种结构完整、功能完备的教育模式，体现了基于多学科、多领域背景下研究的系统性和整体性。

四 框架结构及创新点

（一）框架结构

国民生态素质教育要求人们掌握生态文明知识，培养生态文明意识，学会正确处理人与自然的关系，践行低碳的绿色发展理念。这就要求广大教育者应在“互在”的有机思维主导下，客观分析我国国民素质教育现状，积极借鉴马克思主义经典作家、中华优秀传统文化、中国共产党人和西方社会的生态素质教育思想，为提升我国国民生态素质教育水平献计献策。本书分为绪论、正文和结论三大部分，绪论主要包括选题依据、选题意义，对国内外研究现状进行了全面系统地综述，对研究方法、文章结构以及创新点展开详细的阐述。正文主要从我国国民生态素质教育的基本问题概述、理论渊源和思想资源、现状三部分入手，分析国外的先进经验并提出推动我国国民生态素质教育的现实路径。具体来说，正文部分主要包括以下五章。

第一章主要是我国国民生态素质教育的基本问题概述。详细阐述了国民生态素质、国民素质教育以及国民生态素质教育的内涵，奠定了本书开展研究的理论基石。接着，分别从时代背景、时代要求和时代内涵三个方面阐明了我国国民生态素质教育的时代语境。而后又详细阐述了我国开展国民生态素质教育的必要性。

第二章主要探究我国国民生态素质教育的理论渊源和思想资源。分别从马克思主义经典作家的生态文明观和人的全面发展思想、中国共产党人的生态环保和绿色发展思想、我国传统文化的生态道德观和生态和谐思想、西方社会的生态伦理和生态价值思想等相关生态素质教育思想进行了详细的论述，为本书的深入研究提供了理论基础。

第三章主要剖析我国国民生态素质教育的现状。首先，从生态意识有所提高、生态教育体系逐步形成、生态素质教育基地初具规模、生态素质教育实践成果斐然等方面系统阐述了我国国民生态素质教育取得的成就。其次，从生态素质教育理念淡薄、生态素质教育教学体系不够完善、生态素质教育大环境缺失等方面分析了我国国民生态素质教育存在的问题。最后，总结了我国国民生态素质教育存在问题的原因，主要有高耗能经济发展模式和落后价值观的制约、生态素质教育师资队伍建设滞后、生态素质教育合力尚未形成、生态素质教育体制机制不健全等。

第四章主要介绍国外国民生态素质教育的状况与经验。首先，详细列出了国外国民生态素质教育的基本情况，分别介绍了美国、俄罗斯、德国、日本等四国的生态素质教育情况。其次，总结了国外国民生态素质教育的经验。分别从注重宣传教育，增强公民的环保意识；重视教学改革，抓好学校环境教育；强调发挥市场监管职能，提高企业的环保意识；主张加强执法机构建设，推进环保法律法规工作；倡导着重开发和利用资源，完善生态道德教育体系；提倡构建合作和协作网络，发挥环境教育的合力作用等六个方面展开阐述。

第五章主要阐明了推动我国国民生态素质教育的现实路径。本章从五个角度展开论述，即通过强化生态忧患意识、树立生态责任意识、培养生态科学意识、提高生态参与意识等，做到培养生态文明意识，更新国民生态素质教育理念；通过开展生态科学知识教育、加强生态法律法规教育、推广生态文明道德教育等，做到丰富生态文明知识，夯实国民生态素质教育理论基础；通过建立生态组织管理制度、健全生态公众参与制度、优化生态考核奖惩制度、健全生态师资管理制度等，做到加强生态教育制度建设，完善国民生态素质教育体系；通过改善社会生态环境、美化学校生态环境、维系家庭生态环境、净化网络生态环境等，做到优化生态教育环境，营造国民生态素质教育氛围；通过培养绿色消费习惯、开展生态绿色活动、创新生态实践形式、强化生态技术支撑、突出生态文化建设等，做到创新生态教育形式，拓宽国民生态素质教育渠道。

结论部分系统梳理和总结了本书的主要研究内容和基本观点，同时对我国国民生态素质教育的发展进行展望，重申只有推动我国国民生态素质教育工作，才能实现教育现代化与生态化发展，助力美丽中国建设，实现人与自然和谐共生的现代化，还自然以宁静、和谐、美丽。

（二）研究创新点

随着工业化和城市化的飞速发展，许多人纷纷被卷入市场经济的洪流之中，人们在遭遇了诸多生态危机的同时，其精神家园也出现日益失落的现象。随着当今时代现实诉求的逐步增强，全社会呼吁人们建立起一种崭新的精神生态和生态素养来应对各类生态危机，帮助人们建立起对生命的爱，重拾公民身份和社会责任感。本书基于这种社会时代背景，展开了对人们生态价值观和生态思维的整体提升研究。

在学理层面，根据我国国民思维方式和价值观的实际特点，在马克思主义生态文明思想和人的全面发展思想的指导下，对国民的生态素质提升进行了较为系统的理论思考和梳理，为当前我国生态文明教育尤其是国民生态素质教育的理论研究提供了有益思路。

一方面，学术界关于“生态素质教育”的研究较少，而对于“生态文明教育”“环境教育”“生态伦理教育”等方面的相关研究成果较多，这些开拓性的成果为本书的研究奠定了理论基础。但是，大部分学者都是从自身专业基础或思维角度出发开展研究，在微观层面上分析较多，学科之间的交叉和融合不够充分，缺少对生态素质教育思想和知识架构的系统性研究与整体性考量。本书从系统逻辑论的整体性特征出发，通过对生态素质所蕴含内容的全面审视，尝试厘清生态素质教育的基本内涵和社会意义等，着眼于历史文化视野和国内外宏观背景，运用多学科交叉研究法，在历史和现实的立体坐标系中，确证和建构生态素质的本质意义与价值合理性，为我国教育事业创新发展、社会可持续发展和中华民族伟大复兴找寻具有生命力的精神气质与文化心理，同时，也为进一步丰富和发展马克思主义关于生态文明和人的发展的相关思想提供了理论思路。

另一方面，当今生态危机的产生离不开政治制度、市场经济模式以及意识形态等共同作用和影响。在一定意义上，资本主义逻辑和现代性经济增长癖导致人类自身、人与自然以及人与社会关系相异化。经济霸权和科技霸权的联姻不仅造成了自然生态系统的崩溃，也给人类社会带来诸多问题。生态文明崇尚整体有机和包容互惠的价值理念，统合了政治、经济和文化的协调发展状况。由此，生态素质教育不仅关注人与自然和谐关系的恢复与重塑，也是对人类在整个生态系统中的地位、人类行为的合情合理性等方面的反思。本书的一个创新之处即不再仅仅着眼于生态文明的“生态”表层或人才培养事业中的“成绩/结果”导向，而是将人类敬畏自然、关爱他者的“生态思维方式”“生态素质水平”“整体有机思维”等置于更广阔的视野中，在促使人与人和解、人与自然和解的基础上，推动人类生态素养的整体提升和人类自身的全面进步，构建科学合理的生态文明理念。

在现实层面，基于对我国生态现状和公众生态素养问题的充分观照，本书拟为人类自由全面发展和我国生态文明事业的发展，为社会可持续发展、建设美丽中国以及促进中华民族伟大复兴等提供有力参考。

一方面，本书着眼于我国国民素质教育尚处于探索阶段的现状，在工业化迅速发展和生态文明建设兴起的时代背景下，对国民素质教育中暴露出的问题加以梳理，对人对自然资源支配与占有欲望的无限膨胀及由此产生的人的认识问题进行了深刻反思，以期通过开展国民生态素质教育建立起人对生态文明的理性自觉，重新建立起人类对自然界万物生命的敬畏和对全人类共同命运的情感关怀。在此基础上，阐述了国民生态素质教育的本质内涵和实践路径，这不仅能够帮助人们认清资本主义逻辑带来各类生态危机的社会现实，帮助人们摆脱落后的价值观和道德观，也能让人们认识到人类只不过是生物大社会中的一个群落，应该有“生物社会公民”的责任感并履行其义务，能帮助人们培育“互在”的有机思维，引导人们积极克服各类生态问题，建立起深具人文情怀和生命关怀的生态道德观，对增强人们的生态情感和生态品格，推动人类自由全面发展以及教育生态化转型和现代化发展等都具有重大的现实意义。

另一方面，本书结合我国的生态素质教育情况，总结出国民生态素质教育的内容和推动教育生态化发展的有力举措，以期更好地推进社会的可持续创新性发展、推动建设美丽中国以及促进中华民族伟大复兴。本书指出国民生态素质教育主要包括生态认知教育、生态文明意识教育、生态文明实践教育、生态文明法治教育等；认为可以通过培养生态文明意识、优化生态教育环境、丰富生态文明知识、构建生态教育制度、创新生态教育形式等方式积极推进国民生态素质教育，从而在现实生活中引导人们自觉抵制技术和短期效益的引诱，建立起全面的生态相融性标准，培育具备落地生根能力、审美想象力、宏阔视野和真实情感的人，重拾荒野的本真价值，重振乡土文化和乡土经济，进而构建一个健康、持续性、恢复性、正义和繁荣的社会，这就为推进社会可持续创新性发展、推动建设美丽中国和实现中国梦以及达成“两个和解”等提供了可资借鉴的决策参考。

第一章　我国国民生态素质教育的基本问题概述

人类社会自第一次工业革命以来，在资本逻辑指导下，资源掠夺和环境破坏等现象时有发生，生态问题以加剧的态势在全球蔓延，比如生物物种骤减、森林覆盖率下降、空气和水污染程度加重、水土流失和荒漠化愈演愈烈等问题日益凸显。资本主义生产方式使人与自然、人与社会的关系出现异化趋势，人类为了追求物质水平的提高，过分注重科学技术的力量和职业技能的培养，执着于各类“人造奇迹”，逐渐泯灭了对大自然的“亲缘性情感”。工业化给人们带来了物质享受和精神膨胀的同时，也严重影响了人类生命健康，阻碍了经济社会的绿色可持续发展。如果按照这种情形走下去，我们可以预测未来人类的身体健康和社会的繁荣发展将受到十分严重的挑战，自然系统的恢复能力、气候的稳定性和地球生物物种的多样性都将受到影响，在这种变化下，人类社会也将呈现出经济崩溃、社会应急服务体系瘫痪、社会混乱和战争等局面。① 回顾历史，自20世纪六七十年代起，西方开始爆发各类生态环保运动，人们的生态意识逐渐苏醒，在人类对一种更高阶文明的迫切渴望下，生态文明越来越受到人们的重视，人们开始对原有的生产生活方式和价值观念进行深刻反思，并且尝试从政治、经济、文化、习俗、法律、教育、信仰等不同领域探索生态危机

① ［美］P. 克莱顿、孟献丽：《有机马克思主义与有机教育》，《马克思主义与现实》2015年第1期。

产生的原因，力求从不同角度和层次进行深入探究，努力走出一条绿色发展的时代新路。从 1962 年蕾切尔·卡逊书写《寂静的春天》、1992 年联合国环境与发展大会通过《21 世纪议程》、1997 年签订《京都议定书》、2012 年联合国颁布《联合国气候变化框架公约》到 2016 年《巴黎协定》的签署，都表明人们越来越重视生态环境问题，人类生态文明时代已经到来。

新时代需要新思想，新思想需要新的理论体系来阐释。我国对生态环境问题的研究始于 20 世纪 80 年代，尤其党的十八大以来，我国开始广泛学习和宣传生态文明理念与生态环保价值观，相应提出了生态文明观、可持续发展观、新发展理念、“两山”理论、生命共同体、美好生活以及美丽中国等带有新时代中国特色社会主义韵味的生态文明理论思想，彰显了我国社会经济建设的绿色化转型与教育事业的生态化转型。基于此，生态文明教育、生态素质教育、环境教育以及有机教育等相关概念逐渐成为社会范围内被广泛热议的话题。这些概念内容丰富又紧密联系，是共同推动生态文明建设，促进教育创新发展，实现人类自由全面发展等重大任务的理论基础，掌握和明确这些概念有利于推动我国国民生态素质教育的顺利实施。

一　我国国民生态素质教育的内涵

生态兴则文明兴，生态衰则文明衰。从党的十八大报告、习近平总书记在中共中央政治局集体学习上的讲话、党的十九大报告、习近平总书记在北大师生座谈会上的讲话、《国家教育事业发展“十四五”规划》到党的二十大报告等诸多文件中都详细论述了培育生态文明观、强化生态环保意识的重要性以及生态素质教育在推动落实立德树人根本任务中的必要性等。因此，立足新的历史发展阶段，我们应该不断革新生态教育观念，全面提升人们的生态素养水平，这就要求我们全面掌握和系统理解国民生态素质教育的科学内涵。国民生态素质包含了生态道德、生态情感、生态知识、生态技能等个人品质，这些能够通过教育得以深化和提升，这就要求我们在国民素质教育中融入生态元素，注重提升人们的生态环保意识和生态践行能力，努力造就德智体美劳全面发展和知识、能力、素质综合提升的新型人才，推动人的自由全面可持续发展和教育现代化发展进程。国民生态素质教育要求人们正视人、自然与社会三者之间的关系，做到尊重自然万物、关爱所有生命体以及承扬本土文化和传统文化。

（一）国民生态素质的内涵

“批判的武器当然不能代替武器的批判，物质力量只能用物质力量来摧毁；但是理论一经掌握群众，也会变成物质力量。理论只要说服人，就能掌握群众；而理论只要彻底，就能说服人。”[①] 在现实诉求和当今的时代背景下，国民生态素质便成为一个热议的话题。2019 年 10 月 28 日，中共中央、国务院印发的《新时代公民道德建设实施纲要》中也提出，要推动全社会共建美丽中国，要树立“绿水青山就是金山银山”的理念，增强环保意识和生态意识等观点。生态文明理念逐步深入人心并对人们的思想和行为起到约束与规范作用。人们开始注重提升自身的生态素质水平，在推进国民生态素质水平的过程中，学会了更好地保护生态环境、承扬民族文化，进而推动全社会生态文化素养水平的全面提升。

“生态”一词在希腊文中最早意为“人类赖以生存的场所或环境”，后来，人们对“生态”一词的解释由一开始的生物学领域扩展到政治、经济、文化等多领域。因此，现代“生态”一词的含义不再仅仅是对系统内各要素关系状态的描述，也表现为人类生命、动植物生命、山水林田湖草等自然环境要素的整体协同发展。[②] 素质主要指人们在自身受教育过程中逐步形成的一系列稳定的、深层次的以及内在的身心组织结构及其质量水平，是人所具有的修养、品德、能力和

① 《马克思恩格斯选集》第 1 卷，人民出版社 2012 年版，第 9—10 页。

② 王如松、胡聃：《弘扬生态文明　深化学科建设》，《生态学报》2009 年第 3 期。

才干，既包括人先天遗传的一系列生理特点，也包括在后天环境中逐渐形成和具备的道德品质、行为习惯和能力水平等，即身体、心理和社会文化等因素的有机结合。在现代社会，生态素质是人的素质中的重要内容，是人们正确认识和处理自然环境与人类社会、自然环境与现实个人相互关系的意识、态度、方式和能力的总和。培养人的生态素质水平主要是指培养和发展一个人处理人与自然、社会等多方面关系的全部潜能的过程，即把一个人在生态意识、生态情感、生态意志、生态行为等各方面的因素综合起来，使他成为一个具有良好生态素质、身心得到全面发展的人，进而达到孵化社会先进思想和先进文化的目的。

"生态素质"一词最早于1992年由戴维·奥尔提出。他认为，环境问题不能仅仅依靠科学技术来解决，面对人类社会可持续发展的现实诉求，生态素养侧重提问"然后呢"，即结合"风景"与"心境"来观察自然的能力。[①] 因此，解决各类环境问题需要培育生态文明价值观，具备生态文明思维方式等。包庆德提出，生态素质是人的内化物的观点，具备生态素质的人能够在生态价值观和生态伦理观的参照下，践行生态环保行为方式。国民生态素质是一个内涵丰富的概念，是人们应该具备的生态道德、生态知识、生态技能、生态审美等综合生态素养和品质的统称。具体来说，国民生态素质指的是人们在生态价值观和生态道德观的指导下，遵循自然界与客观世界的发展规律，在处理人与自然、人与人、人与社会的各种关系时，能够充分运用生态学基本规律和原理、生态经济学、生态社会学、生态文化学、生态环保法等相关知识，发挥自身的生态判断能力、生态协调能力、生态应急能力以及生态批判能力等，培养生态道德、强化生态情感、丰富生态知识以及提高生态技能，并在实践中能够与相关生态利益主体进行科学规范的良性沟通，以满足自然界和人类社会共同的生态利益需要的主体素质。国民生态素质实际上将人类自身与自然界的双向互动关系置于人

① David W. Orr, *Ecological Literacy: Education and the Transition to a Postmodern World*, Albany: State University of New York Press, 1992, pp. 85 - 96.

文关怀语境之下，强调人对自然应具备一定的生态道德情怀，在一定程度上体现了人与自然高度融合的系统性，体现了高度的社会生态责任感和担当感。具体来说，国民生态素质主要包括以下几方面。

第一，国民生态道德素质。生态道德素质是生态素质概念中的一个生态伦理问题，是一种基于“人类自身与自然万物关系”视角、人们如何对待生态的道德规范，它包含了人们的生态价值观和生态行为规范标准等。人们日常面对“社会—生态”的实践活动时，基于自身前期生态学知识的学习和综合认知量的积淀，形成了一系列关于人与自然界万物生态型关系认知的看法和道德品质，即生态伦理观、生态公平观、生态发展观、生态法治观等。人们只有具备基本的生态道德素质，才能指导自身行为朝着生态化、科学化、规范化和现代化的方向发展，进而促进和引领全社会生态素质的养成。

第二，国民生态情感素质。生态情感素质是人们对自然环境、动植物以及周围其他人所具备的心理认同、情感热爱与理性接纳的综合情感，这种情感包含着人们对自然界维护、治理和优化的责任感与担当感，包含着人们对周围人呵护、尊重和热爱的生态道德感。人们通过运用政策法规和道德体系的制约与推进功能，不仅可以推动人们更好地理解和保护自然万物，促进生态系统的良性发展，还可以进一步激发生态智慧，塑造生态人格，使人们在“社会—生态”的实践过程中，真正感受到自然的魅力和真善美，进而拓展、养成生态情感和生态审美观，在潜移默化中养成生态文明习惯。

第三，国民生态知识素养。生态知识素养是人认识客观自然事物的全部内容，主要是人们在生产生活实践中对生态环境基本现状、生态学基本概念与内涵、生态系统内各类信息以及相关生态技能掌握情况的生态成果体系。生态知识作为人理解和把握“人—自然—社会”共生关系的理论认知体系，能够指导人们的生态情感、生态意志和生态行为，将人们内在的生态涵养转化为指导各类生态行为的外在推动力量，从而帮助人们践行关怀和敬畏生命的价值观，努力推动人与自然的和谐共处。

第四，国民生态技能水平。生态技能水平是人们在面对自然生态系统内各种复杂要素时，以互惠共生、和谐共进的原则促进人与自然永续相生，在这个原则指导下形成的一系列生态技能和先进行为体系。在与自然界接触的过程中，人们积极体悟自然，与所有生命体产生共情，并与之互动互摄，这种深层次的情感交流能够衍生出包蕴爱与责任的生态智慧，通过深刻领悟、反思和内化，将自身具备的生态知识、生态情感、生态智慧等转化为处理人与自然关系时的各种先进技术或行为技能，这种技能涵盖了生态保护、生态消费、生态治理等多个领域，能帮助人们提高生态实践能力。

人的生态素质是通过教育塑造养成的。人们通过教育过程中的知识传播、精神引领、物质实体构建和制度保障等，逐步革新自身的思想意识和行为规范，深刻领会绿色发展理念的内涵，充分认识良好生态环境的宝贵价值。因此，在理解和掌握了国民生态素质基本内涵与内容的前提下，需大力推进国民素质教育，在教育过程中逐渐增强人们的生态道德意识和自然资本意识，形成节约资源能源、保护自然环境、维护生态平衡的可持续生产生活方式，不断推动自然资本的全面增值，进而实现天更蓝、山更绿、水更清、环境更优美。

（二）国民素质教育的内涵

伴随着高考制度和各类学位制度的重新确立，正常的教育秩序开始逐步恢复，为了让教育更好地符合青少年的成长规律和个性特点，需全面推进各级各阶段的素质教育。20 世纪七八十年代开始，党和政府发表了大量关于提高素质教育的论述，引起了全国上下的广泛关注。1978 年 4 月，邓小平在全国教育工作会议上曾指出，学生负担太重是不好的，今后仍然要采取有效措施来防止和纠正。1979 年 4 月，蒋南翔提出了“中小学教育要面向全体同学”① 的观点。1985 年 5 月，邓

① 蒋南翔：《中小学教育要面向全体同学——在全国中小学思想政治教育工作座谈会上的讲话（摘要）》，《人民教育》1979 年第 6 期。

小平在全国教育工作会议上指出："我们的国家，国力的强弱，经济发展后劲的大小，越来越取决于劳动者的素质，取决于知识分子的数量和质量。"① 教育必须克服脱离实际和片面追求升学率，要将应试教育向素质教育转变，全面提高学生的思想道德、文化科学、劳动技能、身体心理素质。1986 年 4 月，《中华人民共和国义务教育法》提出，改革的根本目的是提高民族素质。1993 年 2 月，《中国教育改革和发展纲要》提出，教育应该致力于全面提高国民素质。1994 年 8 月，中共中央印发的《关于进一步加强和改进学校德育工作的若干意见》中第一次提出"素质教育"的说法。1999 年 1 月，中共中央、国务院批转了教育部制定的《面向 21 世纪教育振兴行动计划》，明确提出了"'跨世纪素质教育工程'，整体推进素质教育，全面提高国民素质和民族创新能力"的说法；3 月，政府工作报告中指出要大力推进素质教育，注重创新精神和创新能力的培养，使学生在德、智、体、美等方面全面发展。2001 年 6 月，教育部提出，要在中小学教育体系中构建符合素质教育要求的新的基础教育课程体系。2004 年 3 月，国务院提出，要培养德智体美等全面发展的人才，培养学生的创新精神和实践能力，全面实施素质教育。2006 年 6 月，素质教育写进《中华人民共和国义务教育法（修订案）》，将素质教育上升到国家意志，延伸到法律层面，增强了素质教育的约束力。2006 年 8 月，胡锦涛强调指出："要激发学生发展的内在动力，提高学生的创新精神和实践能力。要形成全社会推进素质教育的强大合力和良好环境。"② 2013 年，党的十八大提出了"立德树人"的教育任务。2017 年，党的十九大指出，要明确"培养什么人、为谁培养人"，要"发展素质教育"。2020 年，中共中央、国务院印发《深化新时代教育评价改革总体方案》要求"系统推进教育评价改革，发展素质教育"。以上系列讲话和思想体现

① 《邓小平文选》第 3 卷，人民出版社 1993 年版，第 120 页。

② 胡锦涛：《坚持把教育摆在优先发展战略地位　努力办好让人民群众满意的教育》，《人民日报》2006 年 8 月 31 日第 1 版。

了教育对经济振兴、科技发展和综合国力提升的重要性，为提高全民族思想道德、科学文化素质奠定了基础。

教育旨在增强人们的思想道德、科学文化、身心健康等基本素质，培养更多德智体美劳全面发展的人。基于此，我们应该逐渐改革和完善教育体制和人才培养模式，将传统的应试教育转变为符合我国经济社会发展规律的国民素质教育，培养一批结构合理、素质较高的全面发展型人才队伍。我国素质教育是在改革开放以后，为了加快社会主义现代化建设以及适应经济发展和提升国力的需要，在教育界提出的一个新型教育理念。其关注受教育者个性差异和能力水平，重视通过环境影响和教育训练等，在人的自然特质中融入新思想、新知识、新品质等社会新质，使人具备稳定、持久的良好品质和行为习惯。同时，素质教育也要求根据每个人不同的生活习惯、兴趣爱好、生活背景等，针对性地制订出具体的教育方案，以逐渐培育其思考力、创新力和实践力，不断提升社会主义现代化建设所需的思想道德水平和科技文化水平，实现社会需求和个人成长辩证统一的有机结合。

国民素质教育是面向全国所有人的教育，是一个大的教育系统。从教育时间维度来看，包括中小学教育、高等教育、社会教育、终身教育的纵向教育梯次；从教育空间维度来看，包括学生教育、农民教育、企业人员教育等横向教育；从教育内容来看，包括身心素质、道德素质、审美素质、劳动素质等教育；从教育类型来看，包括课堂内和课堂外教育、家庭和学校教育、现实和网络教育、国内和国外教育、经验和未来教育等。素质教育符合全面整体育人观的要求，要求教育者根据社会和人的发展需求，遵循受教育者的发展规律，通过改革教学方法、完善教学内容、创新教学形式，在科学的教育实践活动中，系统发展和逐步优化受教育者的先天潜能与后天品质，锻造受教育者良好的思想品质和道德修养水平，依此，在教育过程中形成相互激励、教学相长的师生关系，最终铸造“面向现代化、面向世界、面向未来”的新型教育，实现人的自由全面发展。国民素质教育具备“坚持以人为本、倡导立德树人、贯彻全面育人、弘扬创新精神、注重实践能力”等基本特点。当今社会，随着经济的飞速发展，社会对人才的需求也日趋多元化，每一个行业、每一个岗位都需要不同类型的人才，由于受教育者的先天个性、后天成长环境和自身努力程度的不同，他们自身的素质结构也不尽相同。因此，教育者应主张推行个性化教育，在充分尊重学生主体地位的前提下，细致观察每一个学生的兴趣爱好和自身潜能，开发出适合他们自身特点的教育方式，创造出适合其个性发展的外在氛围和良好环境，使受教育者的天赋、志趣和才能得到充分而自由的发展。

国民素质教育有着深厚的理论渊源和长期的实践基础，马克思主义经典作家主张教育应该做到因材施教，注重个性得到自由发展，要善于激发受教育者的积极性、创造性，实现个人的独特的和自由的发展。中国自古以来也非常重视素质教育，古代教育家孔子提出了“性相近、习相远”的观点，倡导“有教无类”的平等主义教育理念，鼓励教育者对受教育者不分地域、男女、老幼、贫富或者贵贱，一律平等相待，提倡平民教育；孔子还提出了“真善美”的观点，引导教育者以“君子”的标准传授“智、仁、勇”的道德品质和行为规范，培育出“精通六艺”“文质彬彬”的德才兼备之人；在教育方法上，孔子提出了“因材施教”“启发诱导”等方法。近代教育家蔡元培主张“五育并举”，即军国民教育、实利主义教育、公民道德教育、世界观教育和美感教育①；在教学方法上，蔡元培反对一刀切的教育理念，提出要依据受教育者“性质之动静，资秉之锐钝”来决定教育方式。马克思主义经典作家和中国传统的教育理论与实践，为当今我国国民素质教育的顺利开展奠定了良好的基础。因此，要想办好人民满意的教育，就要面向全体受教育者，全面深化素质教育改革，致力于提高受教育者的创新精神、实践能力与社会责任感。具体来说，要求我们做到以下几点。

---

① 于建福：《促进人的全面发展 提升国民综合素质——改革开放30年素质教育重大政策主张与理论建树》，《教育研究》2008年第12期。

第一，创新现代化教育模式。素质教育要求充分发挥受教育者的主体作用，改革旧的教育体制，引导教育者摒弃“单向灌输”的教育方法，积极运用启发式和诱导式的教学方法。在教学过程中，教师要积极探索多元化教学方法，将课堂讲授与社会实践相结合。比如，组织专业性的社会实践活动、公益性的社区活动、主题性的志愿者服务活动等，通过这些活动，既能增加受教育者对理论知识的熟知度，又可以帮助他们更好地认识国情、社情和民情，为区域社会发展提供自身独特的思考和建议，进而提高其独立思考问题和探索世界的能力，增强社会适应力，提高自身综合素质水平。

第二，打造良好的教育环境。首先，优化物质层面的环境建设。通过加强区域人文景观的建设，设计富含文化底蕴的功能区景观，规划极具特色的主题景区项目，等等，创设有助于受教育者接受教育的“文化场域”；其次，强化精神层面的环境建设。通过打造素质教育教学体系，强化素质教育理念，推广素质教育最新知识等，在全社会范围内营造良好的素质教育氛围，全面提升受教育者的精神状态；最后，加强制度层面的环境建设。通过推行素质教育组织管理制度，优化素质教育考核评估制度等建立健全素质教育体制机制，并推动各项制度以活泼生动的形式融入日常生活，使素质教育接地气、落地行、扎下根。

第三，完善科学的教育评价制度。各类学校或教育机构应该摒弃唯分数的评价方法，重视评价的综合性、全面性和发展性，取消以各类一次性竞赛结果为依据的考核评价办法，注重考察受教育者平时的各类综合表现，并对其日常思想道德素质、身体心理素质、科学文化素质等一并进行考核，确保每一位受教育者能够拥有健康的体魄、高尚的道德、较高的科学文化素养和审美能力、乐观豁达的心态以及丰富多样的生活样态。

第四，在教育理念中融入生态文明观。以生态文明理念为指导的教育要求人的行为应从自然界万物的生存和发展需要出发，将人们的道德关怀从人类社会扩展到自然界。当今许多学生在学习、就业中通常抱着功利性的目的，为了考试成绩、升学而学习，为了高薪、高职而择业，却较少关注生态环境的基本现状和自然万物的内在诉求。恣意践踏和破坏自然环境，过度消费和使用资源能源等情况依旧存在，这在一定程度上导致各类生态危机的产生。由此，在全社会开展生态教育，可以唤起人们的生态道德感，激发人们的生态责任感，进而提高其生态认知和生态素养，引导人们把爱与尊严给予自然。

（三）国民生态素质教育的内涵

党的十九大报告把“坚持人与自然和谐共生”作为新时代坚持和发展中国特色社会主义基本方略的重要内容，强调要牢固树立社会主义生态文明观。党的二十大报告强调，“必须牢固树立和践行绿水青山就是金山银山的理念，站在人与自然和谐共生的高度谋划发展”[①]。同时，在当今生态危机日益肆虐、人类社会情感冷漠等问题日益频发的时代，我国立足于人与自然和谐共生、绿色发展观的时代主题，深刻反思教育的时代使命，致力于推动以追求人与自然和谐美好、人与人互爱互利为基本准则的生态素质教育工作，对遏制当前日趋严峻的生态危机，改善人文关怀缺失的社会氛围等具有重要意义。同时，也为全世界构建人类命运共同体，塑造人类文明新形态提供中国智慧和中国方案。

1977 年，世界政府间环境会议提出，在进行环境教育时，要特别重视环境道德和环境价值的影响和作用。[②] 1992 年，联合国环境与发展大会指出，教育是促进可持续发展和提高人们解决环境与发展问题能力的关键，为求实效，环境与发展教育应当纳入各个学科，并且应当采取正规和非正规方法及有效的传播手段。1994 年，《中国 21 世纪

① 习近平：《高举中国特色社会主义伟大旗帜　为全面建设社会主义现代化国家而团结奋斗——在中国共产党第二十次全国代表大会上的报告》，《人民日报》2022 年 10 月 16 日第 1 版。

② 施晓春、周鸿：《神山森林传统的传承与社区生态教育初探》，《思想战线》2003 年第 1 期。

议程——中国21世纪人口、环境与发展白皮书》中指出了要加强对受教育者的可持续发展思想的灌输，要将可持续发展思想贯穿于从初等到高等的整个教育过程中。1996年，我国颁布了《全国环境宣传教育行动纲要(1996—2010)》，倡导创建绿色学校，并成立了“绿色教育研究中心”，作为提高我国生态素质的文明工程。1998年，清华大学创办了“绿色大学”，并召开了大学绿色教育国际学术研讨会。自此，在全世界广泛开展绿色教育、生态文明教育的背景下，我国也积极展开各类生态实践活动和绿色教育活动。生态素质教育成为国际国内潮流和必然趋势，它要求人们将生态学原理与教育活动相结合并运用到各类教育教学活动中，进而科学处理人们与周围特定环境相互作用的关系问题，有效缓解“人与环境”关系的矛盾，实现生态环境系统的平衡发展以及人的全面发展。

马克思认为，“所谓人的肉体生活和精神生活同自然界相联系，不外是说自然界同自身相联系，因为人是自然界的一部分。”①。我国传统文化中提出的“天地感而万物生”“厚德载物”“钓而不纲，弋不射宿”“人皆有不忍人之心”等观点都阐明了正是因为有了源源不断、生生不息的自然万物，才有了人类自身的盎然不竭、代代延续。自然界如同母亲一样爱护着一切生命，我们应该树立起人与自然和谐共生的观念，在拯救环境的运动中，建立起人与自然之间的情感纽带，将对生命的敬重与理性规划结合起来，重构生物亲缘本能，进而获取文化精髓、精神信仰。当前，随着社会生产力水平的提高，人们对生态环境的破坏和干预愈演愈烈，同时，具备生态学知识的人才较为匮乏，人们的生态意识普遍低下，为了实现“人与自然的和谐相处”，就需要大量掌握生态学原理和方法的高素质专业人才，而开展国民生态素质教育则成为重要抓手之一，其目的是培养人们健康的生态认知观、文明的生态道德观、适度的生态行为方式等，进而为社会的可持续发展服务。②

---

① 《马克思恩格斯选集》第1卷，人民出版社2012年版，第56页。

② 王瑁、王文卿：《生态学教学与提高大学生生态素质》，《中国林业教育》2013年第2期。

由此，国民生态素质教育就是在坚持人与自然共融共生的指导思想下，遵循“审视环境问题、聚焦生态理念、培养生态品质、践行生态行为”这一基本原则，在各类各级教育过程中，从生态学视角对社会已有发展水平和人类可能性发展潜力做出整体评估，进而引导受教育者培养生态伦理观和生态道德观以更加热爱自然与尊重万物，增进生态科学知识和生态现状认知以更好地认识生态环境系统与社会发展规律，强化生态实践行为以形成与生态保护相适应的绿色生活方式。最终，在这一教育模式的指导下，唤醒社会公众保护生态和关爱他者的使命感，自觉参与美化环境、承扬传统文化和关爱生命万物等行动，为自然界所有生命体的有序繁衍、人类社会的健康稳定发展提供智慧支撑与教育基础。

怀特海曾说，“教育的全部目的就是使人具有活跃的思维”[①]，而活跃的思维离不开高尚的智慧，智慧则源于系统有机教育中对多学科知识的掌握与灵活运用。国民生态素质教育作为一种“寻求整体”的智慧型教育，它反对学科之间的疏离、学校与现实的脱节、知识与实践的分离，注重将科学教育、技术教育和人文教育密切结合，倡导各学科之间密切联通，使得学生建立起整合性的思维方式，以应对各类世界性难题。国民生态素质教育鼓励一种涵盖丰富生态文明理念和方法，蕴含科学生态文明价值观的先进教育模式，要求人们具备“保护生命万物、尊重不同文化”的生态意识、思想觉悟和行为习惯，进而助力社会可持续发展。具体来说，国民生态素质教育主要包括以下几点。

第一，国民生态认知教育。生态认知教育是引导人们正确认识生态文明知识、生态系统规律、生态发展现状等整体情况，进而使其能够综合把握和理性看待各类生态现实问题。自从人类开始支配自然界，创造财富的能力日渐强大，在追求经济利益的同时，一定程度上忽视了自然界的内在价值，引发了各种生态危机。为了更好地对生态环境诸要素做出全面系统的考量，对自然界万物做出理性的认知和评价，

---

① ［英］怀特海：《教育的目的》，徐汝舟译，生活·读书·新知三联书店 2022 年版，第 66 页。

就需要推动生态认知教育。人们只有具备面对生态环境问题时的危机感和责任感，才会主动去关注生态环境，激发解决生态环境问题的主动性、积极性和创造性。[①] 由此，在全社会广泛普及生态理论知识、生态建设布局知识和生态现状知识等以期提升人们的生态认知水平，就显得尤为重要。在实际工作中，我们可以通过举办宣讲会、报告会等活动以及利用各类新媒体渠道，积极开展生态文明知识的普及工作，让人们认识到生态文明建设的重要性，唤醒公众的生态环保意识和责任感等，从而推动人类社会永续发展。

第二，国民生态意识教育。生态文明意识是一种反映人与自然和谐发展的新价值观，是人对人与自然的关系以及对这种关系变化的深刻反思和理性升华，是产生生态文明行为的前提。[②] 国民生态意识教育是指教育和引导国民在面对和处理各类人与自然的复杂关系时，自觉遵守和践行行为准则，并发自内心地渴望将生态文明价值理念付诸实践，体现了一种美好的愿望。清新的空气、干净的饮水、安全的食品、优美的环境是人们的期盼和渴望，也是美丽中国的必要元素，而环境的好坏在很大程度上取决于人们环保意识的高低，这就要求我们在日常教育中，做到增强全民节约意识和绿色发展意识，营造爱护生态环境的良好风气，做到像保护眼睛一样保护生态环境，像对待生命一样对待生态环境。

第三，国民生态实践教育。生态实践教育是指导和教育人们在掌握基本生态学原理和社会客观发展规律的前提下，遵循人、自然、社会三者和谐发展的基本要求，逐渐克服和应对各类生态危机，积极推动社会效益和生态保护的协同发展，进而打造人、自然与社会长效发展和良性互动的教育模式。生态素质教育除了做好生态认知教育和生态意识教育之外，更需要人们在教育实践过程中克服传统落后的生活

① 廖金香：《高校生态文明教育的时代诉求与路径选择》，《高教探索》2013 年第 4 期。

② 王丹丹、张晓琴：《大学生生态文明意识的调查分析——基于南京市部分高校调研数据》，《南京林业大学学报》（人文社会科学版）2018 年第 3 期。

方式及行为习惯，建立“知－意－行”有机统一的教育学习模式，即从生态知识到生态意识再到生态行为的整体生态宣教模式，[①] 做到自觉规范自身行为，监督和纠正他人行为，并且积极参与生态环保工作，最终引导人们把生态文明习惯当作日常性的行为方式，致力于实现人与自然和谐发展的双赢目标。

第四，国民生态法治教育。生态法治教育通过明确人类自身的生态权利和生态义务，进而引导人们为了保护自然界万物的利益而对生态环境作出适当妥协，有助于约束和规范人类自身行为，保障经济发展和生态保护的动态平衡。在教育过程中，倡导人们要具备生态法治意识，主动了解自己原本应享有的环境权利和应承担的环境义务，养成自觉的生态文明意识，主动参与生态保护，不做有违生态环境相关法律的行为，努力为建设和保护生态环境创造一个良好的条件。[②] 最终，人们在面临诸多关乎人类生存的紧迫问题时，能够学会将资源能源、人口健康、社会秩序、历史文化、道德观念、社区问题等各大关键性问题整合起来，并积极参与各领域的科学研究和考察调查，不仅有助于实现生态素质教育传授知识与提高科学修养的基本功能，也能极大地激发人们对整个世界生态系统的责任心和崇敬感。

综上所述，国民生态素质教育包含了与社会发展相适应的生态认知教育、生态意识教育、生态实践教育以及生态法治教育，只有做好国民生态素质教育工作，才能更好地制定出适合人类社会和自然界和谐共生的行为准则，并以其指导自身的生产生活和消费实践。

二　我国国民生态素质教育的时代语境

人创造环境，同样，环境也创造人。[③] 当今世界正面临百年未有

---

① 中国环境意识项目办：《2007 年全国公众环境意识调查报告》，《世界环境》2008 年第 2 期。

② 吴宝明：《大学生生态文明教育的主要内容与实施途径》，《机械职业教育》2012 年第 12 期。

③ 《马克思恩格斯选集》第 1 卷，人民出版社 2012 年版，第 172 页。

之大变局，当今中国正处于快速发展的关键时期，人们不再像农业时代和工业时代那样秉持着人类屈从于自然或者人类必胜自然的狭隘观念，而是开始正视人类、社会和自然的关系，重新考虑“教育需要什么样的生态环境”“教育应建立起什么样的发展观”等关乎人类未来的教育问题。人们开始通过各类教育活动或文化活动寻求人与生态环境整体层面上的和谐发展，人与自然的关系不再是冷冰冰的利用和被利用、控制和被控制的关系，而变成了彼此交融、共生共荣的关系。因此，只有培养热爱自然环境之情，才能真正做到关心自然、善待自然和保护自然，才能做到“像敬畏自己的生命意志那样敬畏所有生命意志”“在自己的生命中体验其他生命”，进而真正树立人与自然、人与社会、人与人之间和谐相处的理念，推动人类自身的全面发展与美好生活的构建。

2013 年，习近平总书记在中共中央政治局第六次集体学习中提出，应加强生态文明宣传教育，营造爱护生态环境的良好风气。2017 年，习近平总书记在中共中央政治局第四十一次集体学习中再次强调，要强化公民环境意识，推动形成节约适度、绿色低碳、文明健康的生活方式和消费模式。党的十九大报告中也指出，要牢固树立生态文明观，推动形成人与自然和谐发展现代化建设新格局。2018 年 5 月，习近平总书记在北大师生座谈会上提出，要落实立德树人，培养德智体美劳全面发展的社会主义接班人。《国家教育事业发展“十三五”规划》中提出，立德树人的基本任务是不断增强人们的生态文明素养，强化全社会生态文明教育，通过将生态文明理念融入教育全过程，大力培育和践行社会主义核心价值观。生态文明是在大自然中呈现出的万物相安而处的动态平衡局面，强调世界的整体性和生命活力，致力于培养人们打通学问与生命的能力；生态素质教育是弘扬生态文化、建设生态文明的行动之基，能够推动落实立德树人的根本任务，并帮助人们成长为德才兼备、全面发展的人。因此，我们应该积极落实并推进生态素质教育，引导人们崇尚事物之间的普遍联系，使得教育成为一种共情教育，为克服各类生态危机与追求人类社会永续发展的共同福祉不断奋斗，逐步推动 2035 年教育现代化和美丽中国建设进程，实现中华民族伟大复兴的中国梦。

（一）时代背景：各类生态危机与生命关怀的缺失呼吁教育生态化转型

随着工业化的飞速发展，人类社会呈现出空气污染、土地沙漠化、森林覆盖率降低以及各类城市病等诸多生态问题，各类先进的科学技术推动社会经济极大发展的同时，也激发了人们的物质欲望，产生了“对其他非人类生命抢夺”的现象，从而忽视了其他生命体的内在价值，导致人与自然关系的失衡，甚至人与人、人与社会之间的关系变得日益紧张，人性冷漠、欺凌弱势群体、精神焦虑等社会性问题逐年增多，社会公众的生态素养水平明显滞后，也就导致难以构建起运用整体性思维、普遍联系性思维看问题的主体能力，极大地制约了我国教育的现代化可持续发展。

1. 克服和解决当今社会各类生态危机与人类社会发展问题的必然要求。随着工业主义的高歌猛进，人类为了获取更多的物质利益，使自然界逐渐演变成满足人类需求的“人工智能式园林”，粮食短缺、资源枯竭等问题不断上演，人们自身强烈的物欲为生态危机的爆发埋下了伏笔，导致人类信仰缺失、价值虚无、意义缺场等。在实际生活中，人们将科学技术视为用以征服大自然的一把“利剑”，导致对自然的掠夺式毁坏。生态素质教育涉及正确处理和协调人与人、人与自然、人与社会之间的关系，涵盖物质层面、精神层面和制度层面等多方面的内涵，这就要求人们，一方面要自觉遵循自然的内在要求和客观规律，科学地处理人与自然的关系；另一方面要努力营造人与人、人与社会的和谐关系。个人如果不考虑他人或社会群体的利益，就容易只看到自身目的或者个人利益，做出肆意破坏大自然的行为。因此，生态文明建设不仅仅取决于对自然环境的优化和改造，还包括对人们生态伦理观、生态审美观、生态实践观等方面的正确教育引导。

反观现实，从自然生态环境来看，随着人类对自然的征服和利用，自然界逐渐被祛魅，其神秘性也趋于被消解，气候变化、生态失衡、资源匮乏、土壤荒漠化、物种锐减以及雾霾频发等问题日益凸显，自然生态系统的整体平衡受到严重破坏，开始威胁到人类和动植物的生存与发展。从社会生态环境来看，随着人们对目的、成果、效用的追求，逐渐丧失了对文化、环境和实践的科学认知与多元探索欲，人们的审美力和同理心日益匮乏，人与人之间缺少了爱、热情和责任心，不可避免地带来了人性冷漠、精神抑郁、暴力事件等人类社会发展问题。基于此，我们应该立足新时代、新形势和新要求，从对规范人的教育理念出发，探讨如何通过生态素质教育来提高人们的生态意识和生态素养。在生态素质教育过程中，按照生态文明建设的目标和素质教育的要求，以全面协调可持续发展为出发点，培养更多具备生态文明意识和生态文明素养的生态型人才，帮助人们培养起善待人与自然万物的人文关怀和责任担当，重新思考人与自然万物之间的感情和紧密联结，重建人们的生物亲缘性本能，推进人类社会实现健康稳定、和谐有序的发展，进而提供更多的优质生态产品，以满足人民日益增长的美好生活需要。

2. 构建结构均衡的生态型教育体系的内在诉求。教育是对人的精神世界进行持续养育的活动，教育的可持续发展离不开人们坚定的信念。在信念的鼓动和激励下，可以重塑人们的价值观并使之外化为实际行动，成为自身日常行为习惯的一部分。而在国民素质教育中融入生态文明理念能够帮助社会公众形成科学理性的群体意识和价值信念，全面提升公民的生态道德和素养水平。随着知识经济时代的到来，社会对高素质、专业化人才的需求日益增多，然而，人们在各种考试、升学、就业以及考核评价中，醉心于盲目追求分数、结果和地位等，对自身的内在素质、对他人的个体诉求以及对自然界的美好秩序等视而不见，逐渐丧失了对美丽、责任与情感的追求，自身正确的价值理念和社会意识日趋淡薄，教育的可持续发展受到严重影响，国民素质结构整体失衡，全社会急需公众生态文明精神的重新回归。因此，在这个特殊的时代背景下，国民生态素质教育的大力实施能够促使人们认清当今社会教育发展现状，引导人们在生态文明理念和有机整体的思维模式指导下，淡化对各种数据的关注，逐步消除分数、结果和效用等外在评价因素对自身发展的固有影响，促使人们去关注精神生活和道德情怀的全面提升，找回正确的科学信念意旨，构建起生态型的全新教育体系。

在西方社会，人们受柏拉图、德谟克利特等思想家的“心物”学说影响，认为人是自然界的唯一主人，只有人才具有内在价值，而自然界是没有价值的，只有人与人之间才讲道德意识，而人对自然界是不用讲道德和情感的。这种“心物”模式从文艺复兴直到近代被广为推崇，这种基本观念便成为工业文明时代人控制和奴役自然的哲学基础，也造就了大批重视各类评比数据和结果效用的人，导致教育趋于功利性发展，国民整体素质结构失衡，也就不可避免地引发了大量生态危机事件。当人们认识到这一思想理念的局限性以后，涌现出了大量生态文明论学者，他们普遍认为，人类和自然界同处于一个完整的生态系统内，二者是相互依存、相互依靠的，不仅人具有自我主动性和内在价值，自然界万物同样具有能动性和内在价值，人类应该遵循自然界的客观发展规律，尊重自然、呵护自然。生态文明论的提出使人们认识到自身认知水平和素质水平的有限，认为人只有改变传统的价值观和发展观，更加关注自然万物的生命意义和存在价值，培养万物关联的整体性思维方式，确立人与自然共生共荣与持续繁荣的主体意识，才能全面提升人类的思维水平和认知水平。因此，只有创新生态教育理念，构建均衡化的国民素质结构和生态型的现代化教育体系，才能使人与自然的关系趋于和谐稳定，使得教育事业实现创新可持续发展。

3. 实现中华民族伟大复兴的中国梦与建设美丽中国的迫切需求。生态素质教育作为一个系统性的大工程，对人的身心素质、道德素质、科学素质、审美素质等都提出了要求，要求人们摒弃“人类中心主义”认知，正确处理各种自然界和人类社会的复杂关系，培养高度的生态自觉和良好的文化修养，在全社会构建起一种平等正义、互惠互利、和谐共赢的生态价值观。党的十八大报告提出了建设“中华民族伟大复兴”的中国梦与“美丽中国”的时代要求。中国梦作为中国人民携手共进、砥砺前行的共同愿景、共同追求和共同期盼，体现了全国各族人民的共同利益和努力方向。美丽中国建设呼吁人们协力推进生态文明建设，创建共同福祉，在打造宁静、和谐、美丽的自然生态的同时，不断推动人类社会的永续发展。生态素质教育能够帮助人们培养生态文明意识，创新生态文明思维以及增强生态文化素养，不断提高人们对生态环保、生态经济以及生态城市等各类生态热点问题的理性认知，进而加快我国社会主义现代化建设，重塑人与自然和谐共生的发展格局，把美好期许和伟大蓝图逐渐变为现实。

“教育对促进持续发展是非常关键的，它能提高人们对付环境与发展问题的能力。”① 当今时代追求的是“人与自然、人与人、人与社会和谐共生、良性循环、全面发展、持续繁荣为基本宗旨的文化伦理形态”②，顺应时代发展趋势和人们的共同理想追求，国家在政治、经济、文化和生态等方面也应该紧扣和谐可持续发展的基本思想，大力推进生态素质教育工作，其作为关乎社会创新性与可持续发展的一个关键领域，对于提高人们的综合素质，激发社会发展生命力和活力，构建生命共同体以及增进社会发展福祉起着重要作用。在生态素质教育过程中，通过全方位、宽领域的教育活动助力营造公平公正的政治环境与和谐安宁的社会环境，从而推动全社会形成和谐统一、共荣共生的可持续发展态势，以此更好地指导中华民族伟大复兴和美丽中国

① 李云才：《塑造未来——中国21世纪可持续发展之路》，气象出版社1997年版，第325页。

② 高炜：《生态文明时代的伦理精神研究》，博士学位论文，东北林业大学，2012年，第31页。

建设工作。

一是国民生态素质教育能够为实现中国梦和推动美丽中国建设提供公平公正的政治环境。生态素质教育倡导公平、公正原则，引导人们更好地建立和完善民主化、法制化的社会制度与社会关系，健全社会发展考核评价体系，构建起人与人、人与自然、人与社会的新型良性关系。通过教育可以制定出完善的生态环境保护制度、生态奖惩制度、生态评价制度等，并且还能督促人们履行各项制度和规范性要求，在全社会范围内营造一种积极向上的政治环境。

二是国民生态素质教育能够为实现中国梦和推动美丽中国建设提供和谐安宁的社会环境。教育可以帮助人类走出“人类中心主义”误区，改变传统的人与自然二元对立的彼此疏离状态，在世界万物命运相连、互利互惠的理念指导下，人们将逐渐培育和养成以生态文明价值观为基础的生态伦理意识，使得保护环境成为社会自觉和价值追求，进而建立起人与自然互促互融的良性关系。最终在不同国家和地区之间建立起和谐平等、持续健康的伙伴关系，推动形成人与人、人与自然、人与社会和谐发展现代化建设新格局，打造和谐安宁的社会模式，为社会主义现代化建设注入新的时代内涵。

（二）时代要求：践履生态文明理念并为世界万物创造共同福祉

当今社会，人们普遍认为，环境问题可以通过先进科学技术手段的运用得以解决，然而，纵观整个生态系统，技术优势给人们带来生活便利的同时，也驱动着人们愈加远离大自然和根植于人类内心的爱与情感，在生产力发展的同时，气候变暖、物种灭绝、交通拥挤、废弃物污染、土壤沙化等问题层出不穷，时代正在呼唤一种对传统教育体制和模式的全新改革。当人们过于关注物质利益、经济效益时，会不可避免地顺从于固有的工具性思维方式，导致人们逐渐丧失了原本与地球、森林和河流等建立起来的亲缘性联系，失去了对生存空间、自然万物和子孙后代等博大的爱。综上，科学技术一定程度上成为导致生态危机的直接原因，但根本原因则是人们心理和思维层面出现了问题，即人们使用和研发技术的心理产生扭曲。当人类出现思想感知失调、知识优先顺序失调和过于强调经济效益的心态上的失调时，就需要我们深入剖析并改革主导自身思维能力的教育体系，正如耶鲁大学保罗·肯尼迪所言："全面进行人类的再教育，除此以外别无他路。"生态素质教育就是在反思人们对思维模式、系统理解和个体行为影响的错误认知下，不断丰富生态文明知识、增强生态文明意识、培育生态文明道德观以及弘扬健康可持续的生态行为等，在全社会建立起基本的生态道德观和生态责任感，共同营造一个持续性、恢复性、正义和繁荣的社会。

1. 增进对美好世界的整体性认知。与大自然的接触能够增强人们爱护生命、感知生命的自觉性，正如"即使只是为了自私的缘故，我们也必须保持自然的多样性与和谐……荒野不是一种奢侈品，它是保护人化自然和维持精神健康的必需品"①。生态素质教育不仅要求人类建立起对大自然的欣赏和爱，还要人们做到尊重万物的多样性和差异性，建立起对生命万物的整体性认知。国民生态素质教育要求教育者在教育过程中注重科学与人文、事实与价值、知识与信仰、西方与东方、传统与现代等几对因素的有机结合，努力培养多元和谐、有机联系的整合性思维方式，进而在教育中灌输给受教育者一种系统化的生态理念，引导人们学会用宏观综合的思维方式去分析问题。生态素质教育是一种对自然价值的渴望、对内在生命的呼唤，它从有机哲学的观念出发，强调任何个体都是活生生的有机体，是有感情的主体，正如建设性后现代哲学家怀特海所说的"每个人都是活生生的人，是一种具有创造性和审美旨趣的具体存在"②，同时，还强调应重视以"五彩缤纷的生活"为主题的教育。在这一思想的指导下，生态素质教育将生活和实践作为教育的唯一源泉，认为教育根植于生活之中，并努力寻求生活中任何具有生命意义的美和力。其主要观点有以下几点。

---

① René Dubos, *A God Within*, New York: Charles Scribner's Sons, 1972, pp. 166 – 167.

② Robert Brumbaugh, *Whitehead, Process Philosophy, and Education*, Albany, NY: SUNY Press, 1984, p. 124.

一是反对二元论。认为宇宙是一个有生命的整体，整个世界是在相互联系、开放流变的过程中不断演化的生态系统。教育应该摒弃机械思维，将学生、学校和教育与自然、社会、传统和实践密切联系起来，建立起对整个世界秩序的归属感。

二是提倡人与人之间的密切融通。通过倡导“主体间性”和“共同体中的自我”，消除人与人之间的对立，拒绝建立在“现代个性自由”基础上的自我中心主义教育范式，提倡将大写的自我还原于社会关系之中，强调个体的责任和担当，建立起个体对他人和社会的责任感与崇敬感。

三是主张人与自然的和谐相处。人是“共同体中的人”，人类应该走向日月山川和大自然，自由地对宇宙发问，与万物为友，亲身体验和感悟动植物、白昼黑夜、天气变化等，建立起一种人与自然动态平衡的良性关系，重拾人与自然界的联系和最深层的人生体验。

四是在整合精神的指导下，鼓励不同文化之间的对话和互补，旨在创建一个“既是可持续的，又是可生活的社会”①。任何事物都不是孤立存在的，每一种事物都以这种或那种方式与世界上的其他事物关联着，生态价值观将自然、人类、文化等视为生命共同体中密切相连的重要因素，体现了人类生存方式和价值体验方式的变革，倡导增进对美好世界的整体性认知，将人类的慈悲情怀扩及所有生命体。

2. 积极构筑尊重差异和尊重他者的道德观。在具备基本的生态文明知识和生态文明素养的基础上，人们会逐渐养成敬畏和热爱自然界万物与尊重其他优秀传统文化的行为自觉和价值认同，真正做到尊重差异和尊重他者。进而成长为具备完整生态人格和生态道德的生态型公民。生态人格是指当人们接受了生态素质教育、具备了一定的生态道德素养，并且把这种素养内化为自身信念认知和价值观后的一种人格样态，其有助于人们科学公正地处理人与人、人与自然界的关系。

① ［美］柯布、樊美筠：《现代经济理论的失败：建设性后现代思想家看全球金融危机——柯布博士访谈录》，《文史哲》2009 年第 2 期。

目前我们面临的生态问题根源于人类欲望的过度膨胀和对自然环境的冷漠，正如利奥波德所说："如果对大自然和土地丧失了内心深处的热爱、尊敬和赞美，无法认识到其独特的价值，我们就不能对大自然和土地建立起真正的道德关怀，自然是生命之根。"① 因此，只有本着对大自然的热爱之情，超越功利性和目的性，坚定维系生态环境系统的可持续发展，在关乎生态环保事宜中形成很强的稳定性和一致性，真正做到尊重自然界万物生灵，尊重其他国家地区或民族的传统文化等，才能形成人与自然生命共同体、人类社会命运共同体的正确理念，促进社会实现和谐、稳定的美好愿景。

国民生态素质教育应该致力于培育和构建人们对生态文明义务和责任的自觉意识、情感体验以及自我调控的心理机制，逐步提高人们的生态道德素质，无论在私人领域还是公共生活领域，都能够从生态文明的全球维度出发，主动承担并履行环境义务，形成绿色化的生产生活方式。这就要求人们摒弃二元对立的思维方式，建立起对差异的欣赏和对他者的尊重，在承认世界整体性的前提下，积极接纳每一个个体的多样性和差异性，共情和体验他者的成长方式，尊重不同的声音和观点。由此，教育者对待学生也会更加细致、有耐心，能够关注和尊重每个学生的情感与思想，善于倾听在学生中"边缘化了的"或"异化了的"的想法。教育者在呵护和关爱每一个个体成员的过程中，既拓展了自身的视野和思路，也建立起了师生之间有效的沟通渠道；受教育者在"主动参与、积极担责、能动提升"原则的指导下，摒弃"填鸭式、布道式"的传统学习模式，将人与人之间的关系状态看作一张紧密交织的网，在密切协作中引发创造性的勃发和勇于创新的冲动，这种在尊重差异和尊重他者的教育观与道德观指导下培养出来的学生将是胸襟宽阔的、厚道的、有发展潜力的新时代人才。

3. 致力于为自然界万物创造共同福祉。在科技理性主义思维的指

---

① ［美］奥尔多·利奥波德：《沙乡的沉思》，侯文蕙译，经济科学出版社 1992 年版，第 22 页。

导下，人类在很大程度上忽视了非人类世界的权益。受到主流经济学家的影响，经济发展破坏了成千上万的人类命运共同体，也加速了整个自然界生物圈的崩溃。施沃伦认为，“万物不仅相互联系，而且内在地是统一在一起的。生命是一个整体，每一个人都是活生生宇宙中的一个活生生的有机体”[①]。人们在生命整体观的指导下，通过学习丰富的生态知识，塑造生态文明价值观，逐渐成长为一个具有完整生态人格的、人性丰赡的人。同时，将人对生命的尊重和对自然生态系统的呵护纳入经济、社会、政治、法律和道德等体系中，促使人们全方位、宽领域地参与各类生态实践活动，学会在自然环境可承载的范围内生产和生活，进而推动整个人类社会和自然界的可持续发展。比如，鼓励人们在购买和使用商品时践行环保节约、健康有机的生态理念，培养低碳节能的消费理念和习惯；倡导合理规划生态环保空间布局，强化生态治理能力，创建绿色健康的生活生产方式；引导人们积极投身垃圾分类回收与集中处理工作，自觉维护自然环境，还人与自然界万物一个清新洁净的生存环境，等等，以此维护自然万物和人类生命的生存发展权益。

传统的教育观提倡从工具理性出发，以孤立的、分解的思维去看待事物，人类社会的发展往往建立在对自然界其他生物破坏或伤害的基础上，从长远来看，不利于世界万物的共生共存，不利于人类社会的可持续发展。因此，只有摒弃现代思想中的分离性和碎片化思维，从整体系统的角度分析问题，我们的教育才能成为有灵魂的、有根的教育，才能以推动自然界万物的共同繁荣、共同进步为旨归，为所有生命体的持久茂盛、永葆活力创造共同福祉。生态素质教育作为一种对传统教育模式和现有教育秩序的突破，主张引领人们感受大自然的美和接受先进文明气息的熏陶，从而延伸自身的感官世界，以期对各类现象和事物形成清晰的认知与独特的判断。在人与自然和谐共生目

① ［美］大卫·施沃伦：《财富准则——自觉资本主义时代的企业模式》，王治河译，社会科学文献出版社 2001 年版，第 111 页。

标理念的指导下，从建设美丽中国与构建人类命运共同体的战略目标出发，引领社会公众积极投身保护自然环境、节约资源能源、创新经济发展方式、维系乡村本土文化以及推广高新节能技术等系列生态活动，不仅能够促使自然界万物和睦相处，还能推动构建绿色生态的生产生活方式以及推动各地区各民族间不同文化的共融共生，进而在全社会塑造共同的生态文明信念，协力推进教育现代化和生态文明建设，逐渐构筑生命共同体之美，最终为自然界万物创造共同福祉。

（三）时代内涵：立足四个维度，革新深具人文情怀的教育理念

建设生态文明是关系人民福祉、关乎民族未来的大计。近年来，日益严重的生态环境问题和日趋紧缺的资源能源问题成为制约我国现代化建设与可持续发展的重要因素。党的十九大报告提出了“优质生态产品”的概念，并将“美丽”写入国家现代化目标，号召人们走绿色生态发展之路。党的二十大也提出，要推动绿色发展，促进人与自然和谐共生。近年来，我国一直积极推进生态环境保护和治理工作，使得生态文明理念逐渐深入人心，生态保护和污染治理取得良好成效。一直以来，习近平总书记在系列活动中提出了许多关于生态文明和生态教育的新观点与新理念，比如他指出，要坚持立德树人，而其要求之一是要强化生态文明教育；提出应弘扬“两山理论”，要善于将生态资源转化为经济资源，切实维护自然生态系统的平衡；等等。这些做法体现了我们党高度的生态文明自觉与推进生态文明建设和强化生态教育事业创新发展的责任感和担当意识。生态素质教育是一项系统工程，它要求人们在改造客观物质世界的同时，紧紧围绕生态文明建设和美丽中国建设根本任务与时代要求，遵循经济社会发展规律和自然发展规律，帮助人们转变传统的价值理念和生产生活方式，践行生态环保理念和生态文明价值观，推动经济发展与资源环境的互利互惠、共赢共生，构建起二者和谐共处的新的文明实践形式与新型社会发展格局，这不仅能够为全人类提供优质的生态产品，还能强化全社会关怀生命、尊重万物、传承文化的理念认知，实现人类的自由全面发展。

改革开放40多年来，我国许多地方都没有处理好经济发展和环境保护的关系，出现了大量生态环境问题，不利于社会经济的可持续发展。面对这种形势，我们应本着对人民群众负责的态度积极推进生态素质教育工作，确保教育成为一项致力于培养热爱自然万物、履行环保责任的生态型高素质人才的事业。在党的十九大报告中提出，如果不把生态环境保护工作紧紧抓起来，将来会付出更大的代价。改善我们的生存环境，不仅仅是做好“三废”处理工作，还要涉及理念培育、制度设计以及政策落实等多个层面的工作。生态素质教育应该从革新生态观念、优化绿色生活方式、健全生态体制机制、创新生态治理技术等方面展开，强调通过维系人、自然与社会的内在联系和独立价值，形成更加公正合理、公平正义的社会发展格局，最终建成天蓝、草绿、水清、空气新的美好家园，实现美丽新中国的美好愿景。加强生态素质教育工作，恰恰体现了我们在新时代背景下，党和国家彰显出的伟大使命担当和博大胸怀视野以及为全球生态环境事业和教育现代化事业奉献力量的决心。具体来说，国民生态素质教育的时代内涵主要包括以下几方面。

1. 观念之维——培育人与自然和谐发展的生态文明价值观。观念是行动的先导，人们在生态危机日趋严重的严峻形势下，开始尝试从革新思想观念、建立生态文明观入手，在理念和意识上更加重视生态文明建设和教育现代化事业。生态文明理念是指在对生态文明综合认识的基础上形成的看法、思想及尊重自然、顺应自然、保护自然等思维成果的总和。[①] 生态文明理念在一定程度上反映了人们内在的生态文明价值观，它强调整体性综合思维的运用，要求抛弃人类中心主义价值观，建立起人与自然和谐发展的生态观念与生态意识，诸如生态忧患意识、生态责任意识和生态参与意识等。因此，将生态文明价值观融入生态素质教育过程中，能够帮助人们深化生态认知、培育生态

① 郝兴娥：《努力培育大学生生态文明理念》，《中共山西省委党校学报》2013年第5期。

情感、锻造生态意志，进而努力将生态文明价值观念和道德规范转化为自身的思维方式与行为习惯，进一步带动全社会共建共享绿色安宁、生态和谐的美好生活。党的十九大报告提出，牢固树立生态文明观；习近平总书记在全国教育大会上提出，要坚持立德树人，培养德智体美劳全面发展的人；《新时代公民道德建设实施纲要》提出，绿色发展和生态道德是现代文明的重要标志。基于此，在生态素质教育过程中培育坚定的生态文明价值观，能够增强人们的绿色发展观念、生态环保意识和生态文明认知水平，引导人们学会正确处理人与自然的关系，促进人与自然的和谐发展。

培养人与自然和谐发展的生态文明价值观，需要做到以下几点。一是在学校教育中丰富生态文明教育形式和渠道，加大生态素质教育力度。将生态文明教育理念渗透到课程体系设置和课外实践活动中，切实增强受教育者的生态文明认知水平，引导他们积极履行维护生态系统平衡和稳定的义务。二是在社会这个大思政课堂中，充分借助各种社会力量和新媒体的作用，弘扬生态文明观。这就需要我们经常性地深入社区、企业以及乡村等地，积极开展各类主题和形式的生态活动，引领更多的人参与进来，营造人人知生态、人人守环保的社会氛围。同时，积极号召各地修建生态博物馆、动植物展览馆以及搭建生态教育网络平台等，让社会公众更加清晰地了解我国生态文明建设现状和生态素质教育发展趋势，树立起坚定的生态责任意识和担当感，为创建美好生活提供更优质的生态环境。

2. 制度之维——建立健全持久长效的生态环保和生态教育制度。习近平总书记曾说：“只有实行最严格的制度、最严密的法治，才能为生态文明建设提供可靠保障。”[①] 为了保证生态素质教育顺利进行，必须建立健全相应的制度来引导和规范人们的行为方式，为其提供可靠的保障。党的十九届四中全会提出，要坚持和完善生态文明制度体

① 《习近平关于社会主义生态文明建设论述摘编》，中央文献出版社2017年版，第99页。

系，促进人与自然和谐共生。[①] 党的十八届四中全会提出："用严格的法律制度保护生态环境，加快建立有效约束开发行为和促进绿色发展、循环发展、低碳发展的生态文明法律制度。"[②] 2015 年 9 月，中共中央、国务院下发了《生态文明体制改革总体方案》，进一步健全了资源资产产权制度，制定了国土空间用途管制制度，建立了生态环境保护管理制度，健全了生态补偿制度，完善了政绩考核制度，出台了"大气十条""水十条"，全面推行"河长制""环保一票否决制"等一系列规章制度；后来，我国还出台了诸多保护生态环境的法律法规，《中华人民共和国土壤污染防治法》《中华人民共和国耕地占用税法》《中华人民共和国矿产资源法》《中华人民共和国海洋基本法》《中华人民共和国能源法》《中华人民共和国大气污染防治法》和《中华人民共和国水污染防治法》等。生态文明和生态环保相关制度的制定与落实，也在一定程度上促使我国生态素质教育各项活动和工作能够朝着规范化、科学化、持续化和常态化发展。

建立健全持久长效的生态环保和生态教育制度，需要我们做到以下几点。推动生态素质教育工作组织领导制度化，督促各单位岗位设置职责明晰化，促进国民生态素质教育持续有效发展；健全生态参与制度，创建全社会国民生态素质教育的多元共治模式；优化生态考核奖惩制度，明确生态考核和奖惩的基本要求与条件，激发国民生态素质教育参与主体的能动性；健全生态师资培训、管理和评价等师资管理制度，以期合理安排教学内容和有效落实教育目标，增强生态素质教育实效性。最终，通过遵循一系列的生态教育制度，合理安排生态素质教育工作进度与步骤，进一步规范人们的生态文明行为，实现生态素质教育有章可依、有规可循，推动生态素质教育取得良好持久的效果。

① 《中共中央关于坚持和完善中国特色社会主义制度　推进国家治理体系和治理能力现代化若干重大问题的决定》，《人民日报》2019 年 11 月 6 日第 1 版。

② 《十八大以来重要文献选编》（中），中央文献出版社 2016 年版，第 164 页。

3. 技术之维——开发和创新深具人文情怀的生态技术。科学技术是生态文明建设的内生推动力。全球面临的资源、环境、生态、人口等重大问题的解决，都离不开科学技术的进步。一直以来，工业技术赋予了人类“可上九天揽月、可下五洋捉鳖”的巨大力量。随着技术力量的不断增强，人与人、人与自然之间的隔阂和裂痕不断扩大，为了突破现有技术对自然的僭越和对人的支配，进而改善人与人、人与自然之间的关系，帮助人们树立热爱自然、尊重自然的绿色人文情怀和生态价值观念，需要充分发挥生态技术的积极作用，并在生态技术的实际应用中融入人性化关怀和人文情怀，以期推动生态环境的优化和改善以及新时代教育事业的可持续发展。

生态技术是以生态学、组织学、伦理学、生命科学以及各交叉学科为基础，致力于推动人、技术、社会和自然全面系统发展的技术，其兼具手工技术天人合一的追求与工业技术科学理性主义的思维，致力于实现技术理性和价值理性的整合与互融。

一是，建立注重生命系统整体性的互在思维。在生态技术观的指导下，将人与自然看作生命系统的一部分，自然不是人未入场的无意义的存在，人也不是远离自然而自存的孤独者，人与自然作为一种生命共同体，是不可分割的。因此，应建立起整体性思维，全面地审视二者的关系，既要维护人类发展的权益，也要保持自然生态的动态平衡，保护人类赖以生存的绿色家园。

二是，充分发挥生态学、生命科学、生态伦理学、生态经济学等综合学科的联动作用。努力在科研成果与理论宣传等方面实现联合攻关，并用以指导人们的思维与行为方式，以降低人类社会各类生产生活对大自然的破坏。生态技术观是以一种有机的、平衡的、系统的、相关性的观点观照人与自然关系的观念，其遵循“自然—人—技术—社会—自然”等各要素、各步骤的良性循环、动态平衡，倡导将生态伦理学、经济成本学等科学理论知识进行有效整合并运用于实际生产生活中，以期规避传统工业技术的弊端，推动绿色环保技术和低碳循环经济的发展，使生态技术给人类带来福祉的同时，维护自然生态系统的整体平衡。因此，我们应该做到引导人们重塑生态化的生命需要观，逐步建立起基于生态化生命需要的技术体系，在发展生态经济的过程中，推广一种有机的、可持续的和可再生的以及包蕴了人与自然和谐共生理念的“厚道产业”，让生态文明和绿色发展理念深入人心。

4. 实践之维——发挥社会多元参与的生态善治作用。爱和责任能够让科学规范与人类情感紧密结合，可以让社会公众合力协作参与应对生态问题的行动，共同绘就一幅宁静、美丽、和谐的生态文明与美好生活画面。因此，要想积极调动社会各方力量，发挥生态善治的合力作用，就要做到以下几点。

一是，政府的职能形态应从“全能型”转变为“服务型”和“引导型”，并做到积极听取最广泛群众的意见。政府不仅要对人们的生态素质情况作出客观评估，明确生态素质教育的目标和任务，还要制定相应的生态法律法规，引导人们明确教育目标、规范自身行为，共同营造深具活力的、野性的美好生活状态；在落实和践行生态素质教育过程中，政府及各级领导干部不仅要充分调动企业、学校、各大社会组织或主体的协力参与积极性，帮助各单位和机构拓宽上下级部门的沟通渠道，使得各类信息更加公开透明，还要与横向地方政府积极协作，寻求各地方政府的利益契合点，建立起协同共治的管理模式，以期共同应对生态环境污染、乡土文化衰落以及人文情怀缺失等问题。

二是，鼓励企业积极开发和革新先进科学技术与管理经验以缓解传统生产方式给生态环境带来的负面影响。企业应遵循“谁污染、谁治理，谁污染、谁付费”的基本原则，广泛开展以绿色营销、低碳经济等为主题的生态素质教育活动，要求广大企业员工都能够积极承担起生态素质教育的社会责任，自觉约束自身的不当行为，不断创新科学技术，革新管理经验，并摒弃部分传统落后的管理方式和生产方式，妥善处理经济发展和环境保护之间的关系，维护共荣共生的良好关系状态，使自身朝着集约化、低碳化和生态化的方向发展。

三是，培育社会公众的生态责任意识。社会公众应广泛参与学习生态文明知识与助力生态文明建设的生态环保活动，对与人类自身生活质量和幸福指数密切相关的生态环境问题积极献计献策，建立基本的生态责任感和社会担当感。同时，人们在衣食住行等方面还应坚持绿色消费、绿色出行等，倡导绿色健康的生活方式，避免给生态环境带来过度破坏。另外，对于社会各级各类环保组织，政府应给予其相应的配套资金、人才支撑和技术扶持，增强其开展与环境保护和生态文明教育相关的系列活动的积极性，做到积极弘扬生态文明理念和生态价值观。同时人们要充分发挥自身的环境监督权，对日常生活中的肆意排污、恶意破坏等现象及时举报与制止，杜绝危害生态行为的发生。

三　我国国民生态素质教育的重要意义

我们是大自然所生，大自然所养，与大自然的隔绝束缚了我们的思想，束缚了我们的天性。我们生活在繁杂喧嚣、噪声连连、充满压力的社会，这些问题远离了我们的生命之源。教育（education）的拉丁文词根是“educe”，即“引导出”，我们需要通过教育引导出人们对大自然的爱，并建成一个充满人文关怀、有利于可持续发展的社会。教育的任务是帮助“打开我们的心灵之门，去爱这个壮丽的、繁茂的、生机勃勃的地球”。国民生态素质教育旨在帮助人们正确认识人与自然休戚相关、共存共荣的关系，将人类社会发展与自然生态系统紧密地联系在一起。马克思在《1857—1858 年经济学手稿》中指出，资本主义生产方式造成了生态环境的逐步恶化，他认为人们只有摒弃以资本增殖为动机的贪婪本性，建立起人与自然界的良性互动，尊重自然的优先性，才能保证人类社会和人类自身的可持续发展，最终实现人类的彻底解放。也就是说，在当今社会发展的现实诉求下，人们只有不断增强自身的生态素质水平，才能推动社会整体向前发展，实现生态文明建设事业和国民生态素质教育事业的整体提升。

习近平总书记在十八届中央政治局第四十一次集体学习中也提出，要加强生态文明宣传教育，强化公民环境意识，推动形成节约适度、绿色低碳、文明健康的生活方式和消费模式，形成全社会共同参与的良好风尚。因此，在全社会开展国民生态素质教育具有重要的现实意义。

（一）有利于推动我国社会发展持续释放生命力和活力

当今世界，伴随着经济社会的快速发展和科学技术水平的不断提高，生态系统的压力也日益变大，给社会发展带来了许多难题，人与自然的矛盾日益突出，如工业三废污染严重、沙漠化荒漠化频发、生物多样性锐减、气候变暖等，人们开始将矛头对准科学技术。20 世纪 80 年代涌现出各种反对科学技术的观点，1982 年，卡普拉说，“这就是科学技术严重地打乱了，甚至可以说正在毁灭我们赖以生存的生态系统”[①]。1988 年，拉兹洛指出，“过去二三百年我们采用的那些技术，有相当一部分就不是给人类造福，而是给人类造祸。它们消耗的能量和物质太多，造成的环境损害太严重”[②]。这说明科学在推动生产力发展的同时，也在一定程度上导致了人与自然之间的对立，并产生了各类生态危机。为了使我们的地球家园摆脱困境，就要通过培育生态环保思维和生态文明价值观，纠正科学技术的负面影响，使得科学技术不仅服务于促进生产力发展，还要服务于生态文明建设、经济社会发展绿色转型以及人类社会可持续发展。由此，只有消除人的心理层面的危机，提升人的生态环保认知与塑造人的生态品格，才能从根源上消除由科学技术的不合理运用带来的危机，因为这种技术层面的危机

① ［美］弗·卡普拉：《转折点：科学·社会·兴起中的新文化》，冯禹等编译，中国人民大学出版社 1989 年版，第 16 页。

② ［美］E. 拉兹洛：《系统哲学讲演集》，闵家胤等译，中国社会科学出版社 1991 年版，第 271—272 页。

源于研发和使用该技术的人类的心理与意识。正是由于人类思维和感知迷失、知识优先顺序错乱以及经济发展中的心态失衡，才导致生态系统失调。因此，变革人们传统的思维方式和行为方式，推动新时代国民生态素质教育事业顺利开展，能够助力社会健康持续、充满活力地发展。

1. 有利于推动社会的健康可持续发展。随着传统工业技术的发展，人们在“人类中心主义”理念的指导下，受到经济指标、物质需求等各类现实利益的驱使，盲目使用科学技术，对待自然的方式呈现出冷漠占有、工具性利用等错误的价值取向，继而威胁到人类永续发展。马克思说：“不是神也不是自然界，只有人自身才能成为统治人的异己力量。”[①] 人们在对自然环境进行不合理开发和利用的同时，带来了严重的生态问题，使得自然生态系统成为人类的外在异己力量。自然界在遭到人类破坏和“奴役”的同时，人类也在进行着“自我奴役”，摒弃了生命的神圣与崇高，对生命万物的关怀与敬畏之心也面临着冷漠化危机。因此，为了克服这一危机，我们应积极推动生态素质教育，在教育过程中帮助人们认清自然界的内在价值，重拾自然的和谐之美，进而生发出神圣的情感、智慧、责任和善意，在这种健康科学生态观念的指导下，逐渐形成“人－自然－社会”互惠互依、互利互融的整体性生态思维，在人类的实践行为中激发出敬畏生命、尊重自然的生态道德理念和生态关怀意识，最终助力构建属于全人类的稳定、美好、和谐的良性生态系统，从而推动全社会的健康可持续发展。

2. 有利于构建持续性、恢复性以及充满活力的新型社会。工业文明时代，人们为了占有物、控制物，逐渐沦为“单向度的人”“原子式的人”，成功完成了对自然界的祛魅。人类将自己从与自然界的本源联系和紧密联结中剥离出来，在个体的思维和行为方式中表现出对物的过度依赖，封堵了人与自然之间互通有无、共融共生的精神通道，

① 《马克思恩格斯选集》第1卷，人民出版社2012年版，第59页。

与此同时，渐渐丧失了对意义和价值的追求，失去了对美丽和圣洁的崇敬，失去了生态设计能力，生态审美意识与生态品格层次降低，人类自身的情感也出现荒漠化危机。当前，我们要从培育生态道德感和责任感出发，激发人类天生具备的生物亲缘性本能和生态审美情感共鸣，建立起符合时代特征的新的生态素质教育理念和教育模式。同时，在国民生态素质教育过程中，鼓励人们从生态技术开发和运用层面以及开展各类生态环境保护的实践活动层面出发，增强生态设计能力和生态实践水平，使得人们在与自然和谐相处的过程中逐步实现主客体间的有机统一，构建一个富有持续性、恢复性、充满活力的生态型社会，以顺应当今时代和社会发展的客观要求，激发社会发展的生命力和活力。

综上，在人类中心主义观念的指导下，人类被抬升至可以控制自然、奴役自然甚至是破坏自然的中心地位，自然的价值被无情遮蔽和摒弃，包括著名思想家笛卡尔、亚里士多德等也都认为，自然与人是相对立的，大自然是为了人类而存在的。还有一部分人竟提出了“为自然立法”“同自然叫板”等说法。这一系列思想助推了科技理性和工具理性的发展，继而导致了人对自然野蛮粗暴地占有和压迫，往往不可避免地带来生态危机。在这一历史背景下，人类必须首先培育生态意识和生态情感，担负起关怀生命万物的生态道德责任，进而创建人与自然和谐相处的生命共同体。施韦泽曾说：“对一切生命怀有敬畏之心，能够使人们以更高尚的方式生存于世。”① 人们在敬畏和爱护自然的过程中逐渐消解了人类自身与自然的对立，建立起“向善、向美”的生态德性以及对自然万物“人道主义”的关怀之情，达成了自然价值实现和人类利益满足的目标旨归，也为人类自身生命意义和精神境界的整体提升提供了新的思想素材，进而推动社会持续释放生命力和活力。

---

① ［法］阿尔贝特·施韦泽：《敬畏生命：五十年来的基本论述》，陈泽环译，上海社会科学院出版社 1992 年版，第 8—9 页。

（二）有利于推动我国生态文明建设迈上新台阶

随着人们对自然施加的影响越来越多，生态失衡、资源枯竭等问题日益危及人类社会的发展，严峻的生态现实要求人们摒弃人类中心主义思想，重新审视和反思人与自然的关系，建立起社会经济发展与生态环境保护相适应的绿色发展观。在这种时代背景和现实诉求下，生态文明建设应运而生，这就要求我们在现实生活中应该通过加强生态素质教育，为生态文明建设提供理念引导、队伍支撑和社会环境保障等，由此，生态素质教育便成为生态文明建设的理论支撑和社会基础。生态文明强调自然界是人类生存与发展的基础，主张人与自然环境的共处相融，[①] 生态文明作为一种新型的社会文明形态，要求每一个人应建立起保护自然生态的个体自觉，并且主动承担生态伦理责任和生态环保义务。然而，长期以来，由于人们生态素质的缺失，自然环境屡遭破坏，资源能源日趋枯竭，生态危机愈演愈烈，基于这一社会现状，在全社会范围内加强生态素质教育，能够激发人们对地球家园和自然环境的热爱之情，引导人们置身于现代化和生态化的社会经济发展过程中，不断培养正确的生态认知，学会全面客观地分析问题、解决问题，不断规范和创新生态实践行为，进而形成健康友好、绿色生态的生产生活方式。

1. 国民生态素质教育能够培养出一批具备综合素质的人才，为生态文明建设提供人力支持。

一是，国民生态素质教育能够助力培养生态文明意识、建立生态文明认知以及优化生态环保技术等。社会的转变主要是个体人及其思想观念的转变，而教育是社会转变的先导，是传播观念的主要渠道。[②] 教育在改变人们对环境问题的认知进而提高人们解决各类生态危机的能力的过程中，起着极为重要的作用。“加强生态文明宣传教育，增

---

① 季昌伟、孟宪霞：《试论生态文明及其与精神文明的关系》，《济宁师范专科学校学报》2002 年第 1 期。

② 郭法奇：《杜威的中国之行：教育思想的百年回响》，《教育研究》2019 年第 4 期。

强全民节约意识、环保意识、生态意识，形成合理消费的社会风尚，营造爱护生态环境的良好风气。”[①] “把生态文明教育作为素质教育的重要内容，纳入国民教育体系和干部教育培训体系。”[②] 以上系列表述都阐明了生态文明教育的重要作用，而国民生态素质教育则涵盖了全方位、多领域、多层面的教育内容，是针对人的生态认知、生态情感和生态行为等方面的综合素质教育。在工业文明向生态文明转化的历史新时期，生态文明建设倡导人们尊重自然发展规律，树立可持续性思想。而要想促进人与自然的协调可持续发展，离不开主体能动性的生态参与意识，离不开智力资源和技术资源的支撑，生态文明建设不仅需要制度的设计和保障、技术的支撑和推动，还需要人的自觉主动参与，决定因素是人的素质。因此，把生态公民的培养当作一项重要的战略任务加以重视，大力开展国民生态素质教育，能够更好地普及生态文明观，培养生态环保意识，不断革新生态技术以及弘扬生态文化，为经济社会可持续发展提供重要保障。

二是，国民生态素质教育能够重塑人们的生物亲缘性思维模式，培育一批有血有肉有情感的完整的人。生态素质教育能通过对人的培养来促进生态素养的提升和推动生态文明建设，促进社会发展和实现个体社会化。从这个意义上说，生态素质教育能够帮助人们掌握大量的生态知识，激发个体的生态文明自觉意识，进而全面掌握自然界的客观发展规律，在实际行动中做到尊重自然、热爱自然、顺应自然，通过践行低碳节约的绿色生活方式，维持人与自然动态平衡的友好型关系，并使自然界和人类社会均朝着有益于生态文明建设和绿色发展的方向发展。同时，生态素质教育能够在一定程度上帮助人们建立起人与自然界万物紧密联结的生物亲缘性思维模式，培育

① 胡锦涛：《坚定不移沿着中国特色社会主义道路前进 为全面建成小康社会而奋斗——在中国共产党第十八次全国代表大会上的报告》，人民出版社 2012 年版，第 1 页。

② 《中共中央国务院关于加快推进生态文明建设的意见》2015 年 4 月 25 日，https：//www. gov. cn/gongbao/content/2015/content_2864050. htm，2017 年 5 月 1 日。

生态文明观和生态责任感，使其成长为有血有肉有情感的完整的人，进而做到自觉尊重自然万物的生存权和发展权，为子孙后代的生存发展留下充沛的自然资源和物质基础。由此，生态素质教育可以使人们在具备一定感通能力、悲悯情怀和同理心的基础上，更好地热爱每一生命个体，进而创造性地解决生态破坏、环境污染、文化信仰缺失等问题，推动生态文明建设，努力建设人与自然和谐共生的现代化。

2. 国民生态素质教育可以向受教育者传递和提供崭新的生态理念、先进的生态技术和丰富的生态知识，使人类的思维更加活跃敏捷，帮助人们培养整体有机思维，打造人与自然生命共同体。不同的文明形态具有不同的教育形态及其相应的代表性教育价值理论，表达了不同的教育价值观与教育价值的生成。[①] 素质教育的本质是使人“成人”，它以促进人、社会、自然的和谐发展为价值取向，以德智体美劳全面发展的合格公民为培养目标，以全面贯彻党和国家的教育方针为根本途径，以教育质量的全面提升为显著特征。[②] 在生态素质教育理念下，人们广泛弘扬“有机主义”教育，即将人和自然界万物都看成一个个鲜活的生命有机体，“成为有机的，就是成为活的”[③]，承认任何一种生物都有其内在的独特价值和生存意义。人在国民生态素质教育过程中扮演着一种具有能动性、创造性和实践性的客观角色，做到真正尊重他者生命，关爱弱小生物，更加深刻地洞悉万物间的“互在”联系状态，建立起对生命意义和生活价值的科学认知，最终养成一种关爱生命的大局观和尊重差异的整体意识。在这种深具关联性思维和悲悯性情怀的生态素质教育理念的指导下，人们学会了“关系性”的思考模式，并能够主动运用有机联系的思维方式处理自身与他

---

① 程从柱、刘惊铎：《生态文明建设与教育价值观变革》，《中国教育学刊》2009 年第 1 期。

② “素质教育的概念、内涵及相关理论”课题组：《素质教育的概念、内涵及相关理论》，《教育研究》2006 年第 2 期。

③ Mary Elizabeth Moore, *Teaching From the Heart: Theology and Educational Method*, Minneapolis: Fortress Press, 1991, p. 197.

人、自身与自然界等方面的各类问题，自觉地将世界看成一个有机联系的鲜活生命共同体。最终，在日常生产生活中，人类不会以砍伐森林、破坏草地、猎杀动物等方式去获取更多的耕种面积和能源资源，不会以剥夺他人或非人类生物的健康和生存权的方式去换取经济利益与社会财富，而是学会理解世界、理解社会、理解万物以及理解他人，能够更好地培养感性、理性与灵性兼容，成为身心和谐、健康积极的完整的人。[①] 基于此，在现实生活中，面对环境污染、资源浪费、生态破坏等问题时，人们应自觉树立起尊重自然、顺应自然和保护自然的生态文明观，将关乎人民福祉和民族未来的生态文明建设整体工程推上一个新的台阶，进而努力实现建设美丽中国与中华民族伟大复兴中国梦的远大目标。

3. 国民生态素质教育有助于打造绿色环保的社会经济模式和科技模式，助力生态文明建设。在国民生态素质教育的过程中，人们会不断宣传和推广绿水青山就是金山银山的理念，并在各类学科教育教学体系中引入环境伦理、生态经济、低碳经济和绿色科技等相关生态文明知识，引导公众在日常生产生活中，坚持生态效益、经济效益、社会效益三者有机结合，鼓励发展低碳经济、循环经济，打造绿色、环保、高效的高新科技产业和无污染、高附加值的农产品加工业，大力倡导适度节约的生活方式，使得社会公众自觉养成保护生态环境的生活习惯，进而逐步摒弃盲目追求经济效益而忽视生态效益的落后观念，逐步推行绿色环保的社会经济模式和科技模式，走出一条生产发展、生活富裕、生态良好的文明发展道路，真正实现人与人、人与自然的和解，推动全社会的绿色可持续发展，助力我国生态文明建设稳步推进。

（三）有利于推动我国人才培养事业的创新与可持续发展

人才培养事业一直以来都是一项旨在提高全体国民综合素质的系统教育工程。教育主要通过环境熏陶、观念引导和习惯养成等途径与

① 温恒福：《建设性后现代教育论》，《教育研究》2012 年第 12 期。

手段来增强人们的综合素质水平，而生态素质教育则要求人们具备生态道德理性和生态文明素质。只有在生态思维方式和生态价值理念的指导下，才能满足全社会培养德智体美劳全面发展的新型人才的教育要求和目标，进而更好地推进人才培养事业的顺利开展。

马克思辩证唯物主义认为，物质决定意识，人类的教育活动也都源于一定的物质基础，即无时无刻不受当时客观条件的影响，因此，人才培养事业不能无视时代背景。在当今推动生态文明建设的现实背景下，要求我们注重经济发展和环境保护的协调统一。生态素质教育主张在反思工业化时代发展弊端的基础上构建一种新型教育形态，大力批判资本主义生产方式以期解决各类严峻的生态问题。生态素质教育包含生态环境观念、经济发展模式、社会管理制度等方面的内容，涉及文化、经济和政治等多领域的价值指引和理念指导。由此，国民生态素质教育不仅能够提供丰富的案例素材和鲜活的实践内容，还能够为各领域、全方位的工作提供先进的指导思想；不仅能够助推人类社会的可持续发展和生态文明建设的顺利实施，还能够对当前人类的政治、经济和文化等活动进行系统评估、纠正和指导，这就为我国人才培养事业的创新发展提供了新的内涵和正确的价值取向。

1. 国民生态素质教育为我国人才培养事业的创新发展提供新的内涵。工业化时代，人们为了发展经济与获取财富，肆意破坏自然的同时也使人类自身付出了巨大代价。随着人们生态文明意识的觉醒，人们开始认真反思人与自然的关系，倡导建设生态文明社会。与此同时，强调培育生态环保意识和生态责任感的生态文明教育观也在教育界应运而生，为教育事业注入了新鲜的血液和先进的理念，使得教育致力于促进自然界和人类社会的可持续发展，致力于解决全球生态环境问题，以满足人们美好生活的需要。在生态文明理念的指导下，人们在利用自然资源的同时就会切实考虑长远利益和现实利益，自觉维护人类和子孙后代的共同利益，既注重经济社会发展，也重视生态系统的平衡，真正建立起良好的生态文明规范和生态伦理秩序。生态素质教育是在人类面临各类生态危机的现实诉求和时代背景下产生并不断发展的，倡导推进生态文明建设，并关注生态文明理念的建立和生态文明素养的提升，目的在于实现人类自由全面发展。这也就说明了生态素质教育中包含强化人的生态环保意识、绿色消费理念和生命关怀伦理观等生态知识内容，为我国人才培养事业的创新性发展增添了新的认知元素和理论要点，能够有效地指导人们自觉培养生态文明意识与社会责任感，提高生态践行能力和生态综合素养，形成科学的人生观、绿色的自然观和可持续的发展观，进而更好地帮助人们科学对待人与自然的关系，自觉地控制和阻止破坏生态环境的各种行为。在推动国民生态素质教育的过程中，大力弘扬和推广生态文明理念，能够拓宽我国人才培养事业的未来发展道路，为我国人才培养事业的创新发展提供新内涵。

2. 国民生态素质教育为我国人才培养事业的可持续发展提供价值导向。价值观是人们为自我信念、主体行动提供的一系列指导原则和评价准则，是人们在处理各项事务时所体现出的行为准则、理想信念、生活态度等独特的价值意旨，它是个体或群体人格体系的核心与动力机制。在开展生态素质教育的过程中，能够帮助人们形成一套系统完备的生态文明道德观和价值观，帮助人们确立精神追求，净化心灵世界，让人们重新找回在浮躁的物质世界中逐渐消失的恬淡宁静和闲适笃定，进而赋予全社会纯净、灵动与丰富的社会文化，重新营造一种优美清新、高雅文明的社会自然环境。在这种现实背景下，人们赖以生活的自然环境将变得更加整洁优美，社会环境将变得更加和谐温馨。在各级各类教育事业中，也将充分吸收生态文明核心理念和价值取向，积极弘扬以绿色生态、互惠共存、亲诚惠容、互利互促等为特点的文化价值观，进而保障人才培养事业实现可持续发展。因此，只有坚持生态素质教育所推崇的生态文明价值观与绿色可持续发展观，才能培育一批热爱自然万物、尊重差异、包容他者的生态型人才，造就一批全面发展和终身发展的人，推动人才培养事业实现稳步有序的发展。

（四）有利于促进人的自由全面发展

罗尔斯顿曾说："人类心智最大限度的发展得益于环境的繁富。"①马克思主义关于人的全面发展观是指人的智力和体力在社会生产过程中尽可能多方面地、充分地、自由地、和谐地发展。马克思认为，人与自然是有机结合在一起的，人自身的发展对自然产生影响，自然环境的整体状况也影响着人类的持久发展，只要生态危机仍然存在，人类的发展也将受到制约。当前，积极推进国民生态素质教育，要求受教育者树立生态文明观，并将生态道德和生态思维内化为自身的生态综合素养，培养和打造良好的主体性精神与生态人格，实现自身自由全面的发展，进而更好地改善和优化人们赖以生存的地球家园。

1. 国民生态素质教育能够强化人们的生态情感和生态意识，增强生态审美力，塑造完整的生态人格。人的教育离不开一定的自然环境，"第一个需要确认的事实就是这些个人的肉体组织以及由此产生的个人对其他自然的关系。当然，我们在这里既不能深入研究人们自身的生理特性，也不能深入研究人们所处的各种自然条件——地质条件、山岳水文地理条件、气候条件以及其他条件。任何历史记载都应当从这些自然基础以及它们在历史进程中由于人们的活动而发生的变更出发。"②。自然界是人类赖以生存的家园，给人类发展提供干净的环境、丰沛的资源以及丰富的审美情趣和自然美感，能够净化人们的精神世界，给人们带来美的精神追求。在开展生态素质教育过程中，给受教育者普及和推广尊重自然与保护自然的生态意识，能够帮助其培育生态价值观，引导受教育者从对人类命运的关怀拓展到对人类生存环境，乃至所有生命体的关怀。在不断优化人与自然关系的同时，一方面，拓展了受教育者的思想境界，增强了受教育者的社会使命感，提升了受教育者的生态素养；另一方面，强化了人们的生态审美力，塑造了

---

① ［美］霍尔姆斯·罗尔斯顿Ⅲ：《哲学走向荒野》，刘耳、叶平译，吉林人民出版社 2000 年版，第 27 页。

② 《马克思恩格斯选集》第 1 卷，人民出版社 2012 年版，第 146—147 页。

高尚的生态人格，进而使得人性更加丰赡和圣洁。人们在关注生态、文化和实践等问题时，不自觉地会产生对生态美和心灵美的渴望，进而培育起自身的生态审美观念和生态审美意识，并且按照生态美的要求与准则去思考和实践，进一步塑造和陶铸生态人格，自觉致力于生态文明建设，完成生态审美个体化和审美行为系统化的有机统一，推动实现人类自身的自由全面发展。

2. 国民生态素质教育引导人们主动学习生态知识，提高生态认知水平，带领人类由必然王国走向自然王国。马克思主义认为，在未来的共产主义社会，人类将会摆脱自然的控制和物的奴役，异化劳动将被扬弃，人类也将更加合理地利用自然，人类自身和自然的关系更加和谐，进而实现真正的自由。由此，当人们真正承认自然界的价值和权利时，人类的活动就会在自然界承受的范围内进行，人的主体能动性也就与自然的先在合规律性有机结合起来，这个时候，人们就会将对生态问题的思考深植于自身思想意识之中，也会重视学习生态科学知识，对美好环境建立起一种追求和期盼，不断提升自由追求生态美的主体认知，生态环境也将得到最大限度的保护。因此，人对自然规律认识得越深刻，人对自然的改造就越自由，人的全面发展就越有可能，[①] 最终，人们会以更加系统开放和整体有机的思维去思考生命的意义与人类的未来前景，人和人、人和自然之间的各种外在对抗性逐渐消失，人自身的自然与外在的自然实现充分融合，人类将由必然王国走向自然王国。

人类在这个世界上主要有四种基本存在形式。一是面对自身的生存而存在；二是面对自身的思维能力而存在；三是面对社会而存在；四是面对自然世界而存在。人的这四种存在形式有机结合构成了人的完整存在。[②] 人们只有具备完备的整体素养，才能实现自身的“完整存在”。人的整体素养不仅包括传统意义上的身体心理素养、科学文

① 杨文圣、焦存朝：《论生态文明与人的全面发展》，《理论探索》2006 年第 4 期。

② 曹孟勤：《论人向自然的生成》，《山西师大学报》（社会科学版）2007 年第 5 期。

化素养、社会公德素养，还包括时代背景下的生态文明素养。培养和提升生态文明观，实现人类自身的“完整存在”，要求人们科学认识自身在整个自然界中的本真存在，尊重人与自然之间“和解、和谐、和平”的相处方式，尊重他物，友善对待野生生命，谨慎使用科学技术，熟知生态学知识和自然规律，不做绝望之事，不犯难以弥补之错，培育一种大境界、大视野和大格局。生态素质教育能够赋予人们一种“洞见－想象”的能力和将知识融会贯通的能力，提高受教育者分析问题和解决问题的能力以及实际操作技能水平，确保在生命的每个阶段始终保持原则、专注和耐心。[①] 在此基础上，人们将拥有更加理性科学的价值观，更加丰富多元的知识体系，以及更具实践创新性的行为能力，这不仅能帮助人们提高客观处理问题的能力，还能培养一批又一批具备“完整生态素养”的新时代高素质公民，激发人们对情感、责任和美的认知，实现人的自由全面发展。

---

① Erich Fromm, *Art of Loving*, New York: Harper Collins Publishers, 1989, p. 100.

第二章　我国国民生态素质教育的理论渊源和思想资源

任何一种新理论的产生都是在原有理论的基础上结合新的实践诉求得以实现的。[①] 当今我国国民生态素质教育思想的产生和发展并非凭空衍生的“无源之水”。探究我国国民生态素质教育问题离不开马克思主义经典作家、中国共产党人、中国传统文化和西方社会思潮等相关生态文明思想的理论贡献及在其指导下的生态文明建设与生态教育事业的实践指引。正是在国内外宏阔视野和古往今来伟大思想的理论继承下，才形成了当今生态素质教育的一系列新思想、新理论，这在一定程度上体现了我国生态素质教育思想在理论逻辑、历史逻辑和实践逻辑上的统一，为深入研究我国国民生态素质教育问题奠定了理论基础。

一　马克思主义经典作家的生态文明观与人的全面发展思想

早在一百多年前，马克思、恩格斯就开始了人与自然之间辩证统一关系的梳理与研究，他们从自然发展规律、人的生活方式以及社会制度架构等方面出发，探索和总结出一系列生态文明观与人的全面发展思想。马克思、恩格斯在探索社会发展规律的过程中，积极地对

① 李艳芳：《习近平生态文明建设思想研究》，博士学位论文，大连海事大学，2018 年，第 22 页。

黑格尔的辩证自然观和费尔巴哈的自然唯物主义展开批判与继承，提出了自然界是人类生存的先决条件，并深刻揭露资本主义制度是生态危机产生的根源，认为应该摒弃资本主义社会中单纯追求剩余价值和经济效益的落后思维方式，使人与人、人与自然走向和解。他们传递了一种人与人、人与自然和谐统一的生态理念，并指出只有在社会主义制度中，才能缔造与实现真善美的价值追求和生态改造的实践情怀。同时，马克思、恩格斯还尝试从实践角度出发，指出只有重新完善和优化自然生态系统内部的正常物质交换渠道，才能实现人的全面发展，这也为我国开展国民生态素质教育提供了理论基础。恩格斯指出："我们决不像征服者统治异族人那样支配自然界，决不像站在自然界之外的人似的去支配自然界——相反，我们连同我们的肉、血和头脑都是属于自然界和存在于自然界之中的；我们对自然界的整个支配作用，就在于我们比其他一切生物强，能够认识和正确运用自然规律。"[①] 马克思、恩格斯强调要培育人、自然、社会的和谐统一与整体协同的观念，致力于实现人的自由全面发展。他们关于生态文明的理念和人的全面发展的思想为保护人类赖以生存的物质生态环境提供了理论支撑，强调只有确保自然生态系统不被破坏，人类才能实现自由全面发展。

（一）树立尊重自然的生态价值观

马克思主义自然观强调人与自然密不可分，指出人是自然的一部分，要求人们承认自然价值，并强调通过推动自然由资本向人性的复归，实现人与自然的统一，尊重自然万物独特的内在价值。马克思、恩格斯认为，人直接地是自然存在物，人作为自然的、肉体的、感性的、对象性的存在物，同动植物一样，是受动的、受制约的和受限制的存在物。自然界是人类生产与生活的前提，是"人为了不致死亡而必须与之处于持续不断的交互作用过程的、人的身体"。[②] 没有感性的

---

① 《马克思恩格斯文集》第9卷，人民出版社2009年版，第560页。

② 《马克思恩格斯文集》第1卷，人民出版社2009年版，第161页。

外部环境，人们就失去了用来展开各类劳动与生产活动的原材料和对象，同时，自然界也给人们提供了基本的生活资料，以保障工人及其家人的生存和繁衍所需，由此可知，人与自然界密不可分。马克思、恩格斯强调我们连同我们的肉、血和头脑都是属于自然界和存在于自然界之中的，认为人与自然环境同生存、共发展，人的生存和发展离不开自然环境，人类本身作为自然界中的一个物种，其生存和发展之所需也源于大自然，自然界给人类提供了生产和生活资料。基于此，恩格斯提出了“我们不要过分陶醉于我们对人类自然界的胜利。对于每一次这样的胜利，自然界都对我们进行报复”[①] 的观点，人类离开自然界的馈赠，离开自然界提供的各种形式的外在条件便难以生活。

人类通过劳动改变了物质的具体形态，从而创造出人类所需的物质财富，而真正孕育物质财富的却是大自然，自然条件越好（比如，拥有充沛的水、肥沃的土地、结实的木材、丰富的煤炭矿产以及充足的阳光等），人们创造的财富就越多。然而当人们过分透支自然生产力，以破坏环境作为追求经济效益的代价时，人类社会就会陷入“资源诅咒”的困境，自然界就开始对人类展开报复，就会出现干旱、洪涝、沙化、污染、泥石流、雪灾等现象。因此，马克思认为，人们的生产生活方式必须建立在注重涵养社会生产力的自然根基之上，反观今天就是要切实践行“绿水青山就是金山银山”的发展理念和生态价值观。马克思在《1844 年经济学哲学手稿》中指出，共产主义要实现的是人道主义与自然主义的统一，强调人类应该通过劳动实践打通人与自然互惠互利、相安相促的状态，并以虔诚的心去尊重和保护自然。

恩格斯认为，我们身体的各个部分都属于自然界的一部分，并且在自然界中存在和发展。自然界对于人来说具有更高的价值，因为人类依靠自然界的发展成果来证明自己的存在价值，同时，自然界也是物质财富的来源之一。一个人只有拥有对自然资源的所有权，以所有

---

① 《马克思恩格斯文集》第 9 卷，人民出版社 2009 年版，第 559—560 页。

者的身份使用与善待自然界里的所有资源能源和动植物对象时，这种劳动才会变成财富的来源。马克思认为，资本主义社会的问题在于资本家占有生产资料，工人失去了对自然资源的所有权。他指出，只有实行共产主义，把自然界从资本的制约下解放出来，实现自然价值和人类自身的“本质回归”，才能实现人与自然、人与人的真正和解，还自然界以宁静祥和、稳定有序的景象。同时，促进财富的充分流通，也能彻底解放劳动力，使得人们能够充分发挥自身智慧和才能，实现自身的自由全面发展。另外，恩格斯还提出，劳动使得人与自然的关系、主体的自然与客体的自然等变得更加和谐统一，认为由于劳动过程中人身体的进化及其功能的优化，“人的手也达到了这样高度的完善，以致像施魔法一样产生了拉斐尔的绘画、托瓦森的雕刻和帕格尼尼的音乐”。[①] 恩格斯指出，人通过自由自觉地劳动，逐步锻炼和增强了自身的语言功能、审美功能和运动功能，最终得以在人类审美观照下感受和体悟自然界的浩瀚、神奇与伟大。

列宁认为，人与自然是相互依存和相互联系的辩证关系，他提出人要“承认自然界”“人的观念是按照自然界的一定规则或规律印入人们心中的”等观点，认为人类应按照自然界的客观规律去认识自然和改造自然，因为自然界在人类社会产生之前就已经存在，正是自然界提供的丰富资源才使人类得以繁衍生息，任何不尊重自然的“人类中心主义”行为都将是自掘坟墓。这种生态价值观和生态环保思想反映了对人与自然和谐相处关系的向往，成为当今社会人们开展生态素质教育工作的思想指导和理论基础。1917 年 11 月，列宁为了进一步规范人与自然的关系以保护生态环境，还提议苏维埃政府以保护土地为目的通过了《土地法令》，禁止人们对土地资源肆意破坏和开发。1918 年 5 月，苏维埃政府发布了《森林法》，提出对森林资源应合理规范地管理和使用，禁止乱砍滥伐森林树木等。在弘扬生态环保价值

① 《马克思恩格斯文集》第 9 卷，人民出版社 2009 年版，第 552 页。

观的社会文化氛围下，苏维埃政府1919年颁布了《关于狩猎期限和猎枪所有权的法令》，进一步保障了野生动物的生存权；1920年发布了《关于土地资源的特别法令》；1921年下发了《关于自然遗迹、花园和公园保护的法令》；1923年颁布了《关于土地资源及其开采条例》。在列宁保护自然界万物和维系生态系统的主张下，苏维埃政府通过制定各类生态环保法律法规，不断增强人们的生态保护意识和生态价值观念。

（二）坚持绿色可持续的生态实践观

马克思主义认为，人作为一种具有自然力的社会存在物，其血肉之躯和头脑是属于自然界的，其实践行为无法摆脱大自然的影响。马克思主义实践观认为，只有从实践出发，才能真正理解人与自然的关系，才能对各种生态理论和观点做出正确的评判。人与自然的关系是通过劳动实现双向互动的，没有劳动也就没有人。马克思认为，人与自然的关系是对象性的关系，对“极端人类中心主义”观点提出了强有力的批判，倡导人类要把自身的位置从自然界“之外”调整到自然界“之中”，要在实践活动中学会更加正确地理解自然规律。主张要“培养社会的人的一切属性，并且把他作为具有尽可能丰富的属性和联系的人，因而具有尽可能广泛需要的人生产出来——把他作为尽可能完整的和全面的社会产品生产出来（因为要多方面享受，他就必须有享受的能力，因此他必须是具有高度文明的人）”①，这就明确指出，要把人们是否具有自觉的环境保护意识作为显示其文明素质的客观尺度。在马克思看来，人类通过劳动实践与自然发生联系，通过改造和利用自然而生活。正是人的劳动把人的自然与外部自然结合起来，这种结合，从存在论上讲实际上是“自然界同自身相联系，因为人是自然界的一部分”②。人的教育过程也是有了人类劳动之后才产生并得以不断发展的，因为教育离不开语言表达和沟通，而语言也是在劳动中

① 《马克思恩格斯文集》第8卷，人民出版社2009年版，第90页。
② 《马克思恩格斯选集》第1卷，人民出版社2012年版，第56页。

产生并发展的，马克思、恩格斯指出，未来教育“不仅是提高社会生产的一种方法，而且是造就全面发展的人的唯一方法。”[①] 因此，强化具有生态环保情怀的教育实践能够提高人们对自身和自然界的理性认知，即人只有在尊重自然的独立内在价值的基础上，才能更好地提升自身的实践能力，确保实现人类自身的永续发展。

实践是人发现对象世界的活动，在实践中人是主体，自然对象是被发现的客体，人是能动的，对象是被动的，实践使自然人化了。只有坚持绿色可持续的生态实践观，人类才能成为真正完整的、全面的以及具有高度文明的人。在马克思看来，人的实践活动体现了人类与自然的有机结合，马克思、恩格斯说，“劳动首先是人和自然之间的过程，是人以自身的活动来中介、调整和控制人和自然之间的物质交换的过程”[②]，不以伟大的自然规律为依据的人类计划，只会带来灾难。因此，人类认识自然和改造自然的活动呈现出“能动和受动”并存的基本特征，人类必须摒弃毫无节制地从大自然索取能源资源的行为，主动遵循自然界客观规律，坚持绿色可持续的生态实践观，推动人与自然和谐相处。

马克思认为，资本主义制度和生产方式是生态危机的根本原因，在资本短视逻辑和资本利润转化逻辑的指导下，自然界被矮化为服务于人的对象物，同时，优质的自然资源被过度开发。资本只有一种生活本能，这就是增殖自身，创造剩余价值。正如马克思所说：“资本主义生产——实质上，就是剩余价值的生产”[③]，资本家为了获取超额利润，就会密集地开发和哄抢优质自然资源，致使其不断萎缩以致枯竭。马克思在《资本论》中指出，资本主义生产方式具有掠夺性，资本家往往滥加发挥自身的主观意愿和能动性，不能充分地认识到人在自然面前的受动性，导致人类和自然之间物质变换发生断裂，这种新陈代谢的断裂极易带来各种生态问题，不利于自然生态系统和人类社

① 《马克思恩格斯文集》第 9 卷，人民出版社 2009 年版，第 340 页。
② 《马克思恩格斯选集》第 2 卷，人民出版社 2012 年版，第 169 页。
③ 《马克思恩格斯选集》第 2 卷，人民出版社 2012 年版，第 192 页。

会的动态均衡发展。同时，资本主义生产力的快速发展也使得人口愈加密集地聚居在一些大城市。很多人为了满足个人私欲，其实践活动在一定程度上存在着盲目性，也就不可避免地导致周围生存环境中土地肥力下降、空气和水被污染以及人性冷漠等问题，带来诸多生态危机和社会危机。恩格斯在《自然辩证法》中也指出，资本家为了利润去生产和交换时，不会关心热带的大雨会冲掉毫无掩护的沃土而只留下赤裸裸的岩石，“美索不达米亚、希腊、小亚细亚以及其他各地的居民，为了得到耕地，毁灭了森林，但是他们做梦也想不到，这些地方今天竟因此而成为不毛之地”[①]。对于人们不尊重自然规律的实践行为，恩格斯还说：“文明是一个对抗的过程，这个过程以其至今为止的形式使土地贫瘠，使森林荒芜，使土壤不能产生其最初的产品，并使气候恶化。”[②] 列宁指出，资本主义国家通过对全世界自然资源的垄断，给人类社会带来了严重的生态危机和自然灾害，资本主义拥有先进的技术，却用来污染市郊和工厂区的河流和空气，这是很不合理的。

在资本主义生产方式的指导下，人与人、人与自然之间的关系逐渐异化，资本的逐利和扩张本性天然地破坏了自然环境。马克思认为，只有推翻资本主义制度才能够解决劳动异化的问题，进而重建人与自然和谐的良性关系，也只有将社会化的人联合起来，共同走向共产主义，才能极大地调动人的积极性，破除资本对自然界万物的操纵和控制，实现人与自然之间有效顺畅的物质交换，使人类由必然王国走向自由王国。人类应进行积极地反思和总结自身行为及其带来的危害，深刻批判资本主义制度下滥用技术和资源的现象，摒弃“人类中心主义”的思想观念，以绿色可持续的生态实践观为指导，合理开发和使用自然资源，在利用和改造自然的过程中妥善处理好人与自然、经济发展与环境保护的关系，使其朝着达成“两个和解”目标的方向发展，从而实现人类社会的永续发展。

① 《马克思恩格斯选集》第3卷，人民出版社2012年版，第998页。

② 恩格斯：《自然辩证法》，人民出版社1984年版，第311页。

（三）提倡绿色循环、高效合理的生态技术观

在资本主义社会，资本家通过改良科学技术，迅速积累了大量财富，科学技术逐渐变成资本家追求高额利润的工具。在这个过程中，对财富的过度追求也不可避免地带来了大量的环境污染问题。马克思提出了科学技术理应被合理利用而不是片面利用，这就要求人们树立正确的生态技术观和实践观，积极革新科学技术，提高资源利用率，减少人类自身生产生活方式对环境的污染和破坏。马克思指出，资本主义生产方式使得人与自然之间和谐顺畅的互动互通状态中断了，以往人们的新陈代谢可以重归土地，反哺动植物的生长，可是随着工业化和城市化的发展与扩张，“在伦敦，450 万人的粪便，就没有什么好的处理方法，只好花很多钱用来污染泰晤士河”,[①] 人与自然之间的物质流通出现了一个无法弥补的裂缝，科学技术在资本逻辑和利己主义的支配下，也愈加被异化为资本家榨取自然力的工具，带来了大量环境问题。正如马克思所说，“资本主义农业的任何进步，都不仅是掠夺劳动者的技巧的进步，而且是掠夺土地的技巧的进步。”[②] 基于对大量社会现实问题的思考，马克思提出了“生产生态化”的思想，要求人们在生产过程中应合理利用科学技术，呼吁将生态文明理念渗透和融入生产过程中，倡导绿色循环、高效合理的生态技术观，以此正确处理人与自然的关系。马克思、恩格斯从批判资本主义社会的角度出发，提出要科学看待科学技术的重要作用，认为科学技术既能够促进经济飞速发展，也能利用自身强大的力量创新性地探索出一种降低工业污染以及实现人与自然和谐发展的社会发展模式。

马克思认为，人与自然在物质能量交换时，往往伴随着人类肆意捕猎、砍伐、开采以及污染等“一般性的破坏形式”，这种形式打破了人与自然之间的平衡状态。随着工业革命的进行，人类对自然的干预程度加大，这种“一般性的破坏”也越来越严重。马克思在《资本

---

① 《马克思恩格斯文集》第 7 卷，人民出版社 2009 年版，第 115 页。

② 《马克思恩格斯文集》第 5 卷，人民出版社 2009 年版，第 579 页。

论》中详细论述了关于“如何看待科学技术”“如何处理生产排泄物”等思想观点，他指出，应该承认科学技术为社会化大生产带来的积极作用，不断革新生产技术和工艺方法，新技术和新工具的产生能将废弃物转化为新的原料，从而减少人对自然的索取和降低废物排放。一方面，他主张依靠科学技术来解决人们在工农业生产与日常消费中产生的排泄物问题。比如，他曾指出，随着社会化大生产的展开，原料日益稀缺和昂贵，生产排泄物数量越来越大，提供了废物再利用的必要，“机器的改良，使那些在原有形式上本来不能利用的物质，获得一种在新的生产中可以利用的形式。”[①] 对于工厂在生产过程中产生的各类废料，马克思提出，要通过推动科学和工艺的革新与进步，使那些本来不能被利用的各种边角废料在新的生产中得到再利用，实现循环利用，他在《资本论》中提出了“化学的每一个进步，……教人们把生产过程和消费过程中的废料投回到再生产过程的循环中去，……创造新的资本材料”[②]。他说：“化学工业提供了废物利用的最显著的例子。它不仅找到新的方法来利用本工业的废料，而且还利用其他各种各样工业的废料，例如：把以前几乎毫无用处的煤焦油转化为苯胺染料，茜红染料（茜素），近来甚至把它转化为药品。”[③] 在当时，英国的约克郡毛纺织工业部门中出现了一个新的部门——再生呢绒业，即通过运用科学技术，将在原有形式上不能利用的废毛料、残余毛织物和棉毛混纺织物进行重新加工，制作成多样化的各类丝织品。另一方面，马克思提出要改进和革新技艺水平。应主动发明新的“绿化”的生产工具，大大降低各类废料的产生，从而减少各种工业原料对自然环境的污染，比如，改进后的磨谷技术和亚麻加工机械梳理法都有效地降低了生产废物的数量，进而降低了工业生产对自然环境的污染，重新弥合了人与自然物质代谢的裂缝，以期减少对自然的破坏。马克思的绿色循环

① 《马克思恩格斯全集》第25卷，人民出版社1974年版，第117页。
② 《马克思恩格斯选集》第2卷，人民出版社2012年版，第271—272页。
③ 《马克思恩格斯文集》第7卷，人民出版社2009年版，第117页。

思想是基于强烈的人文关怀和重拾人类生活意义感而形成的系列观点，他鼓励人们注重科技的社会生态功能，尝试把自然纳入技术运用的范围之内，不仅增加了自然界的生命活力，也减少了各类废弃物给自然环境带来的破坏和污染。

马克思、恩格斯是绿色生态农业发展战略的倡导者，他们认为，可以通过改革排灌法、采用轮作制、施用有机肥等方式，进一步革新农业科学技术、改良耕种方式，积极推广生态农业以此维系土壤肥力和促进农业可持续发展。另外，马克思、恩格斯还主张，合理地开发沙地、空地和荒地，积极发展种植业，这不仅可以增加粮食产量，还能为家畜提供饲料来源，带动当地畜牧业和养殖业的发展，同时也为地区农业发展提供绿色健康的有机肥料。这种设想不仅能够保护生态环境，还能维持人类社会与自然界的可持续发展。

（四）呼吁崇尚个性、关注人的全面发展的教育观

马克思认为，劳动是人与动物相区别的根本特征，人只有在拥有了可供生存的水、食物、阳光等自然赋予人类的基本生活资料时，才能维系和增强自身劳动能力，因此，自然界是人的无机身体，也是人的精神的无机界。正如马克思所说："谁谈劳动能力，谁就不会撇开维持劳动能力所必要的生活资料。"[①] 在马克思的《资本论》和恩格斯的《英国工人阶级状况》中都阐述了工人恶劣的劳动环境阻碍人的全面发展，他们提出了"大部分煤矿只有极不完善的排水设备和通风设备""居民的肺得不到足够的氧气，结果肢体疲劳，精神萎靡，生命力减退"等观点，在受到污染和破坏的环境中，工人被迫进行着异化的劳动，人们丧失了劳动的积极性、创造性和愉悦性，这种劳动阻碍了人的自由全面发展。马克思对未来理想社会的设想是"以每个人的全面而自由的发展为基本原则的社会形式"，因为人的全面发展是未来社会发展的一个目标，人类只有具备整体意识和责任意识，才能称之为全

---

① 《马克思恩格斯文集》第5卷，人民出版社2009年版，第201页。

面的、完整的人（具有高度文明的人），才能实现每一个人的全面发展。马克思尤为注重人的个性发展，认为每个人的尊严和价值理应受到重视，人与人之间密切联系，每个人的个性发展互为条件，同时也是实现自我解放的标志。他还提出了实现个性解放的具体方法和路径。由此，马克思、恩格斯在对社会现实的深刻剖析和对人类自身发展规律的详细探究下，创建并形成了一套全新的、先进的、关于人的全面发展思想的理论体系。

一是，马克思承认人的主体性，认为每一个体都具有独立的本质和内在价值。他认为，人是世界的主体，人的本质就是现实的活生生的人本身。他说："正是人，现实的、活生生的人在创造这一切，拥有这一切并且进行战斗。"[①] 1843 年，他在《〈黑格尔法哲学批判〉导言》中讲到了"人的根本就是人本身""人是人的最高本质"等观点。

二是，马克思强调了人通过劳动实践真正体现出了人之为人的个性和本质。他说："我在劳动中肯定了自己的个人生命，从而也就肯定了我的个性的特点。"[②] 他把人看作"一切社会关系的总和"[③]，认为人与社会物质的生产实践是不能分离的，人在各类生产实践中能够体现出自身的独特性和个体价值。

三是，马克思认为，生产力的高度发展能够提升公众的素质水平。他的代表性观点是，发展生产力、消灭私有制、实现每个人的自由发展是实现所有人的自由全面发展的途径。他指出："只有在现实的世界中并使用现实的手段才能实现真正的解放；没有蒸汽机和珍妮走锭精纺机就不能消灭奴隶制；没有改良的农业就不能消灭奴隶制；当人们还不能使自己的吃喝住穿在质和量方面得到充分保证的时候，人们就根本不能获得解放。"[④] 因此，随着生产力的不断提高，人们的物质生活和精神生活逐渐得到满足，科学技术实现升级转型，最终，人们

① 《马克思恩格斯文集》第 1 卷，人民出版社 2009 年版，第 295 页。
② 《马克思恩格斯全集》第 42 卷，人民出版社 1979 年版，第 38 页。
③ 《马克思恩格斯选集》第 1 卷，人民出版社 2012 年版，第 139 页。
④ 《马克思恩格斯文集》第 1 卷，人民出版社 2009 年版，第 527 页。

的内在潜能和素养水平将得以全面提升，人的主体性与内在价值将不断增强。

四是，马克思认为随着资本主义私有制樊篱的破除，生产力得到全面解放，人的才能将实现全面发展。马克思认为，人本身是“最强大的一种生产力”，要想提高社会生产力，必须做到尊重人的个性和独特价值。他在《共产党宣言》里指出：“共产党人可以把自己的理论概括为一句话：消灭私有制。”① 之所以要消灭私有制，是因为“在资产阶级社会里，资本具有独立性和个性，而活动着的个人却没有独立性和个性”②，资本主义生产资料私有制磨灭了工人的劳动乐趣，使广大劳动者受尽资本家的剥削和压迫，人的劳动、人与自然的关系都出现了异化现象，人不能成为一个完整的人。马克思认为，只有在共产主义社会，人才能真正感受到彼此之间的尊重和真诚，在这个时候，人的个性才能得以充分自由发展，才会印证“每个人的自由发展是一切人的自由发展的条件”③ 这一真理性认知。在马克思主义经典作家看来，实现人的自由全面发展是未来社会的核心价值原则，是人类奋斗的终极目标。马克思、恩格斯曾提出：“通过消除旧的分工，通过进行生产教育、变换工种、所有人共同享受大家创造出来的福利，通过城乡的融合，使社会全体成员的才能得到全面的发展，——这就是废除私有制的主要结果。”④

恩格斯承认人与人之间的差异，指出，“假定这两个人是一男一女，……但这在性别上首先就存在着男女之间的性别不平等”。人的心理素质也是不一样的，各有差异。恩格斯明确指出，人与人之间“在素质上存在着巨大的不平等。A 果断而有毅力，B 优柔、懒惰和委靡不振；A 伶俐，B 愚笨”⑤。不仅如此，人的心理素质中的意志、愿

① 《马克思恩格斯文集》第 2 卷，人民出版社 2009 年版，第 45 页。
② 《马克思恩格斯选集》第 1 卷，人民出版社 2012 年版，第 415 页。
③ 《马克思恩格斯选集》第 1 卷，人民出版社 2012 年版，第 422 页。
④ 《马克思恩格斯选集》第 1 卷，人民出版社 2012 年版，第 308—309 页。
⑤ 《马克思恩格斯选集》第 3 卷，人民出版社 2012 年版，第 476 页。

望也是绝对不一样的。“两个意志的完全平等，只是在这两个意志什么愿望也没有的时候才存在；一当它们不再是抽象的人的意志而转为现实的个人的意志，转为两个现实的人的意志的时候，平等就完结了；”[①] 他指出，人的社会文化素质各不相同，也许他们的学历层次几乎没有差别，但是他们的整体知识涵养与水平绝对存在着差别，在此基础上，应该尊重人们不同的个性特点，从差异出发，发挥其最大的潜能。同时，马克思、恩格斯认为，家庭教育中最好的实践应当是允许孩子的天性获得极大的解放，要充分激发每一个孩子的发展潜能，引导孩子们根据自己的特性发挥个人才能；伴随着家庭生产关系的变迁，家庭教育的形式也将发生相应变化，家庭教育发展的最终阶段必然会过渡到无差别的“社会化”的教育，在全社会环境中人们能够充分释放自身天性，实现人的自由、全面发展。马克思提出共产主义社会的理想应当是全社会共享而没有边界的社会化教育，使人们能够发挥自身最大的潜能，促进社会繁荣昌盛以及人类的全面发展。

列宁对人的全面发展的认知源于对马克思、恩格斯理论观点的吸收和借鉴。他认为，人类发展的最终目标是实现人的全面发展，他指出，共产主义正在向这个目标前进，必须向这个目标前进，并且一定能达到这个目标。作为社会主义事业的奠基者和领导人，列宁在社会主义革命和建设过程中，不断探索社会发展规律、总结经验，梳理出一套关于人的全面发展与教育事业发展的基本规律和理论，他认为，学校作为一个传递优秀思想的地方，不仅要传播和表达共产主义社会的理想状态与发展趋势，还要实现无产阶级对非无产阶级从思想、组织、制度到实践行为等各方面的影响和引领，最终培养一批实现了自由全面发展的共产主义新型人才。列宁还指出，青年人要想实现自由全面发展，必须具备较高的思想道德水平，他认为，应该使培养、教育、训练现代青年的全部事业成为培养青年的共产主义道德的事业，

---

① 《马克思恩格斯文集》第9卷，人民出版社2009年版，第108页。

为巩固和实践共产主义事业而奋斗，就是共产主义道德的基础。列宁的系列观点阐明了人的思想道德水平和综合素质水平对自身实现自由全面发展的重要性，而人的全面发展则体现在人经过教育、训练和培养而成为“会做一切工作的人”。同时，列宁还指出，只有掌握教师从资产阶级那里继承来的一切知识，才能做到。否则，共产主义就不可能有任何技术成就，在这一方面的一切理想就要落空。列宁非常重视提高教师的知识水平，认为教师能够通过传授科学知识，培养一批有知识、有道德的青年人才，激发他们的创造性和创新性进而实现人的自由全面发展。同时，列宁还十分重视劳动教育和实习基地的作用，他指出，学习、教育和训练如果只限于学校以内，而与沸腾的实际生活脱离，那我们是不会受信赖的。所以必须使共产主义青年团把自己的训练、学习和教育同工农的劳动结合起来，不要关在自己的学校里，不要只限于阅读共产主义书籍和小册子。只有在劳动中同工农打成一片，才能成为真正的共产主义者。列宁在教育经费保障方面也做了专门的论述，提出，“首先应当削减的不是教育人民委员部的经费，而是其他部门的经费，以便把削减下来的款项转用于教育人民委员部”[①]，他提倡给予教育事业以充足的经费，保障各项人才教育工作顺利开展。另外，列宁在设置教育机构和建立管理制度等方面也有过许多详尽的阐述，比如，他认为机构设置合理、推进有力，社会主义建设事业就会兴旺发达；还提出应该把含有十二个以上劳动组织的高级研究所（如中央劳动研究所、科学劳动组织研究所等）合并成一个，并使它们在保持一定独立性的条件下适当分工；倡导通过有效的组织制度和机构设置，推动教育稳定有序发展，促进人的自由全面发展。

二　中国共产党人的生态环保与绿色发展理念

改革开放40多年来，在社会主义现代化建设进程中，国内部分企

① 《列宁全集》第43卷，人民出版社1987年版，第357页。

业过于追求经济利益，其不合理的生产行为给生态环境带来了巨大压力。比如，近几年频繁发生的全球气候变暖、生物多样性锐减、公共卫生事件等问题，这些问题无一不是在告诫我们，破坏生态环境等于自掘坟墓。回顾近几十年的历史，中国共产党历代领导人在探索社会主义的道路中，从人民切身利益出发，充分认识到生态环境对民生的重要性，不断探索和完善人与自然、经济发展与环境保护的关系，产生了丰富的生态理论成果和实践经验，这对我国国民生态素质教育工作的开展具有重要的指导意义。

（一）培育尊重自然客观规律的绿色发展观

毛泽东作为中国共产党的第一代领导人，是一位彻底的唯物主义者，他赞同达尔文的进化论，认为人是从自然中演化而来的，人是自然的一部分，他指出："人类者，自然物之一也，受自然法则之支配，有生必有死，即自然物有成必有毁之法则。……凡自然物不灭，吾人固不灭也。"毛泽东认为，人与自然是共生共存的，人类必须遵循自然界的客观发展规律，保护动植物，尊重它们的成长和生存规律。他提出，我国社会经济要想实现持续长久发展必须做到尊重自然万物，并在尊重自然界客观规律的前提下，坚持绿色发展观，确保世界万物和谐相处、互促互生。

改革开放初期，邓小平认识到生态环境对人类社会健康发展的重要性，提出在大力发展经济的同时也不能忽视环境保护工作，要坚持经济发展与环境保护和谐统一的生态文明观，倡导人与自然和谐相处。他还提出：在开发利用土地和水资源时，应充分注意对自然生态的影响，要根据当地的自然资源和环境保护要求，合理调整农业结构。邓小平认为经济建设从短期来看能给人们带来物质财富，但是生态环境搞好了，则能给人们带来长远的生活福利。比如，在谈到水土流失问题时，邓小平认为，要想富裕，就应先在黄土高原上种草种树，生态环境好了，会给人们带来很多好处。这体现了邓小平尊重自然规律、提倡人与自然和谐发展的基本思想。

以江泽民同志为核心的党的第三代中央领导集体立足于我国基本国情，继承了维护生态系统均衡发展的传统，在具体工作中提出了绿色可持续发展理念，认为在现代化建设中，必须把实现可持续发展作为一个重大战略，强调在我国这样一个人口众多、资源能源相对不足的国家，不能走先污染后治理的老路，应考虑到后代人的利益和国家未来发展的需要，坚持走可持续发展的路子。1995 年，江泽民在党的十四届五中全会将可持续发展战略正式纳入了“九五”计划，首次提出了“可持续发展”这一概念，旨在告诫人们正确处理人口、环境和资源的关系问题，鼓励人们在发展经济的同时，要兼顾环境资源问题，既要满足当代人的需求，也要为子孙后代着想。他还提出了“保护环境就是保护生产力”的科学论断，指出在资源枯竭、环境破坏的形势下，应认清人口、自然和经济三者的关系，它们彼此间紧密联系，每一个人应该认识到经济发展和环境保护的辩证关系。他多次重申，破坏资源环境就是破坏生产力，保护资源环境就是保护生产力，改善资源环境就是发展生产力。进入 21 世纪，随着经济建设的快速推进，生态环保压力不断加大，江泽民看清生态环境面临的严峻现实，提出了一系列经济发展和环境保护辩证统一的观点，旨在维护自然生态环境。比如，江泽民多次考察黄河，提出大力治理水害，搞好黄河生态环境建设，实现经济建设与环境资源协调发展。在绿色发展观的指导下，我国江河安澜、青山常在、绿水长流。

以胡锦涛同志为总书记的党中央，坚持尊重自然、顺应自然、保护自然，提出了全面协调可持续的科学发展观，旨在宣传与弘扬生态文明和绿色发展理念，帮助人们逐渐培育节约能源资源和保护生态环境的价值观。2005 年，胡锦涛提出，“在全社会大力进行生态文明教育”，首次提出“生态文明”一词。同年，在党的十七大报告中，胡锦涛指出了生态文明建设的必要性和重要意义，并且对其科学内涵、基本目标和主要任务等做了详细阐述。胡锦涛认为，生态文明建设离不开节约资源能源和保护生态环境两大基本国策，并且鼓励人们在生产生活中要兼顾生产发展、生活富裕和生态良好，在经济发展过程中不仅要做到注重经济效益，也要做到节约资源能源、保护自然环境，使人们在生态优美的环境中生产生活，在人与自然和谐相处的过程中推动经济社会可持续发展，这标志着生态文明与绿色发展观在全社会的确立。2012 年，在党的十八大报告中，胡锦涛又强调了生态文明建设在“五位一体”中的重要作用，他提出，要将生态建设融入政治、经济、社会、文化等多领域建设过程中，在全社会宣传和弘扬生态文明理念。

习近平总书记在党的十九大报告中强调，要牢固树立生态文明观。党的十九届六中全会也提出，要坚持绿水青山就是金山银山的理念，推动建设人与自然和谐共生的现代化。2022 年 10 月 16 日，在党的二十大报告中提出，要“牢固树立和践行绿水青山就是金山银山的理念，站在人与自然和谐共生的高度谋划发展”。习近平总书记关于人与自然命运紧相连、绿水青山就是金山银山、良好生态环境是最普惠的民生福祉、山水林田湖草沙冰是生命共同体等生态文明思想，是我国生态文明建设的科学指南和基本遵循，是绿色发展理念深入人心和推动生态素质教育事业不断进步的力量之源。他还强调人民群众在节水节电、日常出行、绿色消费等方面也应该建立起低碳节约、生态环保的生态文明理念和意识。习近平提出，要加强生态文明宣传教育，增强全民节约意识、环保意识、生态意识，营造爱护生态环境的良好风气。为了保证教育效果，习近平还强调，要把珍惜生态、保护资源、爱护环境等内容纳入国民教育和培训体系，纳入群众性精神文明创建活动，在全社会牢固树立生态文明理念，形成全社会共同参与的良好风尚。从“五位一体”、中国梦、“四个全面”战略布局的提出，到新发展理念的问世，标志着习近平中国特色生态文明理论体系的形成，这一系列新思想新理念的提出对于动员全社会力量参与生态素质教育事业无疑具有非常重要的意义。

（二）完善保护自然环境的生态法律法规

以毛泽东同志为核心的党的第一代中央领导集体在社会层面注重

巩固和加强生态环保工作。在新中国成立初期，为了保障生态系统不受破坏，以法律形式确立了国家对保护自然资源应持有的权利和义务等，在《中国人民政治协商会议共同纲领》（当时被人们广泛称为“临时宪法”）中规定，人民政府应注意兴修水利，防洪防旱，恢复和发展畜力，增加肥料，改良农具和种子，防止病虫害，救济灾荒，并有计划地移民开垦。保护森林，并有计划地发展林业。保护沿海渔场，发展水产业。从水利建设、农林渔业整体部署以及野生动植物保护等多方面规定了国家对生态资源应承担的职责，可以看出国家对生态环境资源的重视程度。他还大力呼吁在清洁生产、环境影响评价等方面制定明确的法律法规，以积极应对工业化带来的环境污染问题。这些以法律形式规定下来的一系列生态环保举措是马克思主义生态环保思想在我国环保法制工作中的具体体现。

邓小平在大力推进经济建设的同时，认识到生态环境同样对社会发展具有重要作用，为了保障各项生态环保工作稳步有序发展，必须制定一系列生态法律和相关政策来推动环保工作的有效开展。他提出：“应该集中力量制定刑法、民法、诉讼法和其他各种必要的法律，例如工厂法、人民公社法、森林法、草原法、环境保护法、劳动法、外国人投资法等等，经过一定的民主程序讨论通过，并且加强检察机关和司法机关，做到有法可依，有法必依，执法必严，违法必究。”① 改革开放初期，由于“大跃进”运动中的盲目生产和过度砍伐，带来了环境污染和生态破坏等问题，邓小平提倡利用法律手段来防止这些问题的持续蔓延，并形成了以严肃的法律条文规定为协调环境和发展划定保障范围的机制。1979 年，颁布了《中华人民共和国环境保护法（试行）》。1989 年，正式颁布《中华人民共和国环境保护法》，还出台了《中华人民共和国森林法》《中华人民共和国草原法》《中华人民共和国水法》等生态环保法律法规。以上生态环保法律法规呈现出法

---

① 《邓小平文选》第 2 卷，人民出版社 1994 年版，第 146—147 页。

律保障主体扩大、法律涵盖内容增多、法律惩治力度更重等新特点。自此以后，我国逐渐形成了将法治建设纳入推进生态环保工作日常轨道的工作模式，推动了生态文明建设的工作进程，也极大地增强了我国生态文明宣传教育的普及度和渗透力。

江泽民制定与落实了可持续发展战略，并将其上升为国家意志，在全国巩固推进可持续发展战略的同时，也发布了诸多维护生态环境的相关政策和规定，使得人们纷纷积极投身保护环境和节约资源的生态文明环保事业。2000 年 9 月，国务院发布了《关于进一步做好退耕还林还草试点工作的若干意见》，对破坏自然植被以扩大耕地等危害生态平衡的行为起到约束作用。之后，还下发了《关于进一步完善退耕还林政策措施的若干意见》等政府文件，指出应该在经济建设的同时，重视耕地和林地的休养生息问题，尝试用相关制度约束人们的行为，也让人们对生态文明建设和环境保护工作的长远意义有了更深的了解，对于广泛宣传保护草地、森林等天然植被起到重要保障作用。为了维持生态环境的总体有效承载量，杜绝对生态环境的肆意侵占和过度开发等，江泽民从国家发展规划出发提出了“控制人口数量、提高人口质量”的要求，旨在维持自然界和人类社会的生态平衡。2001 年，我国“十五”计划中明确规定了应严格控制人口数量，提高人口素质，遏制生态进一步恶化，号召全国上下积极贯彻各项方针政策，竭力推进人与自然和谐共处。

习近平指出，保护生态环境必须依靠制度、依靠法治。只有实行最严格的制度、最严密的法治，才能为生态文明建设提供可靠保障，他强调“要加快制度创新，增加制度供给，完善制度配套，强化制度执行，让制度成为刚性的约束和不可触碰的高压线”[①]，“要为推动生态环境根本好转、建设生态文明和美丽中国提供有力制度保障”，基于此，提出要坚持和完善生态文明制度体系；要加快自然资源及其产

---

① 习近平：《推动我国生态文明建设迈上新台阶》，《当代党员》2019 年第 4 期。

品价格改革，完善资源有偿使用制度；要健全自然资源资产管理体制，加强自然资源和生态环境监管，推进环境保护监察，落实生态环境损害赔偿制度，完善环境保护公众参与制度等等。这一系列思想表明了以习近平同志为核心的党中央对生态环境保护的坚决态度，同时也牢牢抓住了生态文明建设的“牛鼻子”，彰显了最严格的制度、最严密的法治保障在生态文明建设中的极端重要性，也为生态文明建设的顺利推进提供了科学规范。同时也表明了党和国家在生态环境保护问题上绝不能越雷池一步的态度，强调一切破坏生态环境的行为都应该受到惩罚。习近平指出，一旦发现需要追责的情形，必须追责到底，决不能让制度规定成为没有牙齿的老虎。只有这样，才能使得生态文明建设工作有序推进，社会主义现代化强国目标顺利实现。党的十九大报告指出，要构建政府为主导、企业为主体、社会组织和公众共同参与的环境治理体系。鼓励社会公众运用法律的手段维护自身的环境权益，齐心协力解决环境问题。报告还提出，要统一行使行政执法职责，严格执法程序和执法手段，使得生态环保执法措施切实可行、执法效果掷地有声。习近平还指出，生态文明建设工作的推动，离不开每位公民的支持，要加大媒体宣传力度，不断完善生态环保监督制度。比如，要充分利用网络媒体或微信、微博等舆论工具，让各类主体的生态行为和环保做法处于群众的监督之下，着力强化人们的生态文明法治意识，逐步提升人们的生态文明法治观。

（三）创新生态环保或生态素质教育实践形式

毛泽东在其著作《关于正确处理人民内部矛盾的问题》《在扩大的中央工作会议上的讲话》《论十大关系》等著作中都曾阐述人与自然的关系，其基本观点为人类同时是自然界和社会的奴隶，又是他们的主人，也就是说，人类的一切行为必须遵循自然界的客观规律，人依赖自然，同时又在实践中不断地改造自然，在实践中与自然发生联系。人们不仅要从自然中获取满足自身生存和发展所需要的物质资料，还要善待自然、节约资源，以实现健康可持续发展。在此基础上，应该号召广大群众共同参与环保实践，协力推进生态环保和生态教育工作取得良好效果。在革命年代，毛泽东就提出了带领人民群众积极参与“植树造林、绿化荒山”的行动。从井冈山时期到抗日战争时期，毛泽东积极号召人们保护自然生态环境，致力美化环境、植树造林、绿化祖国，他指出，陕北的山头都是光的，像个和尚头，我们要种树，使它长上头发。新中国成立初期，毛泽东提出，要发挥集体的力量消灭荒山荒地，实行大地园林化，同时，也非常重视大江大河的治理工作，发出了“一定要把淮河修好”“要把黄河的事情办好”等社会性号召。到了20世纪五六十年代，毛泽东依旧号召人们积极发展林业，做好防风固沙、保护农田等防护和维护工作，“积极发展和保护森林资源，对于促进我国工、农业生产具有重要意义”。[①] 这一系列号召人们共同参与保护生态环境的做法，为我国国民生态文明观培育和生态素质教育整体工作提供了行动指南和方向指引。

改革开放初期（也就是头十年），囿于我国人口多、底子薄、耕地少的基本国情，人口问题一定程度上给生态环境带来了巨大压力。党的十二大报告中提出了优生优育的政策，并要求全国上下大力发展教育事业，提高人口素质，注重把教育事业与环境保护工作统一起来，帮助人们培育环保意识和节约意识，致力于人口、资源和环境的可持续发展。同时，邓小平还发出了关于建设大型防护林的号召，即在西北、华北和东北建设大型三北防护林工程，提出了设立植树节的倡议，呼吁人们坚持每年都参加植树造林活动。1981年9月，邓小平指出：“最近发生的洪灾涉及林业问题，涉及森林的过量采伐。看来宁可进口一点木材，也要少砍一点树。报上对森林采伐的方式有争议，这些地方是否可以只搞间伐，不搞皆伐，特别是大面积的皆伐。”[②] 在邓小平的倡导下，1981年，第五届全国人民代表大会第四次会议通过了《关于开展全民义务植树运动的决议》，自此，

① 《毛泽东论林业新编本》，中央文献出版社2003年版，第78页。

② 《新时期党和国家领导人论林业和生态建设》，中央文献出版社2001年版，第2页。

全国人民共同参与绿化环境和植树造林工作，并在很多单位和部门被当成一项常规性的工作来做，后来逐渐变成了公民的法定义务。这些举措在当时极大地推动了各地区各类生态文明实践活动的广泛开展。自此，人们积极投身到绿化生态环境的系列活动中去，切实将生态环保意识和生态文明理念内化为自身的行为习惯，渗透到社会生活的方方面面，营造起了全民共同参与生态素质教育和生态环保事业的良好社会氛围。

以江泽民同志为核心的党的第三代中央领导集体，在党的十六大报告中提出了全面建设小康社会的奋斗目标，并将良好的生态作为奋斗目标的考核因素之一。江泽民高度重视“绿化祖国”工作，向全国人民发出了“再造秀美山川”的号召，提出在实施西部大开发战略中应继续落实绿化西部、绿化祖国的总要求。在落实这项战略要求的过程中，江泽民提出，要把加强生态环境保护和建设工作作为西部大开发的重要内容和紧迫任务，坚持预防为主，保护优先，搞好开发建设的环境监督管理，切实避免走先污染后治理、先破坏后恢复的老路。他还指出，应加大对西部地区的生态环境保护工作，逐渐克服水资源短缺、水土流失严重等问题，这是影响整个民族生存和发展的重大问题。通过这些生态实践活动的开展，促进人和自然的协调与和谐，努力开创生产发展、生活富裕、生态良好的文明发展道路，营造一种人人热爱环境、人人呵护环境的社会氛围，进而在环保政策的指引和生态价值观的引领下，全面提升公众的生态素养。

胡锦涛立足于基本国情，提出要坚持贯彻科学发展观，做到“五个统筹”，即在发展中应做到统筹城乡发展、统筹区域发展、统筹经济社会发展、统筹人与自然和谐发展、统筹国内发展和对外开放，使经济、政治、文化与社会等建设的各个环节、各个方面相协调。这在一定程度上鼓励了各行各业的劳动者要立足辩证唯物主义立场，有效兼顾经济效益和生态效益等多方面的利益需求，克服自身的短视行为和急功近利行为，引导人们在关注个人与社会发展的同时，也要注重生态环境效益，在践行尊重自然规律的各项活动中，调动起参与生态文明建设的积极性和主动性，营造多元参与的生态实践氛围。

习近平总书记从人与自然和谐共生理念出发，提出了“人因自然而生，人与自然是一种共生关系，对自然的伤害最终会伤及人类自身”的观点，具体到实践中，“我们致力于永续发展，让人与自然和谐共生”。他认为，生态环境是多重要素相互统一的完整系统，只有按照生态的整体性、关联性、系统性及其自身规律进行综合开发和系统治理，才能维护整个生命共同体的健康可持续发展，进而共同建设人类美好的绿色家园。习近平总书记还提出了良好的环境需要全社会的共同维护，保护生态环境，不能仅仅依靠生态意识和环保理念的构建，还要丰富生态实践内容，优化生态实践形式。遵循“绿水青山就是金山银山”的新财富理念和“保护生态环境就是保护生产力”的发展观念，他要求人们在农业、工业、旅游业等产业发展中不仅要重视经济效益的提升，更要注重维护生态环境，进一步发挥生态经济的优势，努力使生态效益转化为经济效益。同时提出了把生态文明理念深刻融入经济建设、政治建设、文化建设、社会建设各方面和全过程，从根本上扭转生态环境恶化趋势，确保中华民族永续发展，这就对政府、市场和公众的通力合作与系统推进提出了明确要求。面对生态环境保护这个复杂的系统工程，习近平还主张对山水林田湖草沙冰进行综合治理和统一修复，提倡通过科技变革，发展绿色循环经济和新型高科技产业，加快生态农业化与产业生态化协调发展，同时，提出了生态文明建设“六项原则”、构建生态文明“五个体系”、强化党在生态文明建设中的领导地位等基本观点，系统阐述了为什么建设生态文明、建设什么样的生态文明、怎样建设生态文明这个重大时代课题，指导了许多山清水秀、生态宜居的美丽城乡建设工程。他还强调要杜绝奢侈无度的消费行为，在全社会推广低碳出行、绿色消费、垃圾分类等，践行绿色可持续的生产生活新理念。最后，习近平总书记从“一带一路”倡议出发，提出全球共谋生态文明，应积极推动全球能源转型、增进全球绿色发展合作、协力推进碳达峰碳中和等，共同构建人与自然生命共同体和人类命运共同体，进一步加快全球生态文明建设和生态素质教育进程，体现了我国在生态文明建设方面的全球视野和大国担当。

（四）提升保护环境和节约资源的生态文明素养水平

新中国成立初期，社会主义建设过程中遇到了经济不景气、生态环境脆弱、资源能源短缺等诸多问题，其中经济建设面临的困难较多。毛泽东针对这些问题，尤其是长期动乱带来的生态破坏，提出了“统筹兼顾”的思想方针，指出自然界万物都能为建设中国添砖加瓦。在他执政时期，带动全国积极投身兴修水利和治理江河的工作，从 1949 年新中国成立到 20 世纪 70 年代，国内修建了许多水利工程。毛泽东通过制定一系列生态保护的方针政策和积极落实环保策略，使得人们养成了保护生态环境和节约资源能源的主体自觉意识，人们的生态权益地位得以提升，生态素养整体水平日益提高。

改革开放初期，林业工程建设提上日程。1981 年，由于人们过度砍伐，导致四川地区发生特大水灾，邓小平同志倡议全民投身植树造林，他在 1982 年的全军植树造林总结表彰会议上题写了“植树造林，绿化祖国，造福后代”，1983 年 3 月，他在北京参加义务植树时提出，植树造林，绿化祖国，是建设社会主义，造福子孙后代的伟大事业。自此，全国人民植树造林达到三百五十多亿株，既提升了全国的绿化面积，保护了生态环境，又增强了人们的生态文明意识，在帮助人们培育生态文明理念的同时，极大提升了人们的生态文明素养，营造了热爱生态环境和保护森林植被的热烈社会氛围。

以江泽民同志为核心的党的第三代中央领导集体不仅把可持续发展战略写入了党的十五大报告，也号召全社会坚持走生产发展、生活富裕、生态良好的文明发展道路，正确处理经济发展同人口、资源、环境的关系，以期给人类生产生活提供优美的外部环境保障。他还强调在社会实践中要加强美育工作，致力于提高学生欣赏美、创造美的能力，进而在全社会大力培育生态审美能力和生态环保责任感，不断提升人们的生态素养水平。同时，江泽民同志还十分重视国际交流合作对生态环保工作的重要性，提出中国愿意承担相应的国际责任和义务，以促进全球环保事业顺利进行。他表示，环境保护不仅要靠各国自身的努力，还需要国际上的相互配合和密切合作，主张通过吸引国外资金和先进技术，运用国内外“两种资源、两个市场”，借鉴国外生态环境保护的先进经验，大力提高我国生态环境保护的水平。通过一系列保护生态环境、维护可持续发展的号召和做法，极大地提高了人们的生态环保意识和思想觉悟，强化了社会公众积极应对各类生态问题的社会责任意识和综合能力水平。

胡锦涛在党的十七大报告中首次提出了“生态文明”的概念和生态文明建设的战略要求，还强调要“大力进行生态文明教育”。他认为，在教育中应该将人的全面发展和个性发展充分结合起来，他说，希望同学们把全面发展和个性发展紧密结合起来，全面发展和个性发展相辅相成，同学们要坚持德才兼备、全面发展的基本要求，在发展个人兴趣专长和开发优势潜能的过程中，在正确处理个人、集体、社会关系的基础上保持个性、彰显本色，实现思想成长、学业进步、身心健康有机结合，在德智体美相互促进、有机融合中实现全面发展，努力成为可堪大用、能负重任的栋梁之材。强调教育应充分尊重受教育者的身心发展规律，围绕促进人才的多样化和个性化发展这一目的，大力普及与推广生态文明理念，尊重他者、尊重差异，建立起关爱自然、关心社会的人文情怀，全面提升人们的生态素质水平和社会担当感，以适应社会主义现代化建设事业的需要。

习近平指出，“人类可以利用自然、改造自然，但归根结底是自然的一部分，必须呵护自然，不能凌驾于自然之上”①。“良好生态环境是最公平的公共产品，是最普惠的民生福祉”②。还指出，要不断增

① 《十八大以来重要文献选编》（中），中央文献出版社 2016 年版，第 697 页。

② 《习近平关于社会主义生态文明建设论述摘编》，中央文献出版社 2017 年版，第 4 页。

强全民生态环保意识，营造保护自然环境的社会风气，全面提升人们的生态素养水平。党的十八大以来，习近平总书记致力于积极贯彻“两山”理论绿色发展观。2013 年 9 月，在哈萨克斯坦的演讲中，习近平提出了“我们既要绿水青山，也要金山银山。宁要绿水青山，不要金山银山，而且绿水青山就是金山银山。我们绝不能以牺牲生态环境为代价换取经济的一时发展。”① 的绿色发展观，鼓励人们深化认识和理解马克思主义自然生产力思想，教育我们只有充分认识到生态环境的特有优势，才会在日常用水、用电、消费、购物等领域逐渐构建一种文明适度的生活方式和低碳循环的生产方式。这种生态价值观的引领能够帮助人们培养节约意识、环保意识，形成全员共同参与环境保护的良好风尚，进而提升人们的生态文明素养水平。习近平还曾指出：“我们要践行绿色发展的新理念，倡导绿色、低碳、循环、可持续的生产生活方式。”② 因此，我们应该怀着敬畏和虔诚的心态去对待大自然，协力创造关乎人民福祉的美好生活。“气候变化关乎人民福祉，关乎人类未来。”③ 我国恰恰是本着负责任的态度，积极探讨并努力克服诸多全球性生态问题，致力于共同呵护我们的地球家园。我国生态文明价值观的广泛承扬不仅为推动我国生态素质教育工作提供了思想武器、价值指引和行动指南，也为全世界共建人与自然命运共同体和共谋人类命运共同体作出了战略判断和总体部署，为各国各民族各地区提供了一份极富中国情怀的生态文明智慧与方案。

三　我国传统文化中的生态哲学与生态道德思想

我国自古以来就是一个农业大国，人们在千百年以来的农业生产

---

① 习近平：《在哈萨克斯坦纳扎尔巴耶夫大学演讲时的答问》，《人民日报》2013 年 9 月 8 日第 1 版。

② 《携手推进“一带一路”建设》，人民出版社单行本 2017 年版，第 10 页。

③ 《习近平二十国集团领导人杭州峰会讲话选编》，外文出版社 2017 年版，第 16—17 页。

实践中，一直崇尚“天人合一”“仁爱万物”等思想，强调人的生产生活要尊重万物生长规律和生存权利，主张坚持人与自然和谐相处，以自然为精神家园。“中国古代思想家把这种人与自然的关系上升到理论高度，就产生了生态哲学”①，中华传统的儒道释文化中都蕴含着丰富的生态保护思想和生态智慧，为当今开展生态素质教育提供了可资汲取的思想宝藏和文化伦理渊源。

（一）崇尚人与自然和谐相处的生态理念

中国古人披荆斩棘、耕耘稼穑、采樵渔猎，随着自然环境和气候的变化，人们不断调整着自己的生产生活，在农业实践活动中，建立起了深深的家园感、故乡情，培育了“仁民爱物、天人相参”的生态伦理观。《诗经》中写道，春日载阳，有鸣仓庚；七月食瓜、八月断壶，黍稷稻粱，农夫之庆……这些记载西周时期生活风貌的诗篇无不展现了人们对自然的深深眷恋和敬畏，体现了人们在凿井耕田的田园生活中随顺、安然的生活情趣和心理诉求，深刻表达了人们与自然界万物和谐相处的喜悦和全身心融入自然后的满足。《诗经》中所表现的人与自然和谐共存的社会心理对中国文化有深远影响，儒道文化之起源都与此有极大关联。②

道家尊崇“道法自然”“顺应自然”的生态伦理观，坚持人与自然万物和谐相处的理念，主张因势利导、无为而治。《道德经》通篇阐述了“道”，“道”是自然界万物的发源地和最终归宿，其本质属性是追求“和”，守和则事成、违和则事败，要求宇宙万物保持和谐，以和为标准，其中还阐述了“见素抱朴，少私寡欲”的生态价值观，告诫人类不能因为贪恋之心而破坏自然环境，只有阴阳和谐、万事万物和谐，宇宙才能呈现和谐的状态。老子认为，“道”是天地万物的根源和运行法则，他说，“人法地，地法天，天法道，道法自然”③

① 俞田荣：《中国古代生态哲学的逻辑演进》，中国社会科学出版社 2014 年版，第 2 页。
② 王国良：《试论儒家万物一体的自然观与生存观》，《社会科学战线》2010 年第 8 期。
③ 老子：《道德经》第 25 章，中华书局 2006 年版，第 63 页。

“道生一，一生二，二生三，三生万物”[①]。世界万物（包括天、地、人）都生于“道”，在“道”的引领和影响下，共同构成一个密不可分的有机体，而“道”则取法于“自然”，世间万物均以自然为法则，人类应做到顺应自然、尊重自然、敬畏自然。同时，由“道”创造的世间万物都是天生平等的，应该尊重每一个生物个体及其本来的面貌和状态。庄子提出了“人与天和”的观点，认为“圣人者，原天地之美而达万物之理”[②]，抒发了人与自然和谐共存的高尚情怀，只有做到与物为春、处物而不伤物，才能与自然界树木、禽兽其乐融融地相处。庄子还指出应以仁义之心对待自然，爱人利物之谓仁，仁学的根本是与天地和，崇尚人与人、人与天地和谐相处的美好景象。

儒家的代表人物孔子、孟子和荀子都从不同侧面提出了“天人合一”的生态伦理观。孔子提出“仁”的思想，强调“知天畏命”，对待自然规律应秉承“知天畏命”的行为准则，“不知命，无以为君子也”[③]。其中，“天命”即客观的自然规律，人们只有敬畏“天命”，做到“乘势守时”，才不会在自然界面前肆意妄为，才会具有高尚的道德和厚重的人格。“天”生育万物，也赋予人们至高的美德，只有人与天地相参，追求伦理道德，社会才会形成和谐安定的秩序。孟子强调天道和人道的统一，提出了“顺天者存，逆天者亡”[④]“以人合天”等论断。他认为，自然界不仅是人类活动的对象，还是人类生命的一部分，人与自然不可分割，人应该在遵循天道的基础上行事，只有善于观察自然界，认知万物的生长规律，使自己的行为符合自然界客观规律，才能创造出辉煌的文明。

宋明理学还对“天人合一”的概念进行了深入阐释，张载提出了“儒者则因明致诚，因诚致明，故天人合一，致学而可以成圣”，后来

---

① 老子：《道德经》第42章，中华书局2006年版，第105页。

② 郭象注，成玄英疏：《南华真经注疏》，中华书局1998年版，第422页。

③ 杨伯峻：《论语释注》，中华书局2006年版，第238页。

④ 孟子注疏：《离娄上》，中华书局1980年版，第2720页。

的理学创始人程颐、程颢和理学派集大成者朱熹都进一步阐述了人与自然密不可分的关系，将伦理道德拓展到人与自然的关系之中。佛家的“众生平等、慈悲护生”思想，认为万物都有平等生存的权利，人们不能剥夺任何一个生命体的权利，佛像“六道轮回”的说法，指的是佛会根据人在世的所作所为来划分他应受的福报的大小，提倡人应该善待万物、积累福报。

（二）推崇适时有度的生态实践观

中国传统文化一直保持着对大自然的敬畏，要求人们按照自然规律办事，认为如果一味地按照人的主观意愿去改造自然，违背自然规律，就会破坏人与自然界万物的和谐与平衡，必将遭到自然的惩罚。随着人类生存环境的逐渐恶化，人类自身也将愈加受到自己创造的“人工环境”的制约，最终成为它的奴隶。道家主张“自然无为”“知常守拙”和“道法自然”等做事原则，认为凡事应当顺物之则、缘理而动，人类不能违背自然规律和宇宙真道，在人与自然和谐相处理念的指导下，用适时、适度、适当的原则指导人们的生态实践活动。老子曾说，“天之道，其犹张弓欤？高者抑之，下者举之”[①]，天之道就是遵循客观规律，高了就把它压低，低了就把它举高，围绕自然规律不断地做出调整。“道法自然”说的也是人们应该遵循宇宙万物的自然本性，按照客观的存在形式和运作方式处理各种关系，守护事物本真的面貌。老子倡导清心寡欲、返璞归真的生活态度，即在人与自然和谐相处的生态伦理观的基础上，做到“顺其自然”，不与自然对抗和冲突，要尊重自然界的发展规律、敬畏万物生命，把握人与自然的关系。庄子信仰“全生”“尊生”，认为爱护大自然就是爱护自己，提出了人的身体、生命、禀赋、子孙皆不为人类自身所拥有，而是大自然和顺之气的凝聚物，那么，人类应当尊重天地自然。[②] 他强调人的活动不能干扰自然界，并对“天和

① 老子：《道德经》，中华书局2022年版，第12页。

② 刘增惠：《大学环境道德教育研究——以思想政治教育为视角》，北京师范大学出版社2015年版，第127页。

人”的定义做了阐释，指出，“牛马四足，是谓天；落马首，穿牛鼻，是谓人”[①]，其中，“天”是没有人参与的自然，“人”就是拥有目的性行为的个体，人应该尊重万物原本的状态，其行为应该节制、有度。庄子站在“物无贵贱、物我齐一”的立场，指出“无以人灭天”“不以人助天”，告诫人类不要肆意毁坏自然、摧残生命，人与天地万物是一种平等的关系，人应当尊重和爱护自然，善于观察天地之变化，分辨万物生长之利，以尽护养万物、维持生命之责。他还通过一篇寓言，描述了黄帝违背自然规律的做法，指出，“自而治天下，云气不待族而雨，草木不待黄而落，日月之光益以荒矣”[②]，谴责黄帝不遵从天地之道的行为，会给人类带来无情的惩罚。由此可以看出，道家“具有独任清虚、超迈脱俗、追求返璞归真这样一种独特的精神气质”[③]，道家思想充分体现了适时、适度、适当的生态主义原则。

儒家提出，“上天有好生之德，大地有载物之厚”[④]，倡导人们对待万物应施以仁爱，不能乱砍滥伐、肆意宰杀，自然界万物都有灵性，要尊重和珍惜所有的生命体。同时，还要做到“谨庠序之教”，只有仁爱万物、兼修礼仪，才能维持和谐安定的社会状态。孔子反对“竭泽而渔”的做法，他曾说，“子钓而不纲，弋不射宿”，强调人类对大自然的索取应该做到适可而止、方法得当，遵循万物和谐共生的理念。他的“乐山乐水”的人生态度彰显了他对大自然的尊重和爱护，并且把保护自然作为“爱物”的出发点，他指出，“知者乐水，仁者乐山”[⑤]，主张人们应该以身心合一的状态去体悟和探索大自然，进而感受自然的美好和生命的完整。孟子提出了“仁民爱物”的观点，完善了“人性善”的观点，提出应该用善良的心态去对待动植物，把伦理道德拓展到对待自然界的态度中，他指出：“不违农时，谷不可胜食也；数罟

① 郭庆藩：《庄子集释》，中华书局2004年版，第590—591页。
② 郭庆藩：《庄子集释》，中华书局1961年版，第379—380页。
③ 刘增惠：《道家文化面面观》，齐鲁书社2000年版，第2页。
④ 孔子：《论语·颜渊》，中华书局2006年版，第179页。
⑤ 刘宝楠：《论语正义》，中华书局1990年版，第488页。

不入洿池，鱼鳖不可胜食也；斧斤以时入山林，材木不可胜用也。谷与鱼鳖不可胜食，材木不可胜用，是使民养生丧死无憾也。”① 要求人们不仅要清楚条件和环境的重要性，尊重自然界万物自身的成长规律，还应该在开发和利用自然资源的过程中，做到按照时节砍伐树木，杜绝使用细网捕捞小鱼，尊重鱼类的繁衍生息和永续生长等，做到取之有时、用之有度。同时，孟子还将保护动植物资源以满足人们源源不断的需求纳入仁政的实施范围内，强调只有生活富足、和谐安康，才能更好地治理天下。荀子继承了孔子和孟子的生态伦理观，提出了“天行有常”“制天命而用之”“强本节用”等观点，号召人们在实践中要做到“开源节流”，能够主动认识并掌握自然规律，根据自然规律探索处理问题的行为方式。

佛家强调“五戒十善”，提倡将生态伦理拓展到人类实践方式，指出人不能伤害世间万物，哪怕是一只蚂蚁一草一木。另外，佛家还主张要坚持吃素和放生，其中，信仰素食主义是为了避免人类为满足自身口腹之欲而随意杀生，相对于吃素这种消极保护生命的做法，坚持放生、设置“放生池”则是更进一步善待生命的表现，他们鼓励通过向大自然放生鱼、龟、鸟等行为彰显慈悲和仁义之心，这种行为对当今保护生态环境具有重要的借鉴意义。

（三）树立知足寡欲的绿色生态消费观

中华传统文化一直提倡“知足”“知止”等理念，鼓励人们对自然资源应该取之有度、用之有节，反对竭泽而渔、焚林而猎的行为，即人们的行为既要考虑眼前利益，也要考虑未来子孙的基本诉求，这种“知止不殆，宁俭勿奢”的生态价值观为我们今天处理人与自然的关系、培养生态文明意识以及推动生态文明建设奠定了良好的理论基础，这些做法摒弃了人类中心主义观点，有助于弘扬人文主义情怀。道家主张“知常”“知止”，强调人类行为不仅应遵守

---

① 万丽华、蓝旭译注：《孟子》，中华书局 2012 年版，第 5 页。

自然法则和自然规律，还应有所节制，“祸莫大于不知足，咎莫大于欲得。”①，只有做到适度开发和利用自然资源，不过分贪恋物质享受和个人利益，杜绝“爱货”“多藏”（即“甚爱必大费，多藏必厚亡”），才能保证自然不会被破坏，推动人类社会健康可持续发展以及维系人与自然的和谐状态。老子主张，人们要“知足”，要求人们善于克制自己的欲望，从实际需求出发，尊重客观规律，不过分贪慕虚荣，适时适度获取自身所需，这意味着人们不应过度地关注个人的需求和利益，而应多关心自然环境和人类社会的整体利益，做到“见素抱朴，少私寡欲”，否则将带来严重的生态破坏、资源浪费和环境污染等问题。老子还强调要有意识地培育崇尚节俭、理性消费的生活理念。庄子认为，世界上任何生物都有自身需求，只要能满足限度就够了，剩余的资源留给其他生物，也就是说，“量腹而食，度形而衣”。他主张人们按照自己生活所需来利用万物，他还说，“知止其所不知，至矣”②，这就告诫人们最高的见识便是适可而止于自身所不知道的界限内，不要心生贪念，在日常生活中不贪求过多的物质财富，应崇尚“知足常乐”，同时，他还要求人们应保护好生态环境自我调节、自我净化和自我修复的功能，使得各生态要素得以实现良性循环和健康发展。

儒家推崇安贫乐道、生活简朴的“中庸”思想，在这一思想的指导下，鼓励人们修炼自身道德，提升内在素养水平，做到不偏不倚和拥有平常之心。孔子提倡节俭、反对奢侈浪费，他认为，人应当将学习知识和探索真理作为毕生的志向，而不应沉浸于物质享受，他说，“君子食无求饱，居无求安”③“礼，与其奢也，宁俭；丧，与其易也，宁戚”④。在古代尊崇礼教的社会里，礼仪是约束人们行为的基本准则，孔子提倡朴素节俭，认为“君子惠而不费”⑤，统治者如果做到既

---

① 陈鼓应：《老子注释及评价》，中华书局 1984 年版，第 244 页。
② 郭庆藩：《庄子集释》，中华书局 2004 年版，第 791—792 页。
③ 李学勤：《十三经注疏·论语注疏》，北京大学出版社 1999 年版，第 51 页。
④ 杨伯峻译注：《论语释注》，中华书局 2012 年版，第 33 页。
⑤ 刘俊田等译注：《四书全译》，贵州人民出版社 1988 年版，第 335 页。

能给老百姓带来好处，而又不浪费，便是最好的事情。孔子还曾说："中庸之为德也，其至矣乎！"[①] 自此，儒家将"中庸""中和"视为基本的道德准则，从这一立场出发，要求人们在向大自然索取资源能源时，应该做到取物有度、取物有节、取物以时，使得天地各安其位，万物长期繁衍，即"致中和，天地位焉，万物育焉"[②]。孔子的这些思想观点，推动了中华民族勤俭节约优良传统的形成，也有利于引导人们形成保护环境、节约资源的生态文明意识。孟子从"时养""养心莫过于寡欲"的观点出发，提出养护万物要做到"仁心""寡欲"，认为人类放纵欲望会导致资源枯竭，人们应节制个人不合理的私欲，减少对大自然无休止的索取，使得万事万物按照其规律休养生息，只有这样，自然资源的生产和消费才能逐渐进入良性循环状态。这些思想告诫人们应该在基本的价值标准和道德情感的支配下赋予万物更自由、更广泛的生存权，努力使得人类自身的"仁心"得以扩展，这对于改善环境问题，推进人类永续发展具有重要意义。荀子也从自然资源的开发和利用方面提出，要尊重与保护各类动植物的生长规律和繁衍空间，做到"取物以顺时"，在收获期进行捕捞、打猎和砍伐，给树木和动物以顺利生长的时间和空间，进而维护物产丰富、和睦相处的大自然。墨家的"兼爱、非攻、节用、节葬、非乐、尚贤、尚同"思想认为应建立一个和谐有序、健康友爱、勤俭节约的美好社会，杜绝穷奢极欲、铺张浪费，倡导培育清廉、节俭、勤劳的个人品质，这些思想中包含着人与自然和谐相处以及知足寡欲的生态文明思想。

四　西方社会的生态伦理与生态价值观思想

西方社会传统的自然观表现为征服自然、役使自然。随着人们欲望的膨胀和科学技术水平的进步，对自然环境的破坏程度也日益加重，

---

① 杨伯峻译注：《论语释注》，中华书局2012年版，第90页。

② 孔伋著，焦金鹏编：《中庸》，二十一世纪出版社2015年版，第23页。

在很长一段时间内，人们的行为都缺乏正确环境伦理观和生态文明观的指导。18 世纪开始，随着工业化发展速度加快，自然界遭到了较大的破坏，这时，人们开始意识到自身行为需要正确的思想理念加以指导，西方出现了生态伦理思想的萌芽，比如，美国林业局局长吉福德·平肖提出了“明智利用”的环境伦理观，认为人们应从自然万物和绝大多数人的利益出发，尊重自然界发展规律，加强林地保护。这个时期涌现出了边沁、卢梭、梭罗等许多著名的生态伦理思想家，他们呼吁人们关注自然界万物的生存权益。20 世纪初，施韦泽、卡逊等思想家又进一步深化了对生态伦理思想的研究，指出人们应对一切非人类生物建立起仁慈和关爱之心。20 世纪 60 年代以来，经济发展和生态环境问题日益成为人们广泛关注的话题，西方马克思主义者在这一时期开始将学术研究重点转向生态领域和伦理领域，开始对传统的自然观和生态伦理观展开较大范围的反省与批判，涌现出了一批以利奥波德、席勒、郝尤金等为代表的“环保先觉者”。其中，利奥波德被人们称为“西方生态保育之父”，他编著了《大地伦理学》，呼吁人们应该重视生态环境保护，弘扬环境伦理观，可以说是超越当时西方传统观念的空谷足音；席勒讲述了人们在生态环保方面的不良行为，倡议人们应该打破科学主义和工具理性的局限，建树一套规范化的环境伦理学体系，把大地、万物看成人类生命的延伸和流衍，让环保共识普及全社会。郝尤金认为，人们必须对周围环境足够重视，他批判了西方的环保思想，提出应该重建“万物含生”的环境哲学观和价值观思想，鼓励人们尊生、爱物，并且通过实践活动加快生态环境保护的进程。在这种自然观的指导下，西方社会大力普及物物相关、彼此共融的生态观点，进而阐发了一系列尊重世间万物生命价值和内在本质的生态思想，为推动西方生态文明教育、环境伦理教育工作奠定了理论基础。

（一）倡导整体融通、尊重万物的生态价值观

古希腊时期，以苏格拉底为界，哲人们的研究热点由自然哲学转

移到对人的哲学研究上。亚里士多德是古希腊哲学的集大成者，他将自然观和德性观结合在一起，归纳出一套系统的自然哲学思想，他认为，在每种存在物的活动中，都有使其活动向好的品质，这种品质就是德性。[①] 他指出，自然赋予世界万物接受德性的能力，德性不是原有而是养成，人的德性使得人的心灵活动“合乎逻各斯”，其中，“逻各斯”就是“自然之道”，告诫人们应做出合乎“自然之道”的活动，并且要像自然一样生生不息地创造力量，即发挥人之德性的力量。人作为一种特殊的自然有机体，能够自觉地领会“自然之道”，人生就是一个要效法“自然”、竭力呈明自然的德性之美的过程。[②] 亚里士多德进一步阐明了人与自然的共融性，揭示了人类的终极意义是与自然共存，为人类精神的升华开启了新视域。

18 世纪，欧洲浪漫主义者卢梭对建立在科学和技术之上的工业文明进行了强烈的批判，他提倡人们只有“回到大自然中去”，才能建立起质朴的、自然的高贵德性，他曾说，“当科学与艺术的光芒在我们的天际上升起，德行也就消失了”[③]，倡导人与自然、人与人之间要建立起一种淳朴、和谐的关系。他的这种浪漫主义思想还影响了歌德、席勒、拜伦等人，他们纷纷抒发了对自然的尊重和依恋，倡导人们应该建立起与自然和谐相处的模式。19 世纪，美国思想家梭罗提出了人和大自然都属于一个统一体的观点，人类应该将慈善作为唯一的美德，这体现在人类对一切生命体和诸多事物应一视同仁。1845 年，他孤身一人来到瓦尔登湖，在隐世独居的两年里，他把自然看成人类最大的财富，他说：“大自然既能适应我们的长处，也能适应我们的弱点。”[④] 他认为，人与大自然原本就是一个紧密交融的统一体，人类应该在与自然的亲密相处中生活与繁衍。

---

① 姚晓娜：《美德与自然：环境美德研究》，华东师范大学出版社 2016 年版，第 47 页。

② 方德志：《论亚里士多德“自然”德性伦理学对德性伦理学复兴的启示》，《道德与文明》2010 年第 5 期。

③ ［法］卢梭：《论科学与艺术》，何兆武译，商务印书馆 1959 年版，第 4 页。

④ ［美］亨利·戴维·梭罗：《瓦尔登湖》，徐迟译，吉林人民出版社 1997 年版，第 9 页。

20世纪以来，西方社会在重视经济建设的同时，逐渐忽视了环境保护工作。面对日益严峻的生态问题，许多西方学者提出，应该尊重自然界所有生命体，并且把人类看成地球这个“社区”的一分子，认为世间万物交融互摄、同舟共济、互补辉映、互为一体，人与万物有平等的生命价值。1962年，卡逊在《寂静的春天》中描述了工业污染给河流、小鸟、森林、农田等带来的触目惊心的危害，在全球范围内引起了人们对生态问题的关注和重视，提出只有改变以往对自然的态度，以欣赏自然取代宰制自然，才能创造更好的生存环境。环保学家布朗里也曾说，我们并非从父辈那里承继地球，我们是从子女们那里借用地球。此时的生态环保学家大都倡导建立物我合一的“整体神圣观”。早在1864年，马什就指出动植物、河流、土地、山川等与人类文明的密切关系，呼吁人们关爱自然、力行环保，不仅是为了给当代人类创造美好的生活环境，也是为了给子孙后代建设美好家园。20世纪七八十年代，西方社会也陆陆续续涌现出了一些学术新思想，比如，古柏肯指出，环保问题已经成为21世纪的重大危机，倡导人类应摒弃“人类中心主义”，建立起“机体性的整体观”。1988年，贝瑞神父强调“地球的梦想”是生活在地球上的自然万物与人类能够和谐相处，在共同的家园里繁衍生息、互助共进。同年，曾任美国内政部长的伍达呼吁美国人民重建人与自然的亲缘性关系，弘扬与中国哲学中“大其心”“尊生”等理念相通的生态环保理念，倡议人们从整体生态观出发，尊重自然界万物及其内在价值，不断增强人们的生态环保意识。

随着西方国家对生态哲学思想研究的深入，人与自然共生的思想渐成体系。1986年，泰勒编著了《尊重自然：一种环境伦理学理论》，该书是研究“环境伦理学”领域中理论架构最完备的一部著作，系统阐述了人与自然之间的道德关系，认为任何一种生物都具有自身的善和独特的内在价值，在人与自然万物客观的依赖关系中，彼此相互尊重、平等共处、共融共生，要善于发扬所有生命体的善与内在价值，以期维持个体的生存权益与种族的可持续发展。泰勒围绕“以生命为中心的自然观”展开了详细阐述。第一，自然界万物与人类共同居住于地球这一“有生命的社区”之中，所有生命都在同一个地球上生存和发展，人类为了繁衍生息，需要与万物相互合作、相互补益，彼此以“利益”为出发点，在生理需求和物理需求上互通有无，合则彼此得利、分则彼此伤害，在持久发展中形成“利害与共”的动态平衡关系。第二，人类对其他生物的依赖超过他们对人类的依赖，在人类诞生以前，地球上就已经存在了千万类生命体，人类是后来才搬进来的“新客”，而且人类如果离开了其他“非人类”提供的生活和生产资源，将难以维持自身发展。比如，如果没有家畜、果蔬和鱼类等，人们就失去了维持生命的营养养分，民生就会受到严重打击，但是这些生物和植物如果离开了人类，也能够较好地生存下去。另外，作为国外马克思主义的新形态、新发展和新流派，有机马克思主义展现出了一种更加开放包容的崭新姿态，认为一切事物都是联系在一起的，任何“动在”都是“互在”，怀特海曾说，“联系是所有类型的所有事物的本质”[①]，个人的存在都显现在与他者的回应上，也就是说“自我是由他者构成的”。有机哲学本体论认为，“他者”是个体自我的原始出发点，强调应“尊重他者”“善待他者”。因此，西方的生态环境思想大都从现实生活中的环境问题出发，秉承“天地万物为一体”的理念，充分汲取与借鉴中国传统文化中“和谐”“仁爱”“互融”等生态价值观，呼吁构建一种整体融通、尊重万物的自然观、万物观和众生观。

（二）重视互补互济、共进共荣的生态使命感

西方部分学者认为，人与自然万物共同构成了一种内在交互式、关联性的客观关系状态，天空、陆地、森林和海洋等都处于密切依存的生态有机系统之中，它们彼此之间环环相扣、缺一不可，形成了一种整体普遍、圆融无碍的良性关系，其中的任何一个环节或部分遭受破坏，其他生态因子就会像多米诺骨牌一样逐一倒下，整体的平衡也

① ［美］怀特海：《思维方式》，刘放桐译，商务印书馆2004年版，第10页。

将受到严重打击，最终导致全面崩溃。伴随着工业化的发展，有害气体不断释放，“臭氧层”被破坏，全球出现“温室效应”，地球平均气温上升，多地普降酸雨，严重威胁到了人类和动植物的健康以及土壤、空气和水质的安全，这些恶性循环的事件和现象时刻告诫人们必须建立起对整体生态系统的公德心和使命感，警示地球上的每一个人应积极发挥“守望相助”的合作精神，深刻体悟“物物相关、处处相环”的道理，不仅要切实维护自身的生存发展权益，同时也要促进自然界万物的繁荣发展，共同将大自然打造成一个统一完整的大生命体。

1. 尊重生命体的“内在目的性”和自身源源不断的生命力。20世纪，生态伦理学家施韦泽提出了“敬畏生命”的思想，他认为，生命之间存在普遍联系，人类的生存有赖于其他生命和自然界万物，人类不仅对自身生命，而且对其他一切生命都应保持高度的敬畏。他说：“有思想的人体验到必须像敬畏自己的生命意志一样敬畏所有的生命意志，在自己的生命中体验到其他的生命。”[①] 生活在宇宙中的每一个生命体都有其自身的“内在目的性”，都在善尽自身的本分。他鼓励人们通过明确对生命、对未来的方向感，不断地创造热情和生命动力，以期完成自我超越、自我实现。怀海德在《历程与实在》一书中强调了“历程哲学”，阐述“历程里面就有实在”，意在说明我们在发展过程中不仅应具备怜悯和同情之心，还要注重构成有机体的各要素之间联系性、持续性的创造过程。

美国环保学家缪尔曾强调在大自然中，任何部分都不可分离，因为每一相关的部分，即生命内在组织存在着正向的互动关系。因此，无论是从浩瀚的宇宙去看，还是从微小生物的有机体构造去看，任何生物都具有内在的目的性，每一个个体都有其特殊的功能，并且能够在目的性和功能性的指引下勾勒出未来发展的大致方向。泰勒在《尊重自然：一种环境伦理学理论》一书中提出了“生命目的中心”的概

① ［法］阿尔贝特·施韦泽：《敬畏生命：五十年来的基本论述》，陈泽环译，上海社会科学院出版社 2003 年版，第 9 页。

念，他说："生命的目的中心是说其内在功能及外在行为都是有目的的，能够维持机体的存在，使之可成功地进行生物行为，能繁衍种群后代，并适应不断变化的环境。正是一个有机体的这些旨在使其善成为现实的功能上的联系，使得它成为行为目的的中心。"[①] 在这种生物中心论的伦理学体系下，人类应学会尊重大自然，让大自然中千千万万个生命有机体相互融通、互为一体。

2. 承认自然界万物之间的共生性，在自我实现的过程中强化对生态环境的敬畏与关怀。1973 年，挪威哲学家阿恩·奈斯提出了"深生态运动"的概念。他指出，不同于仅仅关注资源消耗和环境污染的"浅生态运动"，"深生态运动"旨在通过深刻分析生态问题背后深层次的政治、经济、制度等因素，揭示出人类与自然界千丝万缕的联系，要求人类学会接纳和认同其他生物，在政治、经济、文化等多领域建立起对生态环境的敬畏和关怀，全方位践行生态环保理念，在共融共生、共享共赢价值观的指导下，实现自我价值。深层生态学提倡"生态中心主义"和"自我实现"，心理学家马斯洛和罗杰斯认为，自我实现是"使自己成为自己"以及对自我本真和美好追求的真正认同，自我实现是一种自身潜能的觉醒和心理学意义上的成熟完满，这就为人们从哲学意义上探寻"什么是人""人如何实现自我价值"提供了理论基础。美德伦理学家认为，人之所以为人是因为除了具备理性的思维方式之外，还有德性上的卓越。亚里士多德曾说，人类的活动符合"逻各斯"(即自然之道)，意味着人类具有高尚的品德，能够做到尊重一切自然而然的事物，并促使世间万物永续发展。伦理学意义上人的自我实现不仅仅是自我潜能的实现，也是对卓越和繁盛的人类德性的追求，乃至自然生态向度的自我实现。最终，在尊重万物共生性和完成自我实现的过程中，使人在与自然相处的实践活动中达到至善至美的境界。

---

① ［美］保罗·沃伦·泰勒：《尊重自然：一种环境伦理学理论》，雷毅、李小重、高山译，首都师范大学出版社 2010 年版，第 105 页。

奈斯认为，人们应该明确自身是整体的一部分，生态系统中的万事万物都密切联系在一起，自我实现的前提是与他物达成和谐共生的状态，是人类不断扩大自我认同范围的过程，而不是割裂的自我利益的实现。生态运动对自我实现的发展是希望人们在对所有生命认同基础上来实现自我。[①] 由于自我实现往往伴随着人类认同对象范围的持续扩大，那么，当人类对自然万物的认知度和接受度更高的时候，就会更加清晰地认识到人是大自然的一部分，就会致力于建设一个富有生机的有机整体，在这个系统里，每一个生命体都平等地生存、繁衍和发展。自我实现是生存和让它者生存，戴维尔和塞申斯曾说，“谁也不能得救，除非大家都得救”[②]，这里的“谁”指的是人类、狮子、鲸鱼、鸟类、各类微生物、河流、岩石、森林、草原、沙漠乃至整个生态系统，生物多样性维护得越好，人类的自我实现就越彻底，这就要求人们在体验自然的神圣美好、万物的平等互利和生态系统的和谐稳定中实现自我，这种自我实现不是狭隘地在人类世界中谈论幸福、繁盛和卓越，而是在生态系统中，在与自然存在物的紧密联系中，在关爱自然以及平等对待生命的基础上体现人之环境美德。[③] 人类在建立起对他物的认同、爱与担当的同时，也就提升了自己的精神生活质量，完成了自我价值的提升。

（三）弘扬同情体物、仁民爱物的众生观

许多西方生态学思想家都认为，人类应该真正走入大自然，在与自然万物的密切接触中，感受精神的极大愉悦，不断提升“物我合一、其乐无穷”的思想境界和精神意志，养成保护自然和爱护万物的主动性，从而推动生态教育和生态环保工作。泰勒提出人们应履行不杀生、不干扰、忠信等行为原则，建立起和谐统一的众生观，即在日

---

① Bill Devall, George Sessions, *Deep Ecology: Living as if Nature Mattered*, Layton, UT: Gibbs M Smith, 1985, p. 179.

② Bill Devall, George Sessions, *Deep Ecology: Living as if Nature Mattered*, Layton, UT: Gibbs M Smith, 1985, p. 67.

③ 姚晓娜：《美德与自然：环境美德研究》，华东师范大学出版社 2016 年版，第 57 页。

常生活中，不能去杀害那些不影响和不危害我们生活的生物，人们要本着万物和谐共处的原则，给予自然界生灵以生命的尊严和自由的灵魂，赋予它们发挥自身生命潜能的自由，进而保护生态的稳定性、整合性和平衡性。

1. 主张以仁慈的态度对待一切非人类生物。17 世纪以来，随着西方医学实验的大量推广和近代自然科学的快速发展，在近代科学主义和笛卡尔主义的影响下，人们普遍认为，动物生来是归人管理、为人类服务的，人可以对动物实施生杀予夺，尤其是近代科学主义认为，动物是人类进行科学研究的对象。笛卡尔主义则认为，人类拥有思想意识，是大自然的主宰者，而动物没有感觉、意识，也感觉不到痛苦。17—19 世纪，西方社会展开了关于人如何对待动物的道德大讨论，涌现出了一批仁慈主义者，他们批判为了进行科学实验而将动物进行活体解剖的行为，指出动物也具有感知痛苦的能力，人类伤害动物是违背道德原则的，提倡要将人类对待自然界万物的态度与人的德性联系起来。洛克认为，折磨动物会形成残暴之心，爱护动物会养成社会责任感。他指出，事物之所以有善恶之分，是因为我们有痛苦或者快乐的感觉。①

基督教认为，人作为上帝造物系统中的最顶端生物，理应保护自然，人作为自然界的管家，要积极地去思考、去创造、去爱，以圣德和正义去行使自身管理世界的权力，让一切非人类生物都能“各从其类”地发展，而不是去破坏上帝赋予万物的和谐性，人类以仁慈、关爱的态度和方式使得世界变得更为美善，也能更好地完善自身，才能配得上上帝的恩宠。在基督教看来，人类应该祛除对财富、情欲、物质生活的追求，祛除各种贪念，因为各类生态破坏主要源于人类恃宠而骄和充满欲望的罪恶之心，人类的堕落和骄傲使得自身与自然开始疏离和对抗，导致人与自然的冲突，使得原本的美好、和谐与平衡被

① ［英］约翰·洛克：《人类理解论》，关文运译，商务印书馆 2011 年版，第 87 页。

打破，也就不可避免地危及人类赖以生存的空气、河流、大地和森林等。因此，人类只有重新肩负起自己“修理看守”的使命，才能努力恢复现存世界，使自然界保持平衡。基督教主张勤俭节约，认为“欲望”是人类内心的野兽，反对对物质财富的无度追求。还认为人类应遵循泛爱主义思想，发自内心地对自然万物建立起爱与尊重，从行为上保护一切非人类生物，善待生命，与自然和谐相处。

18 世纪，英国功利主义思想家边沁提出趋乐避苦是所有生命体的共同特征，不仅人类具备感性体验和肉体感受，动物也有体验快乐和痛苦的权利，人类不能仅仅把自己当成道德关怀的对象，动物也应当成为道德关怀的对象。他说：“一个有道德的人或有道德的社会应该最大限度地增加快乐并减少痛苦，当然也不能忽略动物的快乐和痛苦。”[①] 哈姆弗里·普莱麦特在其博士学位论文《论仁慈的义务和残酷对待野生动物的罪孽》中提出，人类残忍对待动物是一种罪孽，所有的生命都是上帝创造的，都应该为人类所珍视。亨利·塞尔特在《动物权利与社会进步》一书中阐述了动物也具有同人类一样的生存权和自由权，动物的彻底解放取决于人类德性的充分释放，只有人类变为“真正的人”，将道德共同体的范围扩展到自然万物，人类社会的进步和所有生命体的解放才能得以实现。只有把同一民主精神扩展开来，动物才能享受“权利”，这种权利是人们通过长期艰苦卓绝的斗争才取得的。[②] 仁慈主义思想的出现是环境美德思想的萌芽，他们主张培养爱心、同情心、责任心、怜悯之情等关乎美德的高尚品质，从人的道德品质和生态素养出发，加强对动物的关爱和保护。

2. 以伦理道德观引领公众共同保护动物。西方国家在经济社会发展过程中，不乏各类探险家、狩猎者和自然主义者，自然主义者在与

---

① ［英］杰里米·边沁：《道德与立法原理导论》，时殷弘译，商务印书馆 2000 年版，第 349 页。

② ［美］罗德里克·弗雷泽·纳什：《大自然的权利：环境伦理学史》，杨通进译，青岛出版社 2005 年版，第 33 页。

自然界动植物打交道的过程中，随着与探险家和狩猎者接触的增多以及对自然界了解程度的加深，他们开始由以猎杀动物为乐到能够关注动物的感受，其对待自然的态度也逐渐发生变化，他们反对猎杀动物，认为滥杀动物与人的道德品质有关。1793 年，托马斯·潘恩提出，人类应该尊重所有生命体，残害任何一个生命体在道德上都是错误的，鼓励人应该履行自己的道德义务，不能肆意报复或残害其他生物。在托马斯·潘恩伦理道德观和生态价值观的影响下，当时好几个州分别制定了反对残害和虐待动物的法律，进而在法律制度上更好地保障了动物的生存权。亨利·贝弗在英国仁慈主义思想的影响下，提出小到个人、大到民族，如果不能对残酷对待其他动物的行为加以制止，那么这个社会和民族终究会衰落和退步。在他的大力呼吁下，1866 年，美国成立了“禁止残害动物美国协会”，并向全国人民发布了一份题为“动物权利宣言”的草案。1868 年，乔治·安吉尔成立了“禁止残害动物马萨诸塞州协会”。1875 年，成立了“美国仁慈教育协会”，鼓励公众友好、公正、仁慈地对待自然界其他生物，号召“所有善良的人都承担起自己的仁慈使命，即促进动物权利的使命”[①]，通过生态伦理观的建立、生态环保制度的不断完善和各项生态实践活动的开展，真正培养起人们尊重自然、爱护自然的生态意识。

“动物权利的环境伦理理论”持有者、澳大利亚哲学家辛格在《动物解放：我们对待动物的一种新伦理学》中提到，所有动物都是平等的，它们都具有感受痛苦、愉快和幸福的能力；人和动物具有平等的权利，平等是一种道德理想；人们在实践中不应该为了自己舒适而增加动物的痛苦。“生态中心主义环境伦理理论”崇尚整体主义的伦理思想，认为自然界一切生命和非生命体及其生存环境共同构成完整的生态系统，生态系统是整体性和统一性的。1988 年，美国环境伦理学家霍尔姆斯·罗尔斯顿在《环境伦理学：大自然的价值以及人对

① 王正平：《环境哲学——环境伦理的跨学科研究》，上海教育出版社 2014 年版，第 162 页。

大自然的义务》中指出，自然价值是包括人在内的整个生态价值的基础，人类应该尊重自然界万物的内在价值，建立非人类中心主义的环境伦理观。

3. 尊重一切生命形式的内在价值以维护整个生态系统的完整性。20 世纪，生态伦理学家施韦泽认为，所有生物都是独立的生命个体，人们应该敬畏一切非人类生命，因为整个生态系统是紧密相连的。1923 年，施韦泽在《文化哲学》一书中提出，人类应尊重和敬畏其他生命，如同敬畏自己的生命一样，他坚持“生物中心主义环境伦理理论”。其主要观点有：建立起对万物的爱，同情所有生物；建立起肯定世界和尊重生命的世界观，创造物质、精神和伦理高度发展的价值；维持生命、培养生命力发展的最大价值；生命无高低贵贱之分，应保护、繁荣和增进生命的价值。20 世纪初，美国著名生态学家、思想家利奥波德作为生态伦理学的奠基人，在《大地伦理学》中提出，整个大自然都应是人类关心的对象，人的道德视域应拓展至整个自然界，提出人与自然界万物生活在一个共同体中，人类必须承认共同体中自然界动植物的权利及价值，人类开发和利用自然的程度不得高于自然承载力，应摒弃以往对自然的实用主义态度，适时对自身的价值标准做出调整。他说，“当一个事物有助于保护生物共同体的和谐、稳定与美丽的时候，它就是正确的，当它走向反面时，就是错误的”[①]。他认为，人是整个生态系统中唯一具有能动性的动物，应该将人际间的道德扩展到其他存在物，承担起保护自然的责任，赋予自然永续发展的权利，他鼓励人们“像一座山一样思考”，按照有机整体的观念去看待问题。

西方基督教的核心思想是“上帝创世”，体现了尊重自然界一切非人类生物的环境价值观。《圣经》论述了人和自然同样是由上帝所创造，认为自然本身也是一种独立的存在，具有独特的内在价值，人

① ［美］奥尔多·利奥波德：《沙乡年鉴》，侯文蕙译，吉林人民出版社 1997 年版，第 213 页。

与自然有同样的生存和发展权利，自然界原本具有“美善性”，人类与自然可以相通无碍地和谐相处。《圣经》的“律法书”对保护动植物、保护土地等方面进行了阐述，认为人不能破坏动植物的健康生长和物种的可持续发展，用“人们不能把母鸟和雏鸟一起取走”的道理阐明人类与其他生物可以和谐共处，人类不能以杀鸡取卵的方式对待自然万物，应尊重整个生态系统的完整性以及保障物种的共同可持续发展。这样，既有利于自然界的平衡，又能够为人类的生存繁衍提供有益的资源能源。

第三章 我国国民生态素质教育的现状分析

改革开放以来，在生态文明先进理念和生态文明教育思想的指导和引领下，全社会的人才培养观念、生态综合素养和教育发展水平等方面均有所完善和提升。具体来看，国民生态素质教育取得的成就主要有国民生态意识有所提高、生态环保教学体系逐步完善、生态素质教育基地初具规模、生态素质教育实践成果斐然等，但生态素质教育内涵异化现象和背离其本质而为的现象仍有发生，生态素质教育观念淡薄、生态素质教育的教学体系落后以及生态素质教育大环境缺失等问题依旧存在，这在一定程度上制约了我国生态素质教育事业的顺利推进。基于此，剖析产生这些问题的原因也成为当今迫切需要思考的问题。以下主要从高耗能经济发展模式和落后理念的制约、生态素质教育师资队伍建设滞后、生态素质教育体制机制不健全、生态素质教育合力尚未形成等方面系统剖析产生此类问题的原因。

一 我国国民生态素质教育取得的成就

我国的环境教育起步晚。1979 年，广东、辽宁、上海、北京等地开始设立中小学环境教育试点。1980 年，我国制定了《环境教育发展规划（草案）》，为全国普及环境教育奠定了基础。1992 年，全国第一次环境教育工作会议宣布，一个涵盖环境基础教育、环境专业教育、环境社会教育等多层次、多规格、多形式的独特教育体系在我国初步形成。长期以来，我国在推进素质教育与生态文明事业的进程中，逐渐使生态文明观念、人的全面发展理念根植于人们的价值观之中。近几年，“全面可持续发展”“绿色生态观”“人文关怀”“自由全面发展”等词汇逐渐走进教育界的视野中，生态文明相关理论和实践在一定程度上也得到了弘扬与落实，这就为开展生态素质教育提供了肥沃的生长土壤与有利契机。

（一）国民生态意识有所提高

俄罗斯的 B. 基鲁索夫认为，生态意识“是从根据社会和自然的具体可能性，最优解决社会和自然关系问题方面反映社会和自然相互关系问题的诸观点、理论和情感的总和”[①]。作为一种观念性的存在，生态意识涉及生态文明建设的方方面面，并且在很大程度上影响着一个国家生态文明建设的发展进程。当今社会，人们的整体生态意识普遍增强，价值观念、思维方式、行为习惯等都与生态文明建设的基本要求努力保持一致。目前，人们的生态文明认知度有所提高，《全国生态文明意识调查研究报告》指出，公民对于环保法、雾霾现象、生物多样性等生态文明知识知晓程度达到 80% 以上。[②] 当面临建设化工厂、核电厂、垃圾场等一些邻避项目时，人们纷纷表示希望环境问题能早日得到解决，对于环境保护的认同度普遍呈上升趋势。《公民生态环境行为调查报告（2019 年）》[③] 中指出，公众大都清楚生态环保的重要意义，能做到关注生态环境、选择低碳出行、节约资源能源等，个人的生态践行度较高，能够做到“知行合一”。

此外，随着我国环境保护法、环境安全法、大气污染防治法、

① ［俄］Э. В. 基鲁索夫、余谋昌：《生态意识是社会和自然最优相互作用的条件》，《哲学译丛》1986 年第 4 期。

② 《全国生态文明意识调查研究报告》，《中国环境报》2014 年 3 月 24 日第 2 版。

③ 生态环境部环境与经济政策研究中心课题组：《公民生态环境行为调查报告（2019 年）》，《环境与可持续发展》2019 年第 3 期。

环境保护标准管理办法、新环境保护法等相关法律法规的出台，意味着人们所享有的社会权利和承担的社会义务由经济领域、政治领域、文化领域扩展到了生态领域，人们有权利维护自己的生态权益不受侵犯，也有义务履行自身的职责以保护我们赖以生存的生态环境。由此，人们的生态参与意识和生态责任意识也明显增强，对现实生活中破坏生态环境的事件也都能够保持理性客观的态度。在《全国生态文明意识调查研究报告》中所列举出的沙尘暴、水资源匮乏、植被荒漠化以及化工厂肆意排污排气等现象，大多数人都认为我们应该严肃对待这些现象，并支持生态环保工作；在问到“环境保护是否是一件重要的事”时，80%的人觉得“是很重要的事，与每个人息息相关”，18%的人提出“应首先提高经济”。《公民生态环境行为调查报告（2019年）》指出，通过调查发现，六到七成的受访者表示经常关注生态环保信息，近九成受访者表示能够做到随手关灯以及关闭各类电器电源，这意味着人们已经深刻地认识到节约资源能源的重要性。综上，人们对于生态环境问题都持有客观理性的态度，大都认为我们应该准确认知生态问题，保护生态环境不受破坏。

2019年5月，我国生态环境部开展关于公民生态环境行为调查问卷，经数据整合显示，70%以上的人表示在“外出就餐后打包”方面做得较好，89.6%的人认可“选购绿色产品和耐用品”，89.2%的人表示会注意“随手关灯”，84.7%的人认为“购物时应该自带购物袋”，73.9%的人认为“改造利用或捐赠闲置物品”值得提倡，84.6%的人认为“以步行、自行车或公共交通工具作为主要出行工具”对环保尤为重要，92.2%的人认为“垃圾分类”对环境保护起着重要作用，89.5%的人表示自身在“不购买珍稀野生动植物及其他制品”方面做得较好，63%的人表示针对环境污染事件采取过相关监督行动。[①] 2017年，江苏省无锡市开展的一份《生态文明意识与生态文

① 生态环境部环境与经济政策研究中心课题组：《公民生态环境行为调查报告（2019年）》，《环境与可持续发展》2019年第3期。

明行为相关性分析——基于对高校大学生现状的调查》[①] 中显示，在问到如何处理人与自然关系时，85.5%的学生不认同自然界是为人类服务的，有81%的学生认识到发展经济与保护环境同等重要，说明人们在处理人与自然关系时已具备基本的理性判断。在问到是否参加过环保活动时，有60%的学生表示“参加过”或者“经常参加”环保活动，30%的学生表示同意参加单位组织的环保志愿者项目。大部分学生已经充分认识到生态保护对于人类生存生活的重大意义，并愿意参与对全社会生态保护与生态文明建设的工作。总之，随着环境污染给我们生产生活带来的负面影响越来越多，人们已经建立起科学正确的生态价值观，具备强烈的生态道德正义感和社会使命感，并且大多数人知道环境保护与经济社会发展之间具有密不可分的辩证关系，认为人类应该做到适度消费、低碳消费、节约资源，实现经济、社会和环境三者效益的协调统一。

（二）生态环保教学体系逐步完善

随着人们生态意识的逐步提高，在学校教学中，也更加重视生态环保教学环节的设置，主要表现为生态类相关课程和专业不断完善和推广，在课堂授课中渗透生态文明理念和内容，帮助学生培育生态文明意识，建立起热爱祖国、热爱自然的高尚情怀。同时，注重利用相关课程中生态素质教育的热点问题和优秀案例，进一步提高学生的生态文明素养，逐渐养成关爱他人、尊重差异的高尚情怀。具体来说，主要有以下几点。

1. 生态类相关课程和专业不断完善和推广。首先，传统生态类相关课程体系不断完善。诸如城市生态学、农业生态学、园林生态学、森林生态学、生物学、基础生态学以及生态系统生态学等相关课程的内部体系均不断完善，其主干课程分类也越来越详细，大致可以分为普通生态学、农业生态学、生态工程与设计、生态管理工程、土壤植

---

① 伍进、孙倩茹：《生态文明意识与生态文明行为相关性分析——基于对高校大学生现状的调查》，《江南大学学报》（人文社会科学版）2017年第6期。

物营养与环境分析、田间实验设计和生物统计、资源环境与信息技术、景观生态规划与设计、绿色食品与有机食品、保护生物学、污染生态学、普通生物学、生物化学、微生物学、植物生理学、城市生态学、项目投资与评估等课程。生态学作为研究生物与环境之间关系的学科，近几年来引起越来越多学校的重视，在制订人才培养方案时，许多学校逐渐将资源与环境学或生态教育学等也纳入教学体系，有的学校还开设了专门的环保类或生态类课程，如环境资源学、国土资源管理学、土地资源学、生态学等，生态类课程日臻科学完善，能够满足广大学生的多元化、个性化需求。其次，部分学校逐步开设相关生态类专业。有的学校设置了专门的生态环保类专业，比如，农业资源与保护专业、环境工程专业、植物保护专业、环境科学专业等，这部分学校在教学中善于挖掘生态文明教育资源，在引导学生学习和掌握生态文明知识的同时，帮助学生培育生态文明意识。

2. 在课堂授课中渗入生态文明理念和内容。当前学校的思想政治理论课中都包含了诸多生态环保、生态理念或生态教育等方面的要点，比如，在讲授《马克思主义基本原理》这门课中关于联系和发展、整体和部分、辩证统一规律等问题时，可以引导学生深入思考保护环境和发展经济的关系；在讲授《毛泽东思想和中国特色社会主义理论体系概论》这门课中关于“两山”理论、美丽中国、“五位一体”总体布局以及中国梦等内容时，结合案例帮助学生理解我国生态文明建设的总体规划，理解美好生活从何而来，人民的幸福感、获得感和满足感从何而来；在讲授《思想道德修养与法律基础》这门课的“爱国主义”部分时，可以通过图片或视频带领学生欣赏我国的秀美山川、广袤草原、浩瀚大海与戈壁荒漠，帮助他们建立起热爱祖国、热爱自然的高尚情怀；在讲授“社会公德”部分时，可以引导学生正确看待和科学处理人与人、人与社会之间的关系，帮助他们养成关爱他人、尊重差异的道德情操；在讲授《中国近现代史纲要》这门课中关于我国生态文明建设史时，向学生讲解因人类不合理的生产生活方式而带来的严重环境危机，进而导致一个城市、地区乃至国家的衰亡，使学生深刻反思生态危机的历史教训。

同时，有的高校还在必修课教学的基础上单独开设了生态文明建设的专题授课，专门邀请环境科学、生态学等相关专业的教师针对生态环保、生态素质教育展开授课，努力推动生态环保知识与思政课教学的充分糅合。有的学校也开设了环保类的相关选修课，如环境保护与可持续发展、生态文明与人文素养等课程，在课程中注重创新教学形式，利用微信公众号或云课堂及时上传生态要闻、环保资讯等，使学生能够快捷、全面地掌握生态知识。教师围绕生态类时政热点组织讲授和讨论，进而强化社会公众对生态文明知识的认知度和参与度，推动人们以实际行动来落实生态保护工作。

（三）生态素质教育基地初具规模

生态素质教育基地作为生态素质教育不可或缺的物质平台，被称为“将地理景观与教育宗旨相捆绑的场所”[①]。2008 年 4 月，国家林业局、教育部、共青团中央印发了《国家生态文明教育基地管理办法》，提出要使全国生态文明教育基地管理工作规范化、制度化的基本要求。这一管理办法出台以后，各地区纷纷建立了依托本区域生态环境资源的生态教育基地，比如，湖南的水韵生态农业观光园教育基地、广西的弄岗自然保护区生态文明教育基地、平顶山白龟湖国家城市湿地公园等，部分地区还将森林公园、风景名胜区、动植物公园、重要林区、自然保护区、鸟类观测站和文化场馆等列为生态素质教育示范基地，经常性地组织社会公众或者青少年学生利用假期或业余时间广泛开展生态科普、农业科技实验、林业培训等多层次的生态素质教育活动。另外，在生态教育基地还可以根据季节变化开展不同类型和内容的教育活动，比如，春季进行植树育苗培训，夏季开展科技夏令营活动，

---

① 《国家林业局、教育部、共青团中央关于印发〈国家生态文明教育基地管理办法〉的通知》，2008 年 4 月 9 日，http：//www. moe. gov. cn/jyb_xxgk/gk_gbgg/moe_0/moe_2642/moe_2860/tnull_48035. html，2024 年 6 月 10 日。

秋季进行采摘技术和标本制作培训，冬季组织野外生存训练活动，等等。培训内容包括了解生物群落和生物多样性、观察生态环境中能源的利用和流失情况、掌握生态环保基础知识、进行自然环境警示教育等。生态素质教育基地具备许多先天优势条件，比如，基地拥有丰富多样的野生动植物资源、形态各异的生态景观、完备齐全的硬件设施以及生动鲜活的生态教育素材等，基地的讲解员和导游也都具备较高的生态文明素养，可以针对区域内部的生态环保问题对广大游客进行生态知识科普，不断提高人们的生态认知和生态文明素养水平。

传统的生态素质教育模式普遍采用学生课堂被动接受的方法进行，而集科普、旅游、休闲、度假为一体的生态素质教育实践基地的设立，则突破了这一传统教育模式，做到了依托当地自然与社会环境的丰富资源（动植物资源、建筑物形态、本土文化资源等）开展教育，学生在深入接触自然环境和社会环境的同时，感受生态系统内万物的成长发展规律、体验生态环境与人类社会的密切联系以及思考和总结本土传统文化的深层次魅力等。在这个过程中，学生培养了发散性和开放式的有机整体思维方式，既能巩固课堂中所学到的生态理论知识，还能够更好地形成全新的生态认知能力和生态体悟能力，增强生态素质教育的践行能力。因此，生态素质教育示范基地的教育活动可以使得人们将自身的理论观念与实践形式结合起来，帮助其实现生态文明知识的内化，进而养成爱护自然、善待环境的生态价值观理念，进一步激发和弘扬社会风气，营造绿色、文明、环保、节约、和谐的社会氛围。

（四）生态素质教育实践成果斐然

近几年，我国的生态环境教育实践活动日益频繁，尤其在各大高校中更为明显，诸如保护母亲河行动、培育生态型人才活动、建设绿色校园活动、创建生态城市活动以及开展生态文明教育月系列活动等，甚至有的学校为了深入研究生态文明理论体系，积极响应中央生态文明建设的要求，成立了支持生态环保和生态素质教育工作的“生态文明研究所”“环境科学研究所”等机构。比如，2007 年 9 月，福建师范大学成立了生态文明研究所；2008 年 1 月，北京林业大学成立了生态文明研究中心；2012 年 10 月，中南林业科技大学成立了湖南绿色发展研究院；同年 12 月，福建农林大学成立了生态文明研究中心；2013 年 6 月，湖南师范大学成立生态文明研究院；等等。这些机构都是生态文明领域内开放性、专业性和科学性的公共交流平台，其机构成员不但可以充分利用自身优势广泛开展生态文明教育研究，还致力于组织学生深入生态脆弱区或旅游景点区，开展实践教学，引导学生在极具真实感和现场感的实地考察中，感受自然的神圣和美丽，体验环境污染给人们带来的危害，进而推动生态文明理念落实到实践行动中，其目的在于更好地发挥生态文明教育的社会性功能，营造良好的生态环保氛围。同时，国内还有很多高校鼓励人们从日常生活中的小事抓起，进行生态素质教育活动，比如，在夏季将空调调至 26 度、出行使用共享单车、爱护身边的流浪小动物、使用节能灯、鼓励双面打印资料、使用环保饭盒和筷子、自觉分类投放垃圾等生态实践活动的开展，使学生逐渐养成了健康生态的日常生活理念和行为习惯，真正做到保护公共环境，弘扬生态文明新风尚。习近平总书记说过，建设绿色大学是高校在生态文明建设中的责任和担当。具备良好生态环境的校园是辐射社会的示范标杆，国内的清华大学、北京大学等知名大学纷纷从顶层设计、制度建设、经费支持和师资配置等方面推进绿色大学建设，对学生施以无言之教，进而增强学生的生态实践能力和社会责任感，带动全社会自觉投身于各类生态文明建设活动。

具体来看，我国主要的生态素质教育实践可以概括为高校和社会两个层面。从高校层面来看，充分利用各种媒介宣传和推广生态素质教育活动。以张贴海报、温馨提示、读者手册、悬挂横幅的形式，在寝室、食堂、草坪、教室等地方设立生态文明宣传标语，比如，“爱护花草，人人有责”“学校是我家，文明靠大家”等。通过校园广播、微信平台、校园论坛等渠道宣传生态教育理念和行为，鼓励教师使用激光笔、幻灯片、音频资料等先进教具，实施无纸化办公。通过这一个个活生生的生态教育模板，营造出一种“生态保护、人人有责”的氛围。从社会层面来看，人们普遍追求绿色环保的生活理念和行为方式，积极践行绿色低碳消费、绿色低碳出行等绿色环保行为，比如，在日常生活中使用环保购物袋、坚持无纸化作业、购买可循环使用的产品、选择绿色食品、使用可充电电池、垃圾分类放置、不用一次性筷子或饭盒、租赁公共自行车或者乘坐公共汽车、地铁等，自觉抵制对生态环境有消极影响的物质产品和消费行为，积极将生态文明意识自觉地转化为生态实践行动。

二　我国国民生态素质教育存在的问题

当前，在经济社会飞速发展的同时，人们对于自然界以及所有生命体变得冷漠起来，开始迷恋数据传输、电脑键盘、拨号盘等，习惯用知识和技术去“管理这个星球”，这源于传统教育往往强调冷冰冰的理论和概念，而较少关注精神价值、人类命运和对生命的感知，强调精细的规划和先进技术下产生的效率，而较少关注责任感和道德感，很多人的身心随着对大自然的过度支配变得越来越麻木，也就看不到乡土文化和农业经济给人类带来的各种美丽和和谐。正如刘湘溶所说：“当我们看待自然界万物时，总会盘算这种东西对人是有用还是无用，是为人喜欢还是厌恶。”① 这种落后的思维方式无疑遮蔽了自然界万物的多样性，当人们看到郁郁葱葱的森林时，会想到家具、纸张等；当看到满山遍野的牛羊时，会想到美味的佳肴……慢慢地，动植物的生命价值和生存意义逐渐被人类所忽视，在这种社会现状下，生态素质教育凸显出诸多问题。

（一）生态素质教育观念淡薄

工业革命以来，人们醉心于利用自然、征服自然，并且不断地运

---

① 刘湘溶：《人与自然的道德话语——环境伦理学的进展与反思》，湖南师范大学出版社2004年版，第133页。

用技术手段对生态环境进行改造和利用。英国思想家培根曾说，“驾驭自然，做自然的主人”“人的知识和人的力量合二为一”，[①] 在西方的这种思想观念的影响下，受教育者的生态文明意识愈加淡薄，保护自然环境的主动性和自觉性日益丧失，人们认为“世界”是由无生命的物质构成的，在对自然“祛魅”的过程中，世界的神秘之美被消解了，世界变得荒漠化了，留下的只有“空洞的存在”[②]。尽管后来随着人们开始探索人与自然和谐相处的道路，生态文明意识逐渐觉醒，但是人们对生态问题的认知总体上仍然无法达到高层次的理解水平，部分人仅仅把生态环境问题当作环境污染、资源浪费或生态破坏，难以从更深层次理解生态问题的本质和内涵等，主要体现在以下几点。

1. 生态环境认知度低。2019 年 5 月，《公民生态环境行为调查报告（2019）》中指出，人们在日常购物中践行绿色消费或给政府提供环保建议的生态实践行为不到位，人们进行垃圾分类投放的主体行为仍然欠缺。2017 年，江苏省无锡市的一份《生态文明意识与生态文明行为相关性分析——基于对高校大学生现状的调查》中显示，有 82% 的学生不清楚世界环境日的主题，89. 5% 的学生不知道我国在环境保护方面的法律法规设置。[③] 2013 年以来，霾不时在我国北方数十个城市尤其是大城市、特大城市出现，严重地影响着人们的生产生活，$PM_{2.5}$被医疗专家视为健康杀手。2013 年 5 月，上海交通大学民意与舆情调查研究中心发布了《2013 年中国城市居民环保态度调查》，调查了中国 34 个省会城市及副省会城市的 3000 多人，值得关注的是民众对于 $PM_{2.5}$认知度不高，过半调查者表示不清楚或不了解，仍有超过 1/3 的民众认为自身日常行为对环境不存在什么影响。总体而言，随

---

① 高中华：《环境问题抉择论——生态文明时代的理性思考》，社会科学文献出版社 2004 年版，第 105 页。

② ［美］大卫·雷·格里芬：《复魅何须超自然主义——过程宗教哲学》，周邦宪译，译林出版社 2015 年版，第 128 页。

③ 伍进、孙倩茹：《生态文明意识与生态文明行为相关性分析——基于对高校大学生现状的调查》，《江南大学学报》（人文社会科学版）2017 年第 6 期。

着生态环境问题对社会生产及人的生活影响的逐渐增加，国民宏观环保意愿度不断提高，但是人们所掌握的深层生态保护知识依旧有所欠缺。

国家环保总局和国家教育部曾于1998年在全国31个省、自治区及直辖市中的139个县级行政区开展了一次全国公众环境意识调查。调查结果显示，约57%的人认为环境问题已经非常严重了，约23%的人认为环境污染不太严重，将环境问题与其他社会问题相比较时，人们普遍表现出对生态环境问题较低的关注度。在设置的我国发展目标的5个选项中，经济发展位列第一，而环境保护排在第五，说明人们没有认识到经济发展和环境保护辩证统一的关系。此前，一项关于全国公众环境意识的调查报告显示，50%的人认为不能为了环境保护而降低生活水平，在社会范围内人们对环境保护的行为、对生态环保的认知以及目前环境问题的严重性整体评价较低，而调查人们进行环境保护的最初动机时，大多数人是基于环境污染给自身带来的严重影响这一角度来认识和评价环保问题的，并没有从环保者的身份定位这一层面来对待环境问题，这体现出人们主动了解环保知识的意愿不高、维护环境的行为匮乏。调查还显示，有81.5%的人听说过一项以上环保概念，但是在深入思考和理解概念上，却仅有10%的人表示知晓其含义，比如，人们对白色污染、垃圾分类、三废、温室效应的知晓度分别为53.6%、46.7%、36.3%、31.6%，由此可以看出，人们对环境保护的深层次思考较少。① 调查设计了就业、医疗、收入差距、养老保障、住房价格、教育收费、社会治安、腐败等13项社会问题，人们认为环境问题的严重性位居医疗、就业、收入差距问题之后，说明我国现阶段正处于社会主义初级阶段，经济发展水平还不高，社会保障不足，社会生产力的发展不能满足人民快速增长的物质生活需要，人们更加关注民生、关注自身物质生活水平，对于自身生态权益的维

① 中国环境意识项目办：《2007年全国公众环境意识调查报告》，《世界环境》2008年第2期。

护意识欠缺。

生活质量一般可以划分为脱贫阶段、温饱阶段、小康阶段和富裕阶段。在经济相对落后的地区，人们往往表现出对环境问题的漠不关心；只有生活水平达到第二阶段，人们才会表现出对污浊空气、嘈杂噪声、拥挤不堪等生态环境问题的抵制和抗议；当生活水平达到小康阶段时，人们才会产生对清澈河流、洁净空气与和谐关系的向往。世界自然保护同盟主席施里达斯·拉夫尔曾说，“仅仅告诉那些处于生存边缘的人们不要砍伐森林，不要多生孩子，不仅是对他们的疾苦麻木不仁，而且是彻头彻尾的挑衅……穷人也需要分担人类对变革做出的承诺，但是，为了使这种承诺切实可靠，世界上其余的人不仅要解决自己的生路，而且也要解决贫困的问题”[①]，贫困会使人们缺乏保护环境的热情，甚至做出破坏环境的行为。1972 年，印度总理甘地在斯德哥尔摩第一次世界环境会议上就提出了“贫穷的污染”这一说法，亚马孙河流域的热带雨林被发达国家称为“全世界人类的财富”，但是巴西政府却反对这种说法，“对于水深火热中的当地贫困人民来说，他们连‘现在’都难以保证，还谈什么全人类的未来，只要全世界不能有效帮助他们走出贫困，这个世界又怎能有资格强调这片森林的世界性?”[②] 因此，贫困问题在一定程度上限制和阻碍了生态环境保护工作，要想在全社会强化并有效推广生态素质教育理念，需要重视并逐步消灭贫困问题，营造一种经济、环境良性循环的发展态势。

2. 深层生态道德责任意识薄弱。深层生态道德责任意识是国民生态意识的重要组成部分，其内在要求为：“人与自然的和谐发展与共存共荣，提倡人类培养尊重自然、爱护生命、保护自然环境的道德情操。”[③] 伴随着工业革命的兴起和自然科学技术的飞速发展，西方国家

① ［圭亚那］施里达斯·拉夫尔：《我们的家园——地球：为生存而结为伙伴关系》，夏堃堡等译，中国环境科学出版社 1993 年版，第 135—136 页。

② 戴星翼：《环境与发展经济学》，立信会计出版社 1995 年版，第 108 页。

③ 王学检、宫长瑞：《生态文明与公民意识》，人民出版社 2011 年版，第 139 页。

主客体二元对立的观念逐渐成为社会意识主流，人们在推进经济发展的同时，无节制地开发和利用自然，社会道德感普遍下降，造成了今天全球范围内的生态危机。培育生态道德责任意识有助于推动全社会形成绿色、低碳、文明的生活方式和生产方式，它要求人们做到平等地对待一切生命和非生命形式，在尊重生态规律、遵守生态法制的前提下有序改造自然、利用自然，并进行有限度的物质消费等，履行建设生态文明的责任，为人类生态文明建设和生态素质教育事业作出自己力所能及的贡献。

2017 年，在关于《生态文明意识与生态文明行为相关性分析——基于对高校大学生现状的调查》[①] 的调查问卷中，当人们被问到“政府为防止下游河流的污染，要关闭居住区附近的造纸厂，而该厂为当地居民的主要经济来源，你是否能赞同这一举动”这一问题时，27.1%的人表示无所谓，18.4%表示勉强同意，3.2%的人完全不同意；在问到“是否能接受每年全球停电一小时、是否能接受每月全球停电一小时、是否能接受每周全球停电一小时”的问题时，分别有86.8%、49%、24.7%的人表示可以接受，这表明很多人在面对涉及自身利益的问题时，不可避免地倾向于维护自身利益或满足自身的生活需求，而较少顾忌自然环境保护的意义。据国家环保总局和教育部的调查显示，城市居民的生态道德责任意识水平高于农村居民 28 个百分点。[②] 21 世纪初，我国公民的深层生态道德责任意识仍较为薄弱，部分人在日常消费时不考虑环保因素，近七成人不愿意为环保而接受较高的价格，只有约三分之一的被调查者认为能够妥善处理生活废弃物，杜绝环境污染。由此可知，尽管目前我国的生态文明意识有所提高，但是仍然存在诸多问题，人们更多地关注与自己利益直接相关的、生

---

① 伍进、孙倩茹：《生态文明意识与生态文明行为相关性分析——基于对高校大学生现状的调查》，《江南大学学报》（人文社会科学版）2017 年第 6 期。

② 杨明主编，唐孝炎等著：《环境问题与环境意识》，华夏出版社 2002 年版，第 266—267 页。

活周围的环境问题。

同时，还有一部分人认为，生态环境保护是政府的责任，针对目前环保执法不严、对环境违法者的处罚力度不够等问题，政府应当负责环保宣传教育，制定有关环保的法律法规，着力解决日常生活中遇到的水污染、空气污染、垃圾污染、噪声污染、食品卫生等各种实际问题。在2017年开展的《生态文明意识与生态文明行为相关性分析——基于对高校大学生现状的调查》中，当被问到“对全球物种灭绝速度和沙尘暴、霾等现象的关注度”时，仅有10.4%的学生表达对全球物种灭绝速度这一问题有所关注，而对关乎切身利益的沙尘暴、霾等问题的关注度则为68.8%。以上调查结果显示出人们更加关注自身生活周围的环境问题，这主要有两方面的原因：一是国民的生态道德责任意识呈现二元结构，即国民日常生态道德责任意识较高，而深层的生态道德责任意识较低，对环境问题的整体性和深层次认识不足。比如，人们对清洁空气、干净水源等浅层次生存环境的优劣具有强烈的感知度和关注度，而对森林草场锐减、气候变暖、土地荒漠化、海洋污染等一系列更为广泛的生态系统退化问题的严重性及导致生态退化的原因认识不足，没有较好地担负起生态文明建设和生态素质教育的责任。二是国民对生态道德责任意识的主体界定不清。生态道德责任意识的主体不光是政府，还应包括企业与个人，企业与个人不应将自身脱离于生态环保和生态文明教育等工作之外，而应切实承担起生态环境保护的责任，建立起生态型思维方式和生产生活方式，增强全社会层面的生态保护责任意识、监督意识和担当意识。

3. 生态素质教育参与意识薄弱。2017年，在关于生态文明意识和行为实际情况的调查中，针对“对他人乱踩草坪、乱画乱写等行为是否能够制止”这一问题的调查显示，53.8%的学生认为自己做得不够好，只有18.2%的学生认为自己做得很好，这说明大学生无法做到主动引导公众的环保行为；在对“国家向公民收取环境保护费，你是否赞同”的调查中，52.7%的人表示不愿意，说明部分大学生在参与生态环保的过程中，知行不一，“从我做起”的意识不足；在对“是否愿意参与公共场合环保宣传活动”的调查中，44%的学生表示非常不愿意、坚决不参加，51.6%的学生表示不愿意、不参加，仅有25%的学生表示愿意参与环保宣传活动，这说明大学生参与环保活动的态度不坚定，不愿意站出来维护自己的生态权益。[①] 2019年5月份生态环境部发布的《公民生态环境行为调查报告》中显示，近六成的人表示购物时不会自带购物袋，近四成的人表示较少采取低碳出行方式。在日常生活中，人们的环保行为往往是出于个人自身利益或生活便捷度考虑，无法从根本上看到自然环境对人类的重要价值和人类社会可持续发展的现实诉求，造成这种现象的根源在于当今的教育出现了问题，教育在单一化成绩与效益导向的作用下，成为一种“空投”式的离土教育，人的生活世界被肢解得支离破碎。主要表现为：人自身的分裂，即自然欲望得到满足，但心灵却难以得到抚慰；人与人之间的疏离，即在利己主义的支配下，为了满足自身欲望往往不惜牺牲他人利益；人与自然的疏离，即城市居民通常与自然界和土地离得很远；人与价值的疏离，即在纵欲主义的包装下，人变成了写满情欲的平面体，丧失了探究终极价值和人生意义的好奇心。[②]

反观现实社会，部分受教育者往往迫于升学和就业的压力，终日沉浸在标准化的书本知识中，他们被塑造成一个又一个“成功者”的形象，逐渐丧失了对社会实践和本土文化的认知能力。主要表现为以下几点。

第一，生态自觉性丧失。在当今社会这场旷日持久的教育接力赛中，部分学生被设计成流水线上的考试工具，其人性化和个性化的特质遭到抹杀，世界上多了很多的成功人士，却少了更多真正投入热情

---

① 伍进、孙倩茹：《生态文明意识与生态文明行为相关性分析——基于对高校大学生现状的调查》，《江南大学学报》（人文社会科学版）2017年第6期。

② ［德］孙志文：《现代人的焦虑和希望》，陈永禹译，生活·读书·新知三联书店1994年版，第68页。

和激情的医生、教师、维和人员、修理工以及讲故事的人，少了更多能真正为当今社会问题和生态问题献计献策的人。因此，在这种教育体制下，人们的想象力、审美力和同理心日益匮乏，人类缺少了友爱和善、慷慨正义和热情大度，精神世界得不到滋养，生态权益得不到满足，生态自觉性日益缺失。有些学校开设了生态素质教育方面的课程，但是往往局限于主观灌输式的知识讲授，未能从受教育者的实际情况和个人情感出发，忽略了受教育者独特的自我感受、体验和判断过程，不利于达成生态素质教育的整体效果。

第二，生态共生性不够。一旦让一个人开始思考他自己生命的奥秘以及他与世界上其他生命的联系时，他一定会把自己的生命和其他的生命纳入“敬重生命的原则”范围之内。[①] 然而，在传统应试教育体系下，教育通常过于注重分数、名次和对自身发展的效用，却忽略了与自然界保持一种固有的亲密关系，人们的生物亲缘本能被破坏，使得教育过于注重功利性，逐渐成了一种离土的、碎片化的无根教育。最终，教育理念与大自然、社会实践、传统文化等愈加割裂开来，对于生态文明的本质和生态文明的践行路径缺少深层次的探索，其教育活动往往侧重于基本知识的灌输，忽视了对受教育者人文精神的培育和生态价值观的引导，教育在发展过程中迷失了方向，学生、学校和教育无法真正参与到助力人类社会和自然界实现可持续发展中去；学习对于受教育者来说，变成了一种机械性的行为，反复的记忆和枯燥的讲授使得受教育者慢慢失去了学习的兴趣，知识丧失了生命力，人们的生态行为缺乏灵活性、主动性和创造性，无法为人与自然的和谐发展创造共同福祉。

（二）生态素质教育教学体系不够完善

百年来，中国的教育在很大程度上承袭了西方现代化的教育理念。“新学校兴起，则皆承西化而来。皆重知识传授，大学更然。一校之

---

① A. Schweitzer, *Out of My Life and Thought*, New York: Holt, Rinehart & Winston, 1972, p. 231.

师，不下数百人。师不亲，亦不尊，则在校学生自亦不见尊。所尊仅在知识，不在人”[①]，现代教育把人当作“机器”，在一条流水线上完成“批量化生产”，在助推知识型人才的培养和教育大众化方面可谓居功厥伟。同时，传统的素质教育注重对人的身心健康素质、思想品德素质、科学文化素质等方面的教育，却往往忽视了对人的生态素质方面的教育，受教育者较少接触关于处理人与自然关系等方面的知识。生态素质教育的缺乏导致受教育者无法形成科学合理的生态价值观，也就不易培养起对待大自然及其生命万物的责任担当。

1. 细致化和专业化的学科分类阻碍了生态思维的产生。当今，大部分学校没有统一的生态素质教育教学大纲和专业化、职业化的教学团队，很多教师的生态知识储备不足、生态思维不足、培训机制缺失，教育理念与社会现实和生态背景大相径庭。比如，在现实生活中，我们通过视听嗅触味等感官功能及其各种感官功能相互混合的方式来感知世界，而我们的教育不是在感官的支配下发挥各个学科的合力作用，而是把知识以文件夹的形式细分成了抽象的不同学科和课程门类，避免形成“交叉式或跨学科的课程”。受教育者在固定的思维框架中，专心研究其领域范围内的专业知识，逐渐丧失了质疑精神、整体性和联系性思维，不能将我们所学的知识与对周围环境的爱和呵护联系在一起。在人与自然的亲密度越来越低时，生态环境将不可避免地受到忽视，这种现实的困境在一定程度上与我们思想和教育的残疾相伴而生。再比如，一些学校陆陆续续开设了许多生态素质教育类的课程，但是，现实中教师在授课过程中往往存在“学科隔离”的状况，即思想政治教育课程的教师通常缺少环境科学、生态科技等生态学方面的知识，自然科学课程的教师通常缺少人文理论、教育科学和思想政治理论基础，这就导致在生态素质教育的实际教学中，要么缺少生态知识，要么缺少人文关怀，综合性思维的缺失阻断了学生对不同学科领

① 钱穆：《现代中国学术论衡》，岳麓书社 1986 年版，第 168 页。

域知识的深入了解。

同时，现代高等教育的课程设置中，还存在学科与学科之间相互隔绝、互不借鉴融通的现象。比如，经济学专业的学生只学习资本流动、税务优惠等，对生态学、能量学、热力学和稳态经济学等知识知之甚少，这就导致部分经济学家在计算国内生产总值（GDP）时，并没有把环境污染、土壤沙化、资源短缺等生态问题产生的成本考虑在内，对生态文明建设和系统完整的国民综合素养教育缺少有力的指导，也就缺少宏观视野的整体世界观。甚至，囿于对系统知识的匮乏，人文学科知识的缺失，也会导致人们过于重视效率和抽象的数字，在一定程度上会打破社会“底线”，带来诸如犯罪、酗酒、虐待妇女儿童、离婚率升高等问题；同时，在工业化时代，人们较为注重“工业知识”的传授和灌输，在抽象的学科体系下不断研究和挖掘专业化、职业化的知识，在人类自身物质层面富有和强大的同时，很少去关注和思考人类自身生存的地球家园，乃至人类彼此之间的情感，进而无法构建整体式的生态思维，无法保障生态素质教育的质量和效果。

2. 传统生态知识缺失，呈现碎片化状态。传统生态知识指的是人们祖祖辈辈传承下来的关于生物体之间及其与所处环境之关系的认知和理解，是一个知识、实践与信仰的累积体。[①] 生态知识具有区域性和经验性，是对小生境的整体性认知，丰富完备的生态知识是当今实施国民生态素质教育不可缺少的一部分。然而，生态知识持有者的社群规模通常较小，其在面对现代科技的挑战时，反抗力不足，凸显了自身的局限性。从宏观的社会适应环境来看，生态知识处于人类整体知识的边缘位置并呈现碎片化状态，在生态农业、生态经济等方面，现代化技术取代了富含大量生态智慧的传统技术，利用其高端的技术手段影响着经济社会发展的趋势，而传统的生态知识

① Berkes, Fikret, *Sacred Ecology: Traditional Ecological Knowledge and Resource Management*, Philadelpha PA: Taylor & Francis, 1999, p. 8.

囿于缺乏精准的试验论证和严格的环境保护标准，不能适应社会发展的需要，逐渐丧失了主导性地位。因此，对表达性传统生态知识带来的全面压制局面，不利于传统生态知识在全社会的推广和学习，使其遭遇信任危机。

现阶段，我国的教育政策方针还是服务于社会经济发展，旨在为我国生产力的提高输送大量人才，在大部分学校的教学设计中，理性知识型（或应用技术型）课程多于人文教育型课程，而且在科研经费设置方面，自然学科的科研经费明显多于人文学科。人文学科的科研探索缺少资金支持，各高校和教育机构较少开设面向全体学生的专门的生态学或环境保护学课程，生态环境保护知识普及率较低，导致人们缺乏对生态知识的系统学习，也就难以对生态环境保护的价值意义和深刻内涵做出探索。另外，在日常生活中，人们往往只对与自己生活息息相关的生态学知识有所关注，如保护花草树木、垃圾分类处理、不使用一次性购物袋等，而对关乎人类生命健康的全球性生态问题置若罔闻抑或关注较少，如全球气候变暖、生物多样性遭破坏、沙漠化现象严重等问题。由于缺乏对生态问题的整体性认知和系统性理解，生态知识结构不健全，导致人们无法体会人与自然和谐相处、协同共生的道理，不利于生态素质教育的顺利进行。

3. 地方性、系统性和人性化的知识匮乏。当今，随着信息化时代的发展，我们看到大量的数据、文字和学术成果正呈爆炸式趋势剧增，但是在功利性心态和相关利益的驱使下，教育逐渐变成了以升学、就业等为主要目的的“离土教育”，这种教育旨在“为全球经济提供更多有竞争力的工人”①。在这种实用主义观念的支配下，很多学校开设更多的实用性专业，如分子生物学和遗传学等，而对系统学、动植物学、土壤健康等专业和学科不太重视，这也加重了人们对地理学、生物学等地方性和区域性知识的无知。从社会层面来讲，广大农民开始

---

① ［美］查伦·斯普瑞特奈克：《真实之复兴：极度现代的世界中的身体、自然和地方》，张妮妮译，中央编译出版社 2011 年版，第 144—145 页。

远离农村、远离土地，纷纷转移到城市，科学研究无法恢复那些真正的“知识荒野”，教育逐渐忽视了自然和乡村的价值，忽视了传统文化的价值和个体的独特感受，人们在忙忙碌碌的科研探索中慢慢地与周围生命共同体疏离，与过去的生命感和大自然割裂开来，较小的社区共同体趋于毁灭，社会生态系统逐渐退化，[①] 使人们失去了原本的健康和快乐。这种日趋无根化的教育不利于帮助学生培养对自然界和传统文化的敬畏与认同，不利于价值信念和精神世界的升华与提升，人们不知道他们从哪里来、到哪里去，其内在生命“大为缩减了”[②]。正如斯普瑞特奈克所说，最大的危机不是驾驭知识和运用数据的能力，而是“缺少重视生命相互关联性的道德发展和精神发展”[③]。在接受教育的青少年时期，美好理想和人文情怀的沦丧使得人们容易产生情感疏离、人格冷漠和校园暴力等，不利于人们生态品格和生态素养的整体提升。

4. 对生态素质教育技术有所需求的主体意识模糊。随着生态素质教育的普及化，人们尝试将生态理念和绿色思想融入技术领域中，以期从生态角度合理有效地改善和优化生态环境。然而，长期以来，鉴于生态技术自身的复杂性以及受客观经济社会条件等因素的制约，我国对生态素质教育技术的开发创新普遍落后，传播扩散较为滞后，对生态文明建设和生态素质教育的支撑作用还没得到真正发挥，也不利于人类社会的可持续发展和教育事业的良性发展。生态素质教育技术的形成以生态学原理、教育发展规律、受教育者自身发展规律等为理论依据，建立在生态学、现代技术学、生物学、教育伦理学、物理学以及心理学等最新科学知识的发展基础上，它不是单一的某项技术，

---

① David W. Orr, *Ecological Literacy: Education and the Transition to a Postmodern World*, Albany: State University of New York Press, 1992, p. 131.

② Chet Bowers, Ideology, educational computing, and the moral poverty of the information age, *Australian Educational Computing*, 1992, pp. 1－21.

③ ［美］查伦·斯普瑞特奈克：《真实之复兴：极度现代的世界中的身体、自然和地方》，张妮妮译，中央编译出版社 2001 年版，第 136 页。

而是一个技术群或技术体系的代表。生态素质教育技术具有前瞻性、科学性和先进性，要求投入大量的人力、物力和财力，但生态技术作为一种工具，在人类各种生存活动的应用过程中往往容易被忽视。人们较多关注的是企业带来了何种经济效益，较少关注社会效益和生态效益，这是因为人们在市场经济体制下，通常依赖于极富功利性的计算主义，较为看重眼前利益，而生态技术的使用短期内往往不能带来直接的经济效益，这就容易遮蔽技术指导所带来的长期可持续的生态效益和社会效益，进而导致对生态素质教育技术有所需求的主体意识变得模糊。

（三）生态素质教育大环境缺失

当今社会，青少年生长在一个价值观多元化、崇尚消费主义、心理焦虑和人格压抑等问题凸显的时代，亚健康和抑郁症等问题呈现增多趋势，每一个父母都是忙忙碌碌的，每一个社区都变得孤独冷漠，政府和商务管理者忙于追求经济效益。大多数学校的课堂上充斥着对"风险报酬""绩效表现""竞争与盈利""成本计算"等概念的讲授，相较之下，对"环境保护""生物和文化多样性""控制气候""治理污染和保护土壤"等概念较少涉及，教学课程的专业化与界限感愈加凸显，受教育者的读写能力、计算能力、记忆能力等基本技能更加娴熟，但是他们处理与自然关系的能力却不尽人意，逐渐失去了热爱万物的能力。

生态素质教育呼唤的是一种人、社会、自然的高度契合，旨在通过摒弃传统工业技术范式下的旧观念，建立人与人、人与自然和谐共融的生态技术观，对人类活动进行整体性、规范性和生态性的引导，进而建立起一种有利于人的身心健康持续发展的科学理论基础和技术生成模式。然而，进入近代，随着主体意识的增强，人类开始借助工业技术的权杖，逐渐将自然界贬黜为征服的对象，正如霍克海默和阿多尔诺所说，"历来启蒙的目的都是使人们摆脱恐惧，成为主人"①，

① ［德］马克斯·霍克海默、特奥多·威·阿多尔诺：《启蒙辩证法》，洪佩郁、蔺月峰译，重庆出版社 1990 年版，第 1 页。

由此产生的工业技术观往往以线性思维理解世界、把握人与自然的关系，缺乏对整个生态系统整体、有机的认识，在这种技术观的指导下，人类无法与自然界形成一个有机的生命系统，自然界的主人终将把自己逼向一个死角，其中，仆人出现了环境恶化、生态危机等问题，这些问题正在反噬人类自身。传统的工业技术观以培根的“人定胜天”、康德的“人为自然立法”等为思想指导，导致在现实社会中，人类为了追求经济效益，将自然看作持存物，不断对其谋划与促逼，罔顾生态效益和社会效益，沉浸在对自然索取和控制的自我愉悦中，并且不断利用日益精进的科学技术，毫无止境地对大自然展开掠夺和征服。然而，在这种丧失辩证性思考的思维和行为模式的指导下，人们的生态价值观缺位，人类作为大自然的一种人力资源，在追求经济效益的计算主义中同样被计算和筹划着。因此，只有克服传统工业技术的弊端，树立起系统整体的思维，把自然系统和社会系统看作一个更高层次的人与自然共同组成的生命系统的子系统，在全社会普及追求生命整体意义的生态价值观，才能引导生态素质教育沿着一条人、社会和自然平衡协调发展的路顺利进行。

1. 学校环境中，存在技术理性超越人文精神的情况。在部分学校，涌现出了一些学术层面的宗教激进主义者，他们将科学与激情这一对原本相互依赖的关系体视为水火不容的对立面。正如亚伯拉罕·马斯洛所说，“科学被用作一种工具，服务于一种扭曲的、狭隘的、冷冰冰的、无感情的、去神圣化的和去圣洁化的世界观。这种去神圣化可以用来防止被情感淹没，尤其是谦卑、尊敬、神秘、惊叹和敬畏的情感”①。失去了情感的支撑和维系，科学变成了一种狭隘的世界观，大部分人的职业信念也都远离了内心深处的爱好、灵感、想象、迷恋和期待，被束缚于一种特定的职业规划之中，甚至有的教育者为了提高知名度和社会地位，通常忙于应付各类材料和证明、出入各大

① ［美］亚伯拉罕·H. 马斯洛：《科学心理学（马斯洛心理学经典译丛）》，赵巍译，世界图书出版公司 2022 年版，第 239 页。

媒体，违背了原本的职业道德，变成了叫卖各类研究成果的职业人。在既有的秩序中，人们逐渐习惯于在知识的原野上建立各类关系网、商业模式和专门术语，功利主义和狭隘主义已将原本完整的知识系统弄得支离破碎，许多人因此失去了激情和批判思维，其中一部分人相应地变成了养尊处优、穿着体面的专业技术工，不再是思维开阔、胸怀博大、朝气蓬勃的生态环境的守卫者，关乎人们未来发展的知识体系变得片面化和单一化。

同时，受到市场经济的驱动，人们倾向于研究专业领域内单一的某种文化，而对地方性的文化知识研究日益减少，逐渐失去了构建美好生活所需的灵魂依托，也使知识体系陷入单质化、说教式的发展模式。这种教育模式使得人们遗忘了学习知识的意义以及这些意义能够给人类远景带来的影响，不利于人们在道德层面、社会层面和政治层面建立起生态保护和本土文化的责任感。同时，当今教育还呈现出理论知识与实践操作相背离的趋势，J. 格伦 · 格雷认为："文科教育排除了手工内容，使得人们在知识和情感的接合处，失去了性情，纯逻辑上的和抽象的思维把我们同自然环境相分离。"[①] 这也是人文精神变得萎靡的原因之一。再如，学校建筑作为一种凝固的教学方法，向人们传递了其设计理念、建造原理、道德意义和生态美学等，然而，当今人们很少去关心建筑物的环境和能源成本，较多的是关注其技术和工艺，它们与周围环境相脱离，受教育者的想象力和创造力也被禁锢在冷冰冰的大楼之中，使得他们变得缺乏热情和活力。

2. 社会大环境中，人们习惯于对生态问题做出回避与逃离等短视行为。随着经济水平的提高，面对生物多样性锐减、气候变暖、河流污染、城市噪声等问题，许多人更易于选择收拾东西回避问题，因为这样比卷起袖子迎难而上去解决问题要付出得少。纵观部分国家和地区，面对经济失衡、政治紧张、气候变化、生态失衡、社会安全等问

① Gray, J. G., *Rethinking American Education*, Middletown: Wesleyan University Press, 1984, p. 85.

题时，人们总是习惯于慌慌张张去整理东西，而没有主动去扭转这种趋势。亚伯拉罕·赫舍尔说过，当智慧成为权力欲的雇佣兵时，就会为了抢劫去攻击，而不是为了爱去共融。因此，当人们为了满足自身对经济利益的强烈需求时，会习惯于抛弃爱和智慧，不断从大自然中掠夺和攫取自己想要的东西，而缺少以人类远景和大自然的持续发展为标准去做出选择的思维模式和行为方式，不能立足长远并包容万千，甚至会为了短期的、支离破碎的利益放弃自身应具备的方向感和责任感。在充斥着生活垃圾、污浊空气与各类噪声的环境中，人们通常会变得漠视生命、神志不健全，逐渐违背自己的生活准则，丧失了正确的行为规范，人们与自然之间也会呈现出一种疏离的状态。大自然无时无刻不在讲述着人类的生存与自然界的动植物、河流、气候和生物多样性之间的关系，传统的农业和农村生活是一种创造性的、耐心的、不断熟练的辛勤工作，能让大地繁茂。[①] 然而，随着人们物欲主义、贪婪之心和虚荣心的增强，人们开始主宰大自然，长期以来形成的民族文化、乡土文化与生态系统之间的关系被打破，导致人们逐步丧失了对大自然和乡村的亲缘性本能，对生态问题也往往做出某些回避和逃离的行为倾向。

一方面，对于追求利润最大化的企业来说，生态环保技术尽管有利于推动绿色产业的发展，有利于生态环境和人类的长远发展，但是其开发和创新都需要大量的资金和技术支持，在一定程度上见效慢、周期长，甚至还可能导致生产成本的提高，不易为企业所接受和认可，这在一定程度上影响了我国生态技术的开发和生态素质教育的创新，不利于生态素质教育需求主体意识的建立。

另一方面，符合自然界客观规律的生态设计艺术匮乏。生态设计是用自然界更宏观的生态结构和流动规律来认真梳理人类的意愿，并对这些宏观结构和流动规律进行研究，来为人类的发展目标提供信息。[②] 生

---

① J. Hawkes, *A Land*, New York: Random House, 1951, p. 202.

② ［美］大卫·W. 奥尔：《大地在心——教育、环境、人类前景》，君健、叶阳译，商务印书馆2013年版，第104页。

态设计的目的是在传统的设计理念中融入保护自然、美化环境的举措。

在工业文明时代，人们追求工业化和技术化，打着促进经济发展的幌子，对周围的河流、树木、动植物、微生物及它们的生存空间进行人为地干预，制造各类污染，破坏宏观生态结构，带来了生物多样性的丧失、土壤和水质污染、经济发展失衡、社会贫富分化、公共安全事件等；在土地和能源的有效利用率不够高的时期，人们通常采用扩张式的经济发展模式，基于对“实用”和“便捷”的热衷，垃圾被随地扔掉或倒入河中，森林被砍伐用来制作信件和面巾纸，耕地过度使用后变得荒芜，等等，节约高效型的、精细化设计、集中经济所需的专门知识一度呈现消亡趋势，人们为了追求自身利益，变得贪婪、怀疑、恐惧、急躁、自私等，逐步丧失了对和谐、稳定和美好的追求。美好的设计需要一种高度和谐、相处愉悦的社会氛围，人们为了共同创造美好的生活而欢聚在一起，较容易涌现出一些富有创意、充满智慧的生态设计。相反，如果社会的物质主义泛滥、贫富分化严重、功利主义甚嚣尘上，人类便无法掌握真、理解美以及追求善，无法实现生命理性视域中的人与自然、人与人的和解。此时，生态设计也就无法克服工具主义、理性主义设计观的生硬性、机械性和片面性，自然界万物的生命价值得不到认可和肯定，所有生命体的生命尊严得不到维护，也就难以实现人、社会和自然的动态平衡和整体融合。

3. 家庭环境中，存在一定程度的生态文化教育缺失、生态行为习惯滞后等现象。人们的生态意识与早期特定的成长环境有密切的关系，人们对某一地区的热爱和依恋，往往离不开出生地或成长地的熏陶和影响。苏霍姆林斯基认为家庭教育者对孩子的成长起着基础性作用，就像一位雕塑家，打造出孩子最初的形态。在生态贫瘠的环境里长大的孩子，不管多么富裕，都会缺乏只有在生物多样的环境中才能得到的感觉和想象体验。[①] 在安全、有趣、稳定、富有活力的环境中成长

① ［美］大卫·W. 奥尔：《大地在心——教育、环境、人类前景》，君健、叶阳译，商务印书馆2013年版，第199页。

的孩子，他们较容易观察到社会和生态的细微问题，也就更加具备丰富的生态想象力。当今社会，随着经济体制的变革、社会结构的变动等，人们的思想呈现出多元化、复杂性的趋势，价值取向呈现出实用主义和个人主义倾向，甚至出现价值结构模糊化、对集体利益普遍冷漠等现象。具体到部分家庭环境中，个体成员在行为上就会呈现出积极与消极并存、价值目标歧化等趋势。在部分地区尤其是一些农村或落后地区，家长对孩子的评价依旧建立在孩子的考试分数、就业去向，甚至就业后的薪资待遇等层面，而对孩子的个性发展、创新创造力、环保意识、品格养成、人文情怀等方面关注较少。在日常行为习惯中，家长不注意纠正孩子随地乱扔垃圾、破坏公共设施等不良的行为习惯，导致人们普遍缺乏维护生存环境、尊重他人的生态理念，也就难以产生尊重自然、尊重他者的心理认知和社会情感。

尽管社会上各类媒体都在大力宣传生态环保理念，人们对生态行为的重要性也有了一定的认识，但是需要他们真正身体力行去践行时，却容易出现“知行背离”“形式主义”等问题，即生态认知和生态意识不能及时转化为生态行为，部分人对环境教育认识不够，对解决生态问题缺乏同理心和行动力，甚至出现了与生态意识相悖的行为。比如，为了满足自身强烈的虚荣心，购买高档奢侈品、名车名表等，这种行为一定程度上源于人们在童年时期其家庭教育环境中有关生态文明教育理念和生态价值观的缺失，使得他们在面对纷繁复杂的各类社会事件或现象时，倾向于关注自身心理或感官的满足，而不能建立起整体的、关联的、持久的绿色发展观和生态价值观，最终将不利于自然环境和人类社会的绿色可持续发展。

三　我国国民生态素质教育存在问题的成因

面对生态素质教育理念淡薄、生态素质教育的教学体系落后、生态素质教育大环境缺失等问题，我国生态素质教育该何去何从成为当今时代迫切需要思考的问题。当今时代的教育主张运用科学技术来应对世界的复杂性，这种心态忽视了其培养的人才“为什么而活”“要建设一个什么样的世界”等关键问题，容易塑造出一批批机械冷漠地对待大自然、他人和社会的人，使得人们无法培育起共荣共生、民胞物与的生态价值观，在一定程度上不利于环境保护、地方文化和乡土语言的传承创新等工作。剖析产生这种社会心态和现象背后的原因，重新唤起人们对自然的尊重和敬畏，提高人们的生态道德责任，变得尤为现实和迫切。

（一）高耗能经济发展模式和落后理念的制约

我们要进行的生态教育，先要承认全球生态危机是价值、理念、感知和知识的危机，这些危机构成教育危机，而不是教育领域的危机。[①] 我国传统的政绩观以 GDP 增长为主导，各地政府和企业都把经济发展当作工作重心，甚至为了满足市场对高端日用品、食品、服装等的需求，不惜牺牲清洁的空气、河流以及猎杀珍贵动物，造成了严重的资源浪费、环境污染和生态破坏等生态问题，也导致普遍的生态价值失范，亦即随着社会经济飞速发展和社会结构迅速变化，传统的价值规范在人们的思维和行为表征中失去了原本的作用，不能发挥其联系、协调和引导的功能，而新的价值规范又没有完全建立起来，进而导致价值失范的现象。随着工业化时代的飞速发展，人们与自然环境的关系日益疏离，个人利益建立在对自然环境的破坏和践踏上，尤其是在商品经济的逐利性以及人类中心主义思想的指导下，人们的生产生活理念和价值观产生变化，往往认为自然是人类发展的工具。

当今社会，随着工业化和城市化的飞速发展，很多人逐渐屈服于市场经济给我们提供的速度、冒险、个人地位和身份象征，对资源能源的追逐和利用淡化了规模意识。在充满竞争和压力的环境下，我们不再有足够的耐心去欣赏和感受充满生机的美丽风景，而是穿梭于被

---

① ［美］大卫·W. 奥尔：《大地在心——教育、环境、人类前景》，君健、叶阳译，商务印书馆 2013 年版，第 153 页。

精心设计好的风景线中，在与周围环境相处的过程中无法体验时光的美妙和岁月的珍贵，感受到的是时差和禁闭带来的舟车劳顿。再比如，市场经济大潮让世界变得更加复杂，产生了进口汽车、商品市场、银行和利率、零件供应系统、先进机器设备和销售种子、农药、肥料的农业企业等，然而，这一片土地上，原来或许是一片葱葱郁郁的森林，里面有一个极具活力的生态系统，有各种动物、植物等多样的生命形式，共同构成了紧密相连的能量流。当大量的能源被使用和利用时，建立在“正直、稳定和美丽的生物群落”基础上的生态道德感遭到破坏，原本丰富的生物基因和文化信息被打破，这种高耗能的经济发展模式摧毁了我们的生态价值观，让人们无法看清生命的意义和文明的力量。正如“蓝色星球奖”得主鲍勃·沃森爵士（Sir Bob Watson）所说，人类文明正面临“绝对史无前例的紧急状况”[①]。

梭罗曾说，某样东西的代价，是用生命来衡量的，是为了交换这种东西所要支付的生命数量，不管是马上支付还是未来支付。在崇尚成本和效益、专业技能的教育理念下，人们无法对学科的有效性和社会影响做更深的思考，转而开始研究各种市场理论、发展理论、政治科学等，建立了许多学科门类，在学习和运用这些理论知识的过程中，不可避免地产生忽视生命、掠夺资源、破坏环境等行为。比如，围湖造田、砍树种庄稼、肆意捕猎等行为，毁坏了海域、草地、森林等公共区域的开放性资源，美国学者G. 哈丁提出了“集群性悖论”，他指出：“毁灭是所有人奔向的目的地，每个人都在一个信奉公用地自由享用的社会中追逐各自的最大利益，公用地的自由享用给所有人带来了毁灭。”[②] 随着城市化的不断发展，城市变得越来越漂亮，但不少人的生存、发展空间却越来越狭窄，人们无法去考虑更宽阔的知识体系

---

① ［美］大卫·雷·格里芬：《建设性后现代主义与生态思维》，柯进华译，《唐都学刊》2013年第5期。

② 黄鼎成、王毅、康晓光：《人与自然关系导论》，湖北科学技术出版社1997年版，第176页。

和目的，失去了整体的时空意识。人们的生活离不开电视机、电脑、游戏机，人们穿梭于城市购物中心、地铁站和各种人工景区里。在人造环境里越来越多的人患上了“生物恐惧症”，他们崇尚经济发展、技术进步和个人能力的提升，开始迷恋先进技术和各类人工制品，继而排斥自然界，甚至把大自然看作能够满足人类自身利益的可利用资源，打消了对大自然的恻隐之心，让自然界慢慢变成一个个生硬的抽象数据（千克、吨、箱、增长率等）。在追求经济永久增长的理念下，发明了成本、收益率、现实主义、就业率、研究水平等词语，掩盖了自然和原始生命的内在价值，整个生态系统受到严重的破坏，被污染的河流、癌症村庄、光秃秃的森林、过度扩张的郊区等越来越多。在这种氛围中生活的人们逐渐开始厌恶自然，缺少责任心和爱心，慢慢助长了社会暴力、滥用权力和贪欲之心。

（二）生态素质教育师资队伍建设滞后

教育的成败取决于教师的素质状况，素质教育的实施有赖于师资综合素质的提高。邓小平说：“一个学校能不能为社会主义建设培养合格的人才，培养德智体全面发展、有社会主义觉悟的有文化的劳动者，关键在教师。”[①] 江泽民提出，振兴民族的希望在教育，振兴教育的希望在教师。建设高质量的师资队伍，是素质教育工作有序进行的保证。教师的专业化水平和综合素养水平的高低直接影响到整个教育事业的可持续发展，教师只有具备先进的教育理念和经验，才能以高度的责任感投入教育工作中去。然而，目前生态素质教育的师资队伍存在教师理念落后、队伍结构不合理等问题，这些问题逐渐暴露了教师队伍在生态素质教育工作上的严重不适应性。

1. 部分教师的生态教学理念较为落后。在传统的以“唯智育”为原则的招生模式之下，“智育”地位凸显，远远超过德、体、美、劳，部分教师没有从思想上转变陈旧的教育理念，往往片面地以升学率、

① 《邓小平文选》第2卷，人民出版社1994年版，第108页。

就业率作为教学质量的衡量标准。在部分教师的眼里，现代教育以服务经济和造就消息灵通、技术熟练的专业人员为目的，教育学生如何竞争有限的资源与机会，显现出经济至上、个人功利主义等弊端，与培养对自然和社会负责任并能创造性地解决现实问题的全球公民的根本目标逐渐背离，在这种理念下培养出来的学生往往不会关心人类、世界命运以及人与自然的共同福祉。

在日常教学中，教师往往主宰着课堂，照本宣科、唯我独尊的现象时有发生，不能形成与学生平等对话的有效机制，教学评价也以学生学业成绩为主，将分数作为评优、升学的考量标准，而对学生的心理需求、道德认知、生态意识、交往方式、劳动教育等方面关注较少。在这种教育模式下，学生为了应付升学考试和就业择业，只重视对各学科知识机械性的背诵和记忆，忽视了自身丰富多元的创造力、想象力及其社会实践能力，无法实现原有知识背景下最大限度的可持续发展，导致这部分学生不能较好地适应当今复杂多变的社会现状以及当今经济建设和社会发展的需要，不符合教育生态的动态、系统和平衡理念，也不符合社会对人才素质和能力结构的要求，而且过分强调知识和信息的单方面传授，不重视双向互动和培育知识运用能力，被传授的知识有可能去祸害人类而不是造福人类。从长远来看，这种教学理念不利于学生各类素质之间的有机协调和整合，不利于塑造能够与世界紧密联系、对生存家园有厚重责任感和深邃归属感并有能力积极应对现实问题的人，教育提升人的创新精神和实践能力、增强人的生态文明素养和社会责任感这一价值旨归将难以实现。

2. 生态素质教育师资队伍结构不合理。我国许多学校仍然存在教师培训和聘任制度不完善、教师生态人文素养较低等问题，这就需要进一步优化师资队伍，提升教师素养水平，培养高素质高质量的教师队伍。主要表现为：一是教师培训制度和聘任制不完善，很多教师没有经过岗前培训或专门的生态类培训，导致部分教师的基本生态素养缺失。长期以来，教师的培训大都遵循单一型“知识传递”原则，侧重于广泛开展以提高教师师德水平、教学能力等为目标的教学培训，且大部分培训立足于课堂，从教学设计、教学开展、教学评估以及教学总结等方面切入，注重对教师基本教学能力的提升。这种传统的培训方式没有广阔的文化、社群、合作和背景等大环境作为前提，缺少合作探究式学习和实践教学环节，忽略了在人与人、人与环境中考察和推动教师的全面发展，不能实现教师理论与实践、组织性和合作性密切结合的全面有机发展。教育哲学的缺失或不足往往导致教师在与专家对话、与课程对话、与学生对话过程中感到力不从心，处于失语的状态，无法创设一个促进人的最优发展和动态平衡的教育生态环境。二是当前教师队伍大都以传统的师范类学校毕业生为主，理工科和文科类的毕业生比例较低，具备先进的工程技术和管理经验与丰富的生态素养和人文素养的教师较少。当今，在深具“规定性”和“预设性”的课程体系中，部分学校较为重视学生对于知识的接受水平，受教育者成了“被驱动的对象”，教学则成为灌输知识的“银行储蓄式”过程。学校的教育理念侧重于强化学生对传统书本知识的掌握程度，而不重视学生实际操作能力或生态人文精神的培育，这就使得教师队伍既缺少整合数据和运用先进技术的能力，又缺少重视生命相互关联性的道德水平。学生在最富浪漫激情的金色年华被动地接受单一知识灌输，疲于应付各种填鸭式的教学和考试，不利于生态道德和生态素养的形成。

教师实践操作能力、系统化教学经验的低下容易导致受教育者无法建立起整合资源、分析数据、实际操作的基本能力，受教育者在面对现实问题时易产生无力感，不利于有效解决当前人与人、人与自然等方面的关系问题。教师生态文化素养和人文情怀的缺失往往会使得教育忽略对构建事物之间内在联系重要性的认识，会忽视学校与社会、自然和实践之间的应然有机联系，乃至丧失对生活本质和生命意义的美的深刻理解。因此，需要克服传统教育中重视固定知识和单一技巧等整齐划一的授课倾向，不仅要注重更新多学科知识和提高教学技能，增强人们分析问题和解决问题的能力，还要重视对人们灵性的滋养，提高全社会人文情感关怀，呼唤一种有根的、整合的、容他的、感恩的教育。

（三）生态素质教育体制机制不健全

生态素质教育制度是一个完整的体系，建立健全生态素质教育体制机制，把生态素质教育活动的基本要求、内容和目标纳入成文的规则体系中去，能够推动生态素质教育活动顺利开展，进而保障生态素质教育活动的效果。目前体系化、规范化和条理化的生态素质教育制度尚未建立，在生态素质教育制度建设中仍存在专职行政人员或教师缺失、课程设置不合理、教育活动目标和内容不明确、评价标准和责任划分不完善、激励和监督机制滞后等问题，这在一定程度上影响着生态素质教育的有效实施与顺利落实。具体来说，主要体现在以下几点。

1. 生态素质教育执行机制不健全。中共中央、国务院《关于加快推进生态文明建设的意见》（以下简称《意见》）指出，要引导全社会树立生态文明意识，把生态文明教育纳入国民教育体系中。《意见》中没有关于生态文明教育制度的阐述，大量篇幅用在鼓励全社会强化绿色生态认知，推动教育模式转变，而对于政府、学校、企业，乃至公众在生态文明教育中的角色和职责是什么、如何协调打造合力作用等方面缺少明确的规划。在生态素质教育开展的初级阶段，相应的管理机制和平台机制也较为匮乏，尚未形成宏观的生态素质教育的整体规划，相应的立法条例和法律制度保障缺失，部分地区的生态素质教育存在重规划轻落实、重宣传轻实践、考核与监督不力等问题，生态素质教育的权威性体现不够，不利于工作的全面开展和有效落实。目前，我国大部分地区的生态素质教育普及力度较低，执行机制不健全，很多学校有关生态素质教育的课程设置、教学目标设计等方面仍然存在一些问题。我国只有部分农林学校开设了生态教育通识课程，大部分理工科学校并没有开设生态素质教育类的通识课程，而且部分学校生态教育类课程和学科设置大都是相互分离的，没有形成彼此联系的完整体系。在“工业化教育管理”的指导下，生态素质教育侧重于专业化教学、教师和学生发展、教学质量测评等，往往忽视了整个生态系统的紧密依存和有效互补，导致校园生态文化建设、生态体验活动不足，从而使受教育者不能够构建起科学的生态意识以及有效开展生态实践活动，不利于构建生态的、有生命力的和可持续的生态素质教育教学体系。

2. 生态素质教育激励机制缺失。为了提高生态素质教育的参与度和认可度，推动生态素质教育在各类教育主体中稳步有序地实施，以进一步巩固教育成果，这就要求我们积极完善生态素质教育激励机制，通过激励机制的有效运行，更好地挖掘人们的潜力和才能，推动整体生态素质教育工作良性运转，为教育可持续发展和现代化提升提供重要保障。当前生态素质教育激励机制建设中仍然存在认识偏差、针对性不强、运行有失公平、覆盖面不全等问题。

一是，对生态素质教育激励机制的认识存在偏差。很多学校、机构或单位在生态素质教育过程中，建立了基本的激励机制，但是往往由于认识不全面、存在偏差等，使得反面教育和引导作用被忽视、激励方式较为单一化，激励形式不接地气等，不利于发挥全员、全方位和全过程的激励作用。

二是，生态素质教育激励机制的针对性不强。有些地区在进行生态素质教育时，没有考虑到人们的实际情况和内在需求，出现激励的主体和客体之间信息不对称、沟通不顺畅的现象，导致人们大多被动地接受，达不到预期效果。另外，在激励机制的落实环节，通常采用较为传统的方法或举措，不能依据客体的专业背景、个性特质等进行具体化、针对性的激励行为。由于当今社会信息多元化成为时代发展的大趋势，人们的思维方式和自身需求也各不相同，激励主体如果不能针对性地进行分析、掌握客观数据，就不容易取得良好的激励效果。

三是，生态素质教育激励的有效时机和整体环境缺失。主要体现在对激励的时机把握不够准确，对于日常表现较为突出或优异的学生，不能够及时提出奖励方案，工作存在一定的滞后性；对于表现较差或者存在严重问题的学生，不能够及时进行相应惩罚，削弱了制度执行力，不利于强化制度公信力和威慑力。同时，生态素质教育激励整体环境的缺失体现在以下两点。一是家庭层面，许多家长对孩子的教育方式依旧较为传统，往往出于简单快捷解决问题考虑，对于孩子的各类好的坏的行为，采取单一或者粗暴的方式进行评价和判断，忽视了对孩子的启发、引导和客观纠正，容易导致孩子自信心缺失，激励作用难以奏效。二是学校层面，面对纷繁复杂的社会现象，人们都有一套自己的独特认知和评判标准，当一些有失公平和诚信的事例出现时，教师如果没有及时进行客观正确的评价，就容易使得学生目标信念缺失；学校在学科体系的设置上，往往较为注重专业课程的占比，或者专业教师分析社会问题的能力不够等，都会使得学生得不到正确的引导和鼓励，无法形成正确的价值评判标准。

四是，生态素质教育激励机制在执行时存在有失公平的现象。部分学校或其他单位在制定相关激励制度时，由于对制度机制的认识不全、理解不充分，出现了条例不全面、措施不配套或者执行不到位等不和谐问题，使得激励机制在运行过程中无法始终坚持客观公正的原则，量化指标缺失也会导致在评判标准或具体落实中出现不公平的问题，不利于生态素质教育的顺利开展。

3. 生态素质教育监督机制不完善。长期以来，传统的经济发展方式过于强调经济意识和竞争意识，公众对生态环境问题的关注度不大，主体责任和监督责任逐渐弱化。在大部分教育机构中，人们过于重视分数、考试和就业等现实层面的问题，忽视了生态素质教育及其教育效果的监督评价环节，生态素质教育内容参差不齐，在一定程度上降低了公众的生态文明意识和生态活动参与度。在部分企业中，传统的员工考核制也凸显出“重经济业绩、轻生态业绩”的特征。在社会层面，新型绿色评价制度尚未全面建立，导致人们不能较好地维护自身生态权益和生态主体地位，监督作用不能充分体现出来，对公众生态素养、环境意识和人文关怀等方面的忽视，不利于生态素质教育活动持续稳定推进。

一是，生态素质教育政策监督制度不健全，立法与执法不到位。由于社会公众对生态素质教育立法、执法等方面的监督不够，一些规则章程之间往往分而治之、零散独立，加之群众立法监督的缺失、政策监督法律网络存在漏洞，出现“执法无依”“执法不负责”等现象，立法与执法无法形成完整统一的政策体系架构，这就容易导致各部门之间互相推诿，立法和执法工作进行不顺畅，从而造成生态素质教育政策执行力不佳。

二是，生态素质教育评估体系不完善，政策监督评估工作相对滞后。生态素质教育效果的好坏主要通过考核评估来完成，目前我国大部分地区没有建立起专业化的生态素质教育监督小组，对现有的教育内容、教育方式、教育效果等较难形成一套完整规范的监督与评价标准，也就导致了对生态素质教育工作推进情况无法精确地进行评价与指导，不利于工作的长久发展，也就无法确保生态素质教育工作考核鉴定的有效性和公正性，影响了生态素质教育政策再执行的改进。

三是，生态素质教育奖惩力度不足，执行各方权责不明晰。没有约束就没有敬畏，执行者的工作缺少约束措施。主要表现为：在日常工作中，相关部门缺少准确的惩治措施与严格的事后追踪反馈制度；在执法过程中，各部门之间权责不清晰；在工作后期，没有专门的组织机构追踪核查，这样执法者不用担心因工作效果不佳而对自己产生不良影响。惩戒力不够和后期追踪制度的缺失容易弱化生态素质教育的政策执行力。

（四）生态素质教育合力尚未形成

在工业化飞速发展的今天，科学技术大幅度提升，全社会的劳动效率大大提高，有更多的劳动力从传统低效的产业模式中解放出来，人们理应有更多的时间去追求自由全面发展。然而，在工业时代的物质竞赛和经济追赶中，有一部分人依旧被裹挟在机械化的比超模式中，漠视生态、忽视人性，生态文明意识普遍被物质主义思维所压制。20世纪80年代，国务院开展了环境教育月活动，广泛地普及生态环保知识和生态法律法规知识，还发动了诸多环保部门、教育部门和科研院所参与，环境教育自此出现了“潮涌式”发展。这种“环保、教育和宣传”多部门齐抓共管的教育模式为推动生态素质教育奠定了群众基础。

生态素质教育不仅需要政府的引导，还需要环保团体、学校、企业和个人的参与。目前，我国大部分地区的生态素质教育采取的是一种自上而下的模式，大都是由政府策划和发动，各中小学和大学、职业学校等教育机构率先发起，各企业、协会、团体等共同参与。从理论上讲，这种自上而下的教育模式覆盖面广、持续性强，对生态素质教育问题容易形成社会共识，但基于人口多、城市化水平低等特点，部分利益主体相互博弈，使得政府、企业、学校等主体在生态素质教育这项工作中缺乏有效的合力推动，导致持续推进这项工作还存在一定难度。

1. 政府管理人员生态职能履行等方面存在缺陷。当今，政府在生态环保和生态教育等方面已经做了大量工作，并取得了一些成效，这一点可以在推进环保立法执法和颁布各类生态环保文件等方面得到印证，但是相关问题仍存在。比如，政府关于生态环保和生态教育的实施细则、制度不够系统详尽，某些地方政府尚未彻底转变以经济增长为中心的传统思想，企业和个人参与生态文明活动的主动性和积极性不够高，政府生态教育管理方式不够合理，以及生态环保监督和激励机制不够完善等，这些问题导致了诸如政府生态制度机制缺失、政府生态环保和教育职能履行不到位以及生态建设公众参与度不高等。具体来看，主要有以下两方面。

一是部分地方政府生态履职不到位、部门之间协调机制不畅通。从顶层设计上来看，大部分地方政府都能够积极响应和履行中央第五项职能（即生态职能），但是有些地方政府仍然没有建立起职责明晰、配套完整的生态环保和生态教育体制改革小组，或者土地资源、水利、发展改革以及农林环保建设等部门之间的协作机制不够畅通。由于生态环保和教育是一项密切配合的工作，多部门多领域间如果不能实现职能的有效整合与协调，政府的生态环保管理职能就会被分割，最后可能是环保部门成为主力军，而其他部门参与度较低，在这种情况下政府在处理与落实相关生态环保教育工作时就会受阻。另外，有的政府机构间的生态职能还呈现“碎片化”状态，即出台政策法规较多但缺乏统一的标准。通常政府的环保工作和资源管理工作分别受两个不同的部门所管辖，部门之间一旦沟通不畅、信息不对称，就容易导致生态环保和生态教育履职不规范或不科学，影响工作效果，从政府宏观层面来看，也就容易导致生态环保和教育成效不能较好地纳入管理、执行、协同部门以及干部考核体系之内，无法形成政府主导、多方配合、执行有力、富有活力和成效的工作模式，导致生态环保和教育相关问题不能在全社会深度推进和广泛研究。

二是部分地方政府在环境立法执法方面仍存在“立法未脱离为经济发展服务”、执法不严等情况。比如，有些法规是基于对资源的开发和利用方式作出相关规定，强调自然资源以何种方式为人所用，而不是回归资源原本的独特属性，没有对“关爱和维护生态环境”作出强制性约束，无法完成环境立法重心从“经济优先”向“生态经济可持续发展”的彻底转变。部分环境法是从单一部门的利益出发作出的相关规定，法律条例中管理部门不同、职责不同，容易出现重复、交叉或权责不明等问题，整体上会难以统筹各部门利益。另外，部分政府在环境执法方面，存在监管不力、执法不严等情况。有的地方政府在处理企业环境污染事件时，往往囿于“环境特殊利益集团”的束缚，政府权力资源与企业资本交织在一起，而面对这种“利益共同体”，环境法律法规和政策举措就会失去效力。比如，甘肃徽县和陕西凤翔“血铅”事件、湖南岳阳砷污染事件、紫金矿业污染事件、汉江特大氰化钠泄漏污染事件等，[1] 在处理这些事件时存在环境赔偿责

[1] 孙晓伟：《企业环境责任缺失：成因及治理——基于中国环境规制视角的研究》，博士学位论文，西南财经大学，2010年，第81页。

任不明晰、多方推诿，赔偿金迟迟未能落实的现象。我国还有许多地方的环保资金大都依靠环保部门拨付，环保部门内部相关人员成为生态治理和生态教育的主力军。生态环保和教育建设的资金和人员来源较为单一，使得部门地方政府的公共服务供应不足、服务方式单一、生态环保建设乏力等。

2. 部分企业生态责任感依旧不高。企业是人类借以利用与控制自然来满足自身生存和发展需要的经济组织，是资本运行的一种社会形式和实现增殖的一种方式。[①] 企业在开发生态资源、创造相应经济效益的同时，也应该承担相应的社会责任和生态责任。改革开放四十多年以来，尽管我国多次强调生态文明建设的巨大战略意义，很多企业也改变了以往“粗放式、高耗能”的发展模式和“资源—产品—废弃物”单向线性经营的传统老路，但是，当经济发展与生态环保产生冲突时，仍然会有部分企业优先选择发展经济。基于某些地方政府“一心向 GDP 和政绩”传统心理的暗示和指导，部分企业暗地里也以数据、效益和成果作为自身发展的基本标准，甚至仍有部分企业为了降低生产成本，追求利润最大化，不惜肆意排放废弃物。

一是，从传统意义上看，部分企业依旧习惯于将科技水平的提升看作可持续发展的关键，不断对经济增长中心论进行技术性修补，缺少实质的制度性改变和深度的人文性思考。从现实情况来看，我国中小型企业居多，企业规模大部分较小，仍有部分企业管理人员缺乏先进经营理念和绿色发展观念，这些企业绿色生态技术支撑不足、环保专项经费缺乏、生态型人才队伍滞后以及绿色环保创新力普遍较弱，甚至在实际生产过程中为了提高收益率仍会无视生态因素和环保成本，这种企业在社会重生态重环保的大趋势下必将被淘汰和取缔。

二是，部分企业的生态环保认知不到位，很多企业对于污染治理项目和清洁生产项目大都没有热情，认为这方面的投资会增加成本，

---

① 邓翠华、陈墀成：《科学发展观视野下的企业生态责任》，《福建论坛》（人文社会科学版）2007 年第 12 期。

降低经济效益。许多企业对环境标准设置和环境治理监管模式有所认知，但是未能较好地转化为自身产业运作行为，对环境义务的履行有时候就成了政府制约下的被动行为，这就使得企业无法主动有效地秉承绿色开发、绿色经营的生态理念，不利于整个社会生态环保工作的顺利实施，不利于我国生态素质教育理念在全社会的渗透和推广。

3. 部分学校教学理念和方法相对落后。当今社会，在社会分工的影响下，社会范围内系统化的生态素质教育有所缺失。具体来说，随着人类社会生产力的不断提升，人们的劳动社会化程度不断加深，为了提高劳动生产率水平，逐渐产生了社会分工，在雇佣劳动生产普及化的前提下，社会分工进一步渗透社会的每一个角落，人的整体性存在方式面临瓦解，“任何人都有自己一定的特殊的活动范围……他不能超出这个范围”①。由此，在学校不可避免地产生了学科分离、专业分化等与社会分工相适应的现象，不同学科、同一学科不同专业的教学目标和教学理念大相径庭，条块分割的碎片化样态使得人们的总体性存在方式被打破，人们对相关生态问题的认知是不完整的，也就无法建立起科学的生态行为原则和生态价值目标体系。

目前，我国的生态素质教育大都在校园内展开，而家庭和社会在这方面不够深入、活动也较少。家庭作为对一个人的智力和德性起着关键作用的功能单位，在生态素质教育方面的缺位使得人们失去了接受生态德性培育和生态品格塑造的关键时期和重要场所。在广大校园中，生态素质教育主要采取课堂讲授和专题研讨等形式展开，而诸如对生态灾难事件的亲身体验、生态环保工作的直接参与等有助于增强学生生态认知和生态责任感的教学活动设置较少。在传统的课堂中，教师囿于时间和空间的限制，难以实现生态环保或社会发展问题的全景式、动态化展示，学生只是接受一些静态生态知识及其价值要求，这种教学模式不易向学生们持续性地展示某一环保事件带来的长期影

① 《马克思恩格斯选集》第1卷，人民出版社1995年版，第85页。

响，难以触动学生的内心世界、达到情感共鸣，生态素质教育难免成为一种空洞的教学形式。尽管很多学校纷纷开展了一些生态环保、文化传承以及人性关爱等方面的主题教育活动，但是其活动形式通常采用知识竞赛、舞台剧表演、环保时装秀等，往往过于关注活动或节目本身的吸引力或时尚性等，失去了活动本身的真正意义，无法激发人们的生态责任和生态使命感。

学校在长期工业化发展理念的影响和熏陶下，其学科化教学内容、灌输式教学方法的弊端日益凸显，容易成为一个脱离社会和乡村的文化孤岛。教育是心灵与心灵的沟通，灵魂与灵魂的交融，人格与人格的对话，[①] 教师是人类发展事业的奠基者和灵魂工程师，然而，目前部分学者热衷做“研究”，习惯于依托现场数据和实例，较少通过深入自然界或者乡村地区，在与自然和土地的密切接触中获取最原始的情感与信息来源，也就无法从根源上引领学生去解决实际问题。乡村地区作为与自然界联系最紧密的区域，是一个承载着山水林田湖草的生态系统，这里有清新空气、鸟语花香，还有原汁原味、丰富多样的乡村文化，开展生态素质教育活动离不开乡村地区。纵观全国大部分学校，其教学往往是在一种标准化、专业化和制式化的固定模式中进行，较少走进自然、走进乡村，较少谈“农”谈“人”，导致很多学生不了解人类生存家园和民族文化的本质性内涵与丰富内容，从而使人们无法理性分析和正确对待社会经济发展的趋势。另外，部分学校在生态素质教育工作中局限于传统的教育方式，比如，很多学校往往通过课堂传授、相关测验、小组讨论等方式进行生态素质教育，忽视了对互联网、大数据等先进媒体平台技术的应用，不利于进行多领域、多层次、多角度的生态素质教育，这就导致生态素质教育在一定程度上与现实相背离，无法充分调动受教育者的内在生命力和创新力，生态素质教育难以达到预期效果。

① 温家宝：《强国必强教　强国先强教——在全国教育工作会议上的讲话》，《中国职业技术教育》2010 年第 25 期。

4. 社会公众对生态问题的深层次认知和自觉践行不够。众所周知，社会公众在生态环境意识中有明显的依赖政府的倾向，大部分人认为政府应该在生态环保和生态素质教育中承担主导作用，而对自身和非政府组织的生态意识和生态保护行为缺乏理性的界定。《公民生态环境行为报告》（2019）中有数据显示，超过九成的人认为垃圾分类尤为重要，但是只有近三成的人认为自己在这方面做得比较好，调查其原因，63.7%的人将“小区无分类垃圾桶”看作影响自身垃圾分类行为的主要因素，而不是从自身生态意识匮乏出发探究原因。因此，政府部门的生态环保工作如果做得不到位，就难以增进公众对生态素质教育活动的积极性、认可度和参与度。另外，我国公众对生态环保和生态教育的熟知度有所欠缺，公众参与渠道较为单一，生态型群体事件多发，人们在遭遇环境污染事件时会采取非暴力示威或上访等方式表达自身诉求，不可避免地会导致社会秩序混乱、交通瘫痪等问题，这种不恰当的参与方式不利于政府自身生态职能的发挥，也就导致了全社会生态素质教育工作不能强有力、大范围地开展和落实。

第四章　国外国民生态素质教育的经验借鉴

“任何一个国家要发展，孤立起来，闭关自守是不可能的。”[①] 当前，世界各国正处于共荣共生、共建共享的发展阶段，“各民族的精神产品成了公共的财产”[②]，在这样一种广阔的社会背景下，我们应善于吸收并借鉴世界各国各民族先进的生态素质教育理念和做法，逐渐使我国国民生态素质教育事业在交流中取长补短，不断提高人们的整体生态素质，既具有中国特色，又符合世界潮流，进而更好地推动天蓝、水清、山绿的新格局的形成，促进全面建成小康社会，助力实现中华民族伟大复兴。

一　国外国民生态素质教育的概述

自从生态环境问题在西方发达国家首次出现以后，世界各国越来越重视生态环境保护问题，环境教育也开始在一些学术研究和实践中得到推广。1965 年，在德国基尔大学召开的世界教育大会上，英国人首次提出“环境教育”一词，随后，人们陆续提出了关于环境教育理论和实践的系列设想，人们的生态环保意识逐渐觉醒。1968 年，美国环境教育家贝尔·斯泰普明确了环境教育的内涵，并指出其目的是培

① 《邓小平文选》第 2 卷，人民出版社 1994 年版，第 91 页。
② 《马克思恩格斯选集》第 1 卷，人民出版社 1995 年版，第 276 页。

养具有环境知识、意识与问题解决技能，且具有环境行为动机的公民。[①] 1972 年，在首次人类环境会议上，正式提出环境教育这一概念，世界各国逐渐认识到环境保护和可持续发展的重要意义。1977 年，在第比利斯召开的政府间环境大会上，提出环境教育指向当地环境现状和问题的解决，它涵盖了校内和校外、专业和普通等多种形式的教育。1992 年，世界环境与发展大会公布了《21 世纪议程》，其中专门论述了环境教育的重要性。1997 年，在希腊召开了环境与社会国际会议，致力推动教育，为人类社会的可持续发展服务。2002 年，联合国召开可持续发展首脑会议；2015 年，联合国召开气候变化巴黎大会。从 20 世纪四五十年代发起的对乡村问题的研究到 20 世纪 60 年代“自然公害事件”背景下的生态复兴运动以及 20 世纪 80 年代环境教育进入迅速传播和普及阶段，自此，人类社会致力于关注环境教育、生态意识、可持续发展等一系列问题。随着人们对环境问题的重视和对于生态环境问题研究的深入，国外涌现出了许多有价值的生态素质教育先进经验和成功做法，为我国新时代国民生态素质教育提供了重要借鉴，助力我国教育现代化发展。

（一）美国国民生态素质教育的概况

美国的环境教育首先在乡村地区开始并推广。1934 年和 1948 年，在美国发生了源于生态环境遭到破坏而大面积爆发的“黑风暴”和气管炎肆虐的现象，这两起骇人听闻的环境灾难促使美国开始重视环境保护，美国人意识到环境伦理意识缺乏是生态问题出现的重要原因，并开始正视自然环境对人民美好生活的重要性。20 世纪 60 年代以来，《寂静的春天》（1962）和《人口的爆炸》（1968）等著作的相继问世，都对当时出现的环境问题进行了深刻揭露和剖析，并呼吁人类要重视生态环境，维护生态系统的整体平衡。美国思想家 Gillian 曾指出，人们应该认清人与自然界之间的关系状态，人类与自然环境密切相关、互不可分，

---

① 刘湘溶：《人与自然的道德话语——环境伦理学的进展与反思》，湖南师范大学出版社 2004 年版，第 196 页。

与万物生命体平等存在，即人类利益与所有生命体的生存可以同时实现，谁都不能离开谁。美国是世界上开展环境教育最早的国家之一，其认为环境教育旨在“培养对环境负责的行为并改善环境的质量”①。

1. 强化环保法律法规和政策指导，为环境教育提供制度保障。1969 年，美国成立了环境质量委员会，将人与环境和谐相处定为全国性的环保政策。1970 年，美国颁布了《国家环境教育法》，从法律上明确了环境教育的重要性，后来还成立了环境保护署、环境保护司。国家对生态环境教育也进行财政专项拨款，并且设立了相关环境保护的青年奖学金和政府奖学金等，为保护生态环境和推广生态教育提供了法律政策和专项资金支持。国土环境和生态平衡出现诸多的问题，人民生活受到了严重威胁，基于此，美国面向公众积极开展环境质量和生态平衡教育事业，通过充分发挥环境教育司、国家环境保护局、环境教育行动组织（民间自发组织）的合力作用，在全社会普及和推广环境保护行动，不断优化生态环境质量。1988 年，布什上任后，决定从 1990 年开始每年投资 130 万—150 万美元的专项资金用于环境教育工作。1990 年 11 月，布什签署了《国家环境教育法》，其中对环境教育机构和培训计划、环境教育改进政策、环境教育奖学金等都作了详细规定，并且设立环境教育处、环境咨询和教育委员会等。该法案颁布不久，美国超过 2/3 的州相继制定了环境教育法规，对公民在生态环保方面提出全面详细的要求，不断培养具备环保责任感和环保执行力的高素质公民。

2. 完善环境教育教学体系建设，着力提高受教育者的环保思维和生态素养。1965 年，美国米德伯理学院首次创建了环境科学专业。从 1990 年开始，设置诸多环境教育中心，并开设了许多环境教育课程，主要有“地球自然系统的基本功能”“人类活动与环境持续的相关性”“持续生活方式的实践”“支撑环境持续性的政策方略”等。② 2002

① 冯杰、高继璐：《美、德、日三国环境教育的特点及启示》，《环境教育》2011 年第 11 期。

② 方炎明、郭娟、姜娟、吴林根：《美国高校环境教育现状分析与思考》，《中国林业教育》2004 年第 2 期。

年，美国“约有39.2%的中小学教师接受过环境教育方法的培训，有62.1%的人参加过环境科学与生态知识方面的学习”[①]，主要分为环境专题会议、教育教学评价以及信息交流等议题，极大地提高了教师的环保认知和生态素养水平。美国国家环保署制定《环境教育和培训计划》，规定每年“将环境教育资金的25%投入到培训方面”[②]。同时，还针对不同类型、不同认知水平的教育对象，出台了《为确立环境教育计划的方针》，明确要求对不同的教育对象应采取不同的环境教育方式，并将国家公园、动植物园和野外教育基地等都列为环境教育场所，进而更好地解决当地的环境问题。还逐渐开设了许多环境教育专业课程，其教育目标为“意识、知识、态度、技能、参与”等综合素养的提升。环境教育要求学生不仅要掌握基本的生态学知识，形成针对环境问题的理性分析态度，还要求学生具备调查和评价生态环境问题的能力以及进一步解决各类环境争议问题的能力。美国环境教育鼓励人们在充分享受大自然优美和便利的同时，对存在生态问题的区域也应进行适度修复和维护，呼吁人们通过互联网了解全国各地的生态问题，并与各地管理部门交流信息或者对某一地区的公园、工厂、河流、历史景点、垃圾场等区域进行实地考察。

美国环境教育的特点主要有以下几点。

一是，在学科布局上，注重环境科学与人文科学、自然科学的有机结合。环境教育涵盖了政治、管理、法律等多学科领域，旨在全面提升国民的环境思维和意识。

二是，在专业设置上，侧重于开设环境类人文社会科学专业。美国一半以上的大学在哲学、生态学以及管理学等相关院系开设了生态伦理课、生态哲学课以及生态素养课等，积极营造生态环境教育的社会氛围。

三是，在教学方式上，大力推广户外实践教学、问题探索教学、

---

① 马桂新：《环境教育学》（第二版），科学出版社2007年版，第50页。

② 崔建霞：《公民环境教育新论》，山东大学出版社2009年版，第229页。

主题场景教学等模式。教师在传授大量生态基础知识的前提下，引导学生积极探索、深度思考。美国许多学校内部均建有植物学、矿物学、动物学以及自然历史学等各类博物馆，方便开展多种多样的环境科普实践活动，进而更好地引导学生培育生态价值观，培养生态环境道德情感，提高分析和解决生态环境问题的思维能力和实践能力。

3. 鼓励社会公众参与，在实践中优化生态环境教育效果。为了抗议"环境种族主义"，美国民众自20世纪70年代以来，广泛开展过许多次环境正义运动，旨在抵制美国政府将有毒物质倾倒在低收入或有色人种社区。这些旨在保护基层民众利益的环境运动迫使美国政府改变了以往有失公正的环境歧视政策，在全社会培育起公民环保意识和环境教育理念，营造了注重健康、充满美感、富含文化因素的多元化环境教育氛围。Gillian Garderson 认为，应该充分发挥和调动学生的自我想象力和创新力，帮助他们培养生态文明理念，激发他们践行生态环保意识的潜力。[①] 美国鼓励人们真正走入自然界，走近当地风景秀美的森林草地、河流湖泊、农田村庄等，通过"地方本位教育"，激发人们热爱自然的内在情感和保护自然的社会担当感。美国尤为注重对生态环保工作的物质投入，比如，他们投入用于开发和保护环境资源的财政预算资金占比从 1970 年的 1.5% 上升到 1980 年的 2.4%。[②] 美国还长期致力绿色校园建设，引领许多高校师生积极投身绿色实践活动。"绿色大学"的宗旨是构建生态友好的校园环境，推广绿色低碳的清洁能源以及培养善于思考和解决问题的学生。康奈尔大学曾投资 4600 万美元用于支持使用环保产品、倡导绿色出行、推广垃圾回收利用、发展节能设备以及绿色社会行动等。

（二）俄罗斯国民生态素质教育的概况

苏联时期，俄国政府就已经建立了较为系统完备的环境教育体系。

---

① J. Gillian, *A New Approach to Ecological Education*, Engaging Students' Imaginations in Their Word, 2012.

② 夏光、李丽平、高颖楠：《国外生态环境保护经验与启示》，社会科学文献出版社 2017 年版，第 190 页。

从纵向来看，有学前、小学、中学、职校以及大学等各阶段的环境教育；从横向来看，有经济发展、生态保护等多领域的专业训练教育。以上教育贯穿各级各类教育体系，形成了网格化环境教育样态，从而也推动了生态素质教育的进行。俄罗斯继承传统做法，重视将理论教育与实训活动结合起来，本国《自然保护法》规定："自然保护基础课的教学应列入普通学校的大纲，有关内容应编入自然、地理和化学等教科书中，在高等院校和中等专业学校也设置自然保护和自然资源繁殖的必修课程。"

1. 积极落实阶段性、连续性和终身性的生态环境教育，为推进全国生态素质教育奠定了学科基础。1974 年，苏联教育部决定开设生态学课程，奠定了全国研究生态环境学、生态伦理学、可持续发展学等学科基础。1995 年俄罗斯出版了《生态学》教材，极大地推广和宣传生态学知识。1997 年，出版了《生态学原理》《生态学》等生态环境教育相关教材，提高了人们的生态素质水平。

一是，建立了涉及教育各阶段、全过程的生态文明学科教育。其中，对于学前教育，俄罗斯人认为儿童对大自然的初步认识源于家庭和幼儿园，学龄前儿童会直接接触到动植物的图像，教师或家长应引导他们学会对动植物进行辨别和分类，逐步培养起热爱自然环境的兴趣和好奇心。在中小学阶段，学生将初步完成对自然生态系统和整个社会的理解和建构。俄罗斯为小学一至四年级的学生开设了"周围世界"课程，这门课程在生态教育中扮演着极其重要的角色，老师会带领学生走近大自然，深入周围环境中，进一步了解和掌握动植物的特质和生活习性，进而帮助学生形成科学的生态认知；而小学五至九年级的学生，将学习有关自然生物知识、人文地理知识、社会生态文化知识等系统的生态素质教育知识。在中学阶段，学生将通过明确的学科（生物、化学、地理等）深入学习生态文明教育知识。生态学作为一门独立的学科由来已久，高等教育中的生态教育也不容忽视。2007 年，俄罗斯高等职业教育机构分设了 8 个与生态学相关的专业，为生态学、自然资源利用、生物生态学、地理生态学、环境保护与自然资源合理利用、环境工程保护、水资源综合保护及利用、区域环保设备安装等。很多知名大学都成立了环境教育教研方法中心，如莱蒙诺索夫国立莫斯科大学、俄罗斯门捷列夫化工大学、鲍曼俄罗斯国立科技大学等。由于国家十分重视生态环保教育，一些教学项目也被安排在课堂外或者户外进行，大大提高了生态素质教育的实效性。俄罗斯政府还创建了生态教育林场实习地，以供教师和学生进行生态实地教学，国家还批准成立了由学生组成的绿色巡逻队，定期深入森林、田野开展为动物建造窝巢和食槽的活动，深入山川河流开展清除垃圾和清理河道等工作。

二是，构建较为完整的生态教育体系。尤·列·赫顿采夫的《生态学与生态安全》（高等师范院校教材）指出：要培养生态观和生态文化，在学校应当学习许多课程。学校开设的生态学课程包括传统的动植物生态学、生物圈生态学、社会生态学、人类生态学以及应用生态学等内容。生态学入门课程“每个公民都要接受生态学教育，任何工作、任何职业都必须具备基本的职业生态学知识。学生时代生态学教育没有结束，现代人应该自觉地终身学习它”[①]。因此，生态化学习理念工作原则已渗透到学校教育、工作教育、社会教育等多个环节和领域。同时，还倡导根据不同专业开设具体的生态学课程，强化生态教育的渗透作用。比如，在建筑类专业设立工程生态学，普及各类材料高效利用知识；在经济学专业开设经济类生态学，学习成本计算、资源循环利用等相关知识；在人文社科专业创建生态知识专题模块，讲授生态现状和热点、生态环保事迹、生态法律法规以及绿色发展观和生态文明观念等相关知识。几乎全国所有的综合性大学都设置了生态类专业，开设了社会生态学、伦理生态学、地质生态学等生态类课程。

---

① 王顺庆：《从俄罗斯生态学教育中我们借鉴些什么?》，《西伯利亚研究》2006 年第 1 期。

2. 逐步完善生态立法和执法等相关生态法律法规。在俄罗斯历史上，就曾颁布过一些保护动植物的法律条文。19 世纪，国家规定禁止设立对大气产生有害影响的企业或工厂。20 世纪，出台了保护森林和鱼类的森林法和捕鱼法等。20 世纪中期，颁布了国家自然保护法。1977 年，规定了俄罗斯公民有义务保护国家环境安全，并把这项义务写入宪法。1986 年，开展国家生态鉴定工作。1988 年，成立了国家自然保护委员会，该委员会拥有禁止建设破坏生态环境的工业项目，并对各类项目进行生态鉴定的权利，若项目设计不符合生态环保要求，将停止该项目的一切经营活动。苏联解体之后，颁布了相应的自然环境保护法、土地法、地下资源法、原子能法、工业安全法等，设置了比较完备的生态环保法，强化了生态执法的基本任务和具体要求。1991 年，自然环境保护法中明确规定了应征收自然环境污染税，以期利用生态税收制对环境保护起到有效调节的作用。同时，针对环境污染和生态破坏，俄罗斯在法律上规定了“环境保护优先原则”，采取了一系列经济、政治、法律、技术等手段保护生态环境，即人们在开发和利用自然资源时，不能破坏自然界一切动植物生命体的生存利益，当经济利益和生态利益冲突时，经济利益应该让位于生态利益，并赋予相关生态环保部门一定的社会管理职能。1998 年，规定对于肆意排放污染物或废弃物的集体或个人，要征收相应的排污费、污染费等。2002 年，在环境保护法中提出要在全社会范围内培养生态文化，积极推进生态环境教育。2012 年，俄罗斯政府发布了《国家环境保护规划》，并提出拨款 100 亿美元，这部分款项主要用于支持南极考察、保护生物多样性等工作。俄罗斯实行的以上法律法规进一步保障了企业、政府、社会组织等各大单位或机构的生态环保行为，为全社会经济发展和生态环境协调发展提供了法律保障。

3. 积极开展多主体参与的多元化生态环境教育活动。俄罗斯除了在学校积极推进生态环境教育，也积极调动相关领导专家、培训组织、社区公众等多种主体的能动性，致力于扩大教育活动的社会参与面。

一是，组织面向相关领导人和决策者的生态环保类培训活动。在培训过程中，不断强化他们的生态环保执行力，提高生态环保意识和生态决策能力，进而有效制约一切对环境造成破坏的行为，营造人人遵从生态决策、人人履行生态职责、人人参与生态活动的社会氛围。

二是，充分发挥相关机构的环境教育职能，调动其社会引领作用。主要表现为国家权力机关、地方自治机关、各大权威社会团体等都能积极指导和带动生态环保与环境教育工作，同时，承担生态教育职能的各地区博物馆、图书馆、科技馆、旅游单位以及教育文化机构等都应通过举办各种形式的生态教育主题活动，积极弘扬生态文明价值观，推广生态环保活动。

三是，鼓励社会公众积极主动参与各项环境保护活动。定期举办由环保协会、环境保护工会等大型组织召开的生态环保讲习活动，同时，国家还会根据社会发展需求和时代变化，打造生态教育节目，推出生态环保影片，更新生态类杂志和报纸等，通过多层次、多领域的宣传活动，带动社会公众的广泛参与，使得人们更好地掌握生态环保理论知识、法律知识和基本现状知识。

四是，鼓励广大家长参与生态环境教育。从身边发生的小事出发，家长可以教导孩子认真学习生态环保知识，体悟生态环境对人类生活的重要性。家庭教育一般是基于家长的亲身经验，使得教育更接地气，孩子也更容易理解、接受、吸收并转变为自身的行为习惯。

（三）德国国民生态素质教育的概况

从20世纪70年代开始，德国开展了广泛的绿色环保运动，呼吁全国在注重经济发展的同时，也应该重视对生态环境的维护，倡导建立经济发展和环保协同发展的社会发展模式。在政府和全社会的鼓励支持下，人们积极地参与生态文明教育和环保教育，取得了诸多生态教育方面的显著成果，形成了较为完善的体系。

1. 强化学校、家庭和社会的合力教育以提升公众生态素养水平。在学校教育层面，德国将环境教育的丰富内容和基本要求写入各中小学及其各学科的教学大纲，把对“生态环境的责任感”视为教育的最高目标之一。德国从20世纪60年代就开始在中小学开展环境教育。70年代以来，环境内容和生态知识等就已经全部渗进德国学校的教育教学体系之中，比如，德国原联邦德国小学将污水处理、水污染、空气污染等相关问题列入教学体系中，引导学生养成关注生态问题、探索解决方案的思维行为习惯；将生态环境论题归入中学阶段的全部学科中，在生物、化学、宗教、物理、政治等多学科和多领域结合生态问题开展教学，引导学生学会深层次思考生态现象，培养整体性和关联性的思维模式；大学阶段，授课教师都具备较高的生态素质和文化涵养，他们积极投身对环境问题的研究，经常性地参与“环境教育指导手册”的编写和审核工作等，宣传基本的生态行为规范。通过在校园开展一系列生态问题的研究活动，挖掘生态问题中复杂的影响因素，不仅能够帮助学生主动学习相关环境知识，养成生态环保的良好习惯，也提高了学生深度参与和投身环保工作的积极性。

在德国人的家庭中，家长们会有意识地帮助孩子树立爱护环境、热爱自然的观念，比如，在日常生活中，家长会教育孩子节约利用各类生活资源，学会保护其他小动物，懂得理解和尊重他人等，这不仅潜移默化地帮助他们养成了爱护生态环境、尊重自然万物的美好品格，也提高了其保护和创造优美自然环境的实践水平。

在社会层面，鼓励开展丰富多样的“环保主题”活动，营造爱护生态的社会氛围。比如，德国前波恩市曾成立了一个艺术表演团，该表演团是由民间机构召集一些青年知识分子自发成立，并以文艺演出的形式表达对自然的热爱与尊重，弘扬环保主义思想，他们一般在街头开展表演活动，主题通常为减少环境污染、维护优美生态等，活泼的风格和鲜明的寓意深受小孩子的欢迎。后来，政府还专门提供专项经费对其“收编”并予以支持，使其成为德国第一个具有环保宣传性质的艺术演出团体。随着这种性质的民间机构的增多，在全社会逐步营造起爱护自然的良好氛围。

2. 在注重理论和实践的基础上推进环境教育以增强公众生态文明素质。德国不仅重视生态环保知识的理论学习，也注重提升人们的生态践行能力，要求在理论与实践相结合的过程中逐步增强生态素质教育的良好效果。德国关于环境教育的理论教学工作注重多学科、全方位的渗透，即在生物学、环境学、社会学、伦理学以及经济学等诸多学科中设置生态文明知识的学习内容，注重系统培育学生的生态价值观和环境伦理观，使学生们认识到生态环境保护工作不仅关系人类自身的合法权益、社会经济的健康可持续发展，也关系全世界所有生灵的繁衍生息，关系整个生态系统的和谐、稳定和美丽。

德国各学校和教育机构在传授环境教育理论知识的同时，也注重强化学生自身的生态体验，能够从学生的专业学习与实践要求出发，引导他们深入到大自然和周围的生态环境中，在真实情境中感受大自然的美丽，思考环境对于人类生存发展的重要现实意义。比如，带领学生前往当地风景区、自然保护区、动植物公园以及周边厂矿企业等地，让学生深刻体悟秀美环境的闲适与安宁，反思环境污染给人们生活带来的危害，通过感受生态环保的真正内涵和深刻意义，提升生态文明素质水平。为了提升全国生态环保的参与度，德国于 1994 年开展了一系列有关“FIFTY—FIFTY 项目”的环保活动，活动内容主要包括倡导人们节约用水、合理用电等，培养人们节约资源能源的生活行为习惯，取得了较好的社会反响。在该项环保活动的引领下，人们普遍养成了随手关灯关水、节约利用生活资源等好习惯。有的学校也会用测光仪测验原有照明设置使用情况以节约用电量，用仪器测量自来水的最佳流量以合理用水，用明亮的颜色粉刷教室墙壁以增加亮度，起到日常节能的作用等。仅仅 1 年的时间里，就有 20 多所学校参与了这项活动，全国共节省能源经费 4 万多马克，真正起到了既节约能源资源，又提升公众生态文明素质的作用。

3. 创新环境教育的实践形式以增强全社会生态素质教育效果。德国在推进生态素质教育的过程中，较为注重实践形式的趣味性和可操作性，注重通过参与游戏、陈述想法以及亲身创作等方式强化学生的生态认知和生态观念。他们善于在游戏环节调动学生的思考力和想象力，体会生态环境的内涵和意义等。《与孩子共享自然》这本书中讲述了许多寓教于乐式的模拟性游戏，在游戏中激发人们对生态环境的思考，打开学生的发散性思维，让学生尽最大可能去畅想和憧憬自然界存在哪些问题、为何会存在这些问题以及自然界原本应该是什么样子等问题，这在一定程度上强化了学生对生态问题本质与内涵的认知，帮助学生养成较强的分析问题和解决问题的能力。比如，在游戏中，指导学生闭上眼睛，想象自己身处另一个世界，正沿着路向前走，经过一扇门，走进门以后学生可以尽情想象，并努力记住此时世界的真实模样，然后关门回到原地。有的孩子描绘出了一幅原子弹爆炸后的景象，表示不喜欢核电厂，它会给人类生存环境带来危害；有的孩子画出了眼前城市被各种污染重重包围的样子，表示大自然应该是空气清新、环境优美的，希望有一天污染会彻底消失。他们在这种“蒙上眼睛走”的游戏中，深刻思考环境的现状，用心去感受当前环境，并对未来人类活动与生态环境之间的关系做了深层次的思索，能够增强人们践行生态环保理念的信心。

德国环境教育协会教授赫尔曼先生经过长期的“知识－认知－行为”模式研究，总结出一个观点，即人们通过在校期间学习获得的环境方面的知识，只有10%能够转化为自身的生态环境意识，该意识平均也只有10%能够转化为生态环保行为。赫尔曼先生认为阅读能够转化10%成为自身认知和行动能力，听讲能够转化20%，边听边看能够转化30%，亲自去做能够转化75%，向周围人转述能够转化90%。由此可以看出，将所学到的知识转化为自身认知与有效行为最有效的方法是转告或陈述给别人，即通过演讲、讨论或辩论等方式将自己的观点或认知传递给他人，有利于促进学生将知识内化于心、外化于行，也使更多的人学会自由思考、激发潜能，增强其对自然和社会的使命担当感，真正理解环境保护的重要意义。另外，鼓励学生积极参与、设计与实践，在劳动与创作的过程中体会生态环保的重要性。比如，为了节约水资源，引导学生制造微型的生态系统，以用来储存雨水；为了节约电和燃气等宝贵能源，带领学生亲自投身研制风能和太阳能设备，制作沼气发酵设备等，通过以上实践活动，切实提高环境教育和生态素质教育的实际效果。

4. 政府切实履行生态环保与生态教育的基本职责。德国政府一直以来都很重视环境保护工作，在环境教育工作中也做到了履行自身职责，严格遵循预防原则、肇事者原则和合作原则等，全面发挥政府自身的宏观指导作用，也使得“生态社会－市场经济”成为可能。其中，预防原则指的是政府针对环境污染事件提前采取有效防范措施，目的在于降低生态破坏事件的发生率；肇事者原则是指政府规定相关企业和部门对于其在生产过程中对环境造成的污染，应该承担相应责任，并作出补偿或补救措施；合作原则指的是政府在制定相关环保政策、实施环保管理与监督、综合考核环保行为并作出奖惩决定等过程中，企业和相关部门都能够在共同合作的原则下协力推进各项环保工作。

一是，伴随着公众对优美环境诉求的日益见长，政府的环境监测力度得以加大。德国是一个选民政治的国家，随着公众对环境问题的高度关注，保护生态环境的呼声在社会各阶层和团体达成一致，德国政府决定由相关部门每年向上级管理部门提交环境监测报告，将监测报告中标注有违规企业的名单及时上传网络空间，以接受群众的广泛监督。同时，政府颁布了《夏季烟雾法》《土壤污染法》《化肥使用法》等相关环保法律法规，并根据《环保疏忽罪》《违规物品运输罪》等对污染生态环境的行为作出惩罚措施。

二是，德国政府还大力资助生态环保项目和环境教育研究项目。20 世纪末，德国政府在 10 年的时间内向 10 万个家庭提供环保项目的无息贷款，帮助他们安装了家用太阳能设备等；德国政府还对开展环境教育研究项目的罗德博士提供了 2500 万马克的经费资助，以推动生态环境教育事业的持续发展。政府的以上举措不仅提高了自身的可信度和亲民性，强化了政府执政能力，也使得德国环境教育的质量和水平大大提高，保证了环境教育和生态素质教育的持续有效推行。

5. 加强对环境保护的立法和执法工作。通常来说，环境污染问题具有强烈的外部特征，环境保护工作涉及多方的利益冲突，既有长远利益和短期利益的冲突，也有全局利益和局部利益的冲突，解决利益问题最有效的途径是通过法律法规进行管理与约束。

一是强化对环境保护的立法工作。从 20 世纪 70 年代开始，联邦德国政府就尤为注重环境立法工作，制定了国内第一部环保法律《废弃物处理法》，对人们的生态行为起到了一定的制约作用。20 世纪 90 年代，德国将环境保护的要求和内容纳入《国家基本法》，其中规定，“国家应该本着对后代负责的精神保护自然的生存基础条件”，这一条款对当时德国人民的影响极大，加大了生态环保力度，使得人们的生态综合素养得到极大提升。目前，德国共有 8000 多部生态环保方面的法律法规，实施欧盟的约 400 个相关法规，德国的环境保护法在全世界可称之为最完备、最细致的。这些法律法规极大地制约了人们的生态实践行为，强化了人们的生态环境意识。

二是强化对环境保护的执法工作。为了进一步惩治污染和破坏环境的行为，加强法律的震慑力，德国设立了环境保护警察，他们除了履行一般警察的职责之外，还对破坏生态的行为或现象具备现场执法的责任和义务。环保警察的设立体现了国家对环境保护工作的重视度，极大地增强了环保执法力度，同时也保证了环境违法事件及时接受法律惩治的时效性。

（四）日本国民生态素质教育的概况

作为一个工业化程度较高的国家，日本曾经频发各类生态危机，严重影响着居民的生产生活，后来，日本由一个“灾害频发国”逐步转变为一个“生态环保国”，环境教育工作的开展起到了很大的作用。同时，在教育过程中，政府能够做到权责清晰、各司其职，也能够根据实际情况采用不同的教育形式和方法，且效果显著。具体来说，主要包括以下几方面。

1. 鼓励学校根据学生具体情况分阶段进行环境教育。日本从 20 世纪 60 年代后期就开始推广环境教育工作。1969 年，日本把“认识人与自然的关系”作为中学的教学任务之一。1970 年，将“培育正确的自然生态观”作为高中阶段理科学习的重要目标。1977 年和 1978 年修订中学教育大纲，在社会科学领域增加了“杜绝公害”的相关知识点，在自然科学领域增加了“人与自然”“健康与环境”等相关知识点，这些知识点充实了环境教育的基本内容。1989 年，日本又将培育学生的综合环境素养和生态认知能力作为中小学教学大纲的一大重要内容。纵观以上历史发展过程，日本人一直较为注重环境教育，并鼓励学生走出课堂，在户外学习和活动中体悟环境保护的重要性。

日本的生态环境教育依据学生的身心特点和成长规律等，分为三个阶段依次进行。一是亲近自然阶段。这个阶段主要面向小学，主张带领学生进入自然教室里接受自然教育。“自然教室”是指在自然环境中开展现场教学，能够更好地理解所学知识；“自然教育”是指在大自然里亲身感受、体验和认知，使得教育深入人心。二是学习和理解自然。这个阶段主要面向初中或高中等年级，带领他们深入周围的河流、企业、公园或村庄，在这些区域展开调查和研究，深入分析河水的氮、磷、氯等离子状况，探究企业污染源的化学成分，思考动植物的生长特性和成长规律等。在这个教学环节中，学生既能切身感受环境，深入探讨环境问题的产生原因和解决办法，又能养成关心自然、理解自然的态度和能力。三是守护自然。这个阶段主要面向大学生，日本在对大学生的环境教育中注重学科和专业的细化分工，高度分设学科门类是日本大学阶段环境教育的重要特点。环境类学科普遍分设在不同的学校，许多学校设置了卫生工学、环境化学、建筑工学等专业，侧重培育学生的实验技能和实际操作能力，在处理人与自然关系时，指导大学生运用前期积累的环境理论知识，进一步思考在实际生活中“如何做才能让自然变得更美丽与适宜”，强调作为一名大学生应该自觉担负起对自然环境所承担的生态环保责任。

2. 鼓励企业践行环境保护理念。企业是人们进行生产活动的重要领域，企业生产方式不合理容易带来空气污染、气候变暖、臭氧层破坏等一系列环境问题，面对这些环境问题企业应该负主要责任。在企业内广泛推进环境教育是日本环境教育的一大特色，这一举措旨在提高企业员工的环保理念。比如，日本松下电器株式会社设立了环境总部，定期召开有关生态文明知识和环境保护知识的内部学习活动；NEC 株式会社鼓励全体员工从产品开发、废弃物利用、垃圾排放到后期反馈等环节，进行“全领域环境经营”，在生产、经营各环节践行生态环保理念，同时不定期举办环境知识学习会和生态文明教育恳谈会等。考虑到环境问题不仅会影响全社会人类的健康生存，也关乎企业的长久发展，日本企业的具体做法主要有：一是在企业内部宣传“生态设计、生态作业”的理念。鼓励企业员工从产品的设计环节开始就要考虑对生态环境的影响程度，倡导研发和设计出更多的绿色生态产品。二是在生产环节主张使用绿色无污染的原材料，提倡资源能源的循环利用，鼓励开发对环境无毒无害的环保产品，杜绝对资源能源的浪费行为，以达到节约资源和保护环境的目的。三是积极编制和公布环境报告书，接受群众对企业的整体评价和严格监督，使自身的环境经营状况实现透明化和公开化。四是针对企业员工定期进行有关环境教育的培训活动，培训主题主要围绕企业生态理念、员工生活方式、企业社会影响等，并鼓励员工积极参与地区的环境保护工作，践行绿色低碳的消费行为，切实提升员工生态素质。

3. 开展丰富多彩的主题活动以增强生态素质教育和环保工作的趣味性和参与性。社区往往是人们聚居在某一个领域、生活上密切关联的大集体，在这个集体中人们有着共同的观念和文化认同。日本的生态素质教育往往从社区入手，经常性地在社区内发放宣传手册，开展人们喜闻乐见的环保活动，创建生态环保中心。比如，带领人们前往周边各类生活环境，到超市调查垃圾回收再利用情况，调查生活用水的质量安全问题，梳理废纸回收与节约木材的关系等，使人们逐渐形成环境友好型的生活方式并自觉承担起人类对环境应尽的责任和义务，进而加深人们对人与自然关系的理解，增强公众的生态素养水平。

在学校，注重激发和培养学生对生态环境的丰富感知，引导学生深入公园、菜地、树林等地，接触自然界最真实的一面，使其通过观察动植物，加深对人与自然相互依赖关系的认知。比如，在课堂上，善于引导学生充分利用花朵、树枝、石头等自然材料制作手工艺品，在学习这些原材料的基本构造与性质的同时，还获得了独特的审美方式，提升了生态审美能力，激发了创造力和想象力，有利于强化生态环保意识；在语文课中，他们善于通过编排舞台剧、组织朗诵活动、开办手抄报以及召开各类展览会等，提炼有关环境保护的原始题材，引发学生的深度环保思考；在音乐课中，筛选出有关歌颂大自然、倡导爱与智慧的歌曲，培育学生对自然的审美力、对社会的责任担当；在化学课中，讲授有关“水溶液性质”的知识，适时地带领学生调查自然界中水的变化，理解水循环的科学原理，让学生清楚地认识到应在日常生活中节约和保护水资源；在生物课中，带领学生种植蔬菜、瓜果、水稻等，养殖小兔子、鸡、鸭、鹅等动物，观察动植物的生长情况，让学生近距离接触大自然，深刻认识阳光和水的作用，理解动植物的生命意义与价值，进而塑造环保意识和培育生态文明价值观。通过一系列走出课堂、进入生活的教育形式，将校内学习环节延伸到社区、田地和户外，形成系统完整的生态素质教育活动体系。最终，通过极富趣味性和科学性的学习，帮助学生养成科学的生态思维方式，理解资源能源的有限性，提升学生参与生态活动的积极性。

综上所述，各国在环境教育和生态素质教育方面都有各自特色鲜明、主题丰富的举措，并取得了显著的效果。虽然每一个国家做法各异、形式不同，但是纵观各国的实际做法，存在以下几个共同特点。一是随着工业化城市化的飞速发展，各国都在20世纪六七十年代开始了对环境教育和提升国民生态素养工作的思考、部署和推进，并且影响力逐渐扩大。二是各国的环境教育大都在学校率先开展，并形成了以学校教育为主，以家庭教育和社会教育为辅的生态环境教育格局。三是学校教育大都分为专业教育和普通教育，专业教育即在大学、中专、职高、技校等教育阶段开设环境教育专业课，培养致力环境保护工作的生态型人才；普通教育即在学前、中小学以及大学的非环境专业开展的基础性生态学和绿色发展方面的教育。四是在进行普通环境教育的过程中，大都采用渗透法和单列法的教育方法，其中，渗透法指的是将环境教育渗透到各学科的教学大纲中，在各学科的授课过程或实践教学中，注重传授生态环境知识并对环境问题进行随机教学；单列法指的是将生态环境理论、技术和制度等知识体系组成一门单列的学科，独立出来进行专门教学。五是环境教育注重理论知识和实践教学的有机结合，既提升了学生的生态理论认知水平，又提高了他们解决生态环境问题的能力。由此，各国通过强化环境教育和生态素质教育，培养了一批各方面和谐发展的、具有较强环境意识和较高环境素质的 21 世纪的“世界新公民”，这也成为各国未来教育事业发展和革新的关键部分。

二　国外国民生态素质教育的基本经验

生态环境问题是工业化发展过程中出现的威胁全世界人类生存发展的一个重大问题，经济较为发达的国家工业化起步早、程度高，更早地遭受了生态危机，因此这些国家也就在环境保护和生态素质教育等方面积累了更多的经验。我国的生态文明建设、生态素质教育是在全球工业化与城市化总体背景下进行的，所以要积极借鉴国外的相关成功经验，通过归纳梳理美、俄、德、日等国家生态素质教育的先进做法，反思传统的生态素质教育理念与策略，尝试从注重宣传教育、重视教育教学改革、发挥市场监管职能、推进执法机构建设、着重开发和利用资源、构建协作网络六个方面入手，探索构建行之有效的时代化、前沿性生态素质教育模式，走好我国国民生态素质教育之路。

（一）注重宣传教育，增强公民的环保意识

国外较为注重公众在环境问题和生态教育工作上的参与度，在学校教育中通过创新生态环境教育渠道与形式，积极带动学生、老师、家长乃至社会其他团体机构等广泛参与这项工作，增强教育的社会参与度与普及度。国外通常也会将国家环保理念、公民环境权益等以法律法规形式体现出来，保障全社会在环境问题上的参与范围和主体权利。我国也可以通过学习国外成功的环境教育案例和做法，号召社会公众共同参与环境教育，增强环境教育与生态素质教育的社会参与面。具体来说，国外在环境教育宣传方面较好的做法主要有以下几点。一是积极做好学校生态素质教育的推广与落实工作，扩大教育的社会影响力和宣传面。比如，俄罗斯和日本针对学生不同的特质开展个性化和持续性的生态教育工作，并结合多种活动形式，吸引人们真正接受和认同各种形式的生态教育活动，从而带动更多的人参与进来，以此来推动和落实全国范围内的生态素质教育工作，增强人们的生态环保意识和生态实践能力。二是依靠社会合力和法治保障推动环境保护的宣传和教育工作，增强公众的环保意识。比如，美国、德国和俄罗斯都积极呼吁学校、家庭和社会公众合力参与环境教育工作，在学校里强化环境教育的理论学习，在家庭中强化环境教育的实践能力，在社会各单位或部门推动环境教育真正深入人心，实现理论与实践的有机结合，以此强化环境教育（生态素质教育）在全社会的渗透力。环境教育问题具有复杂性和多样性的特点，其面对的主体具有广泛性的特点，人们的自身利益和社会需求不同，导致环境保护事业和生态环境教育工作具有较大的难度。因此，只有充分调动社会公众的力量，加大环境教育（生态素质教育）的宣传力度，形成社会共同认知和共同信念，才能达成共识，共同面对与克服各类生态环境教育问题。

从各国的环境教育模式来看，无论是实施持续性的环境教育，巩

固社会合力作用，还是强化法律保障等，初衷都是通过加大环境教育的宣传力度，增强国民环保意识和生态认知水平，最终提高全社会的生态文明素养水平，加快推动教育事业的创新发展和人类社会的可持续发展。我国也应该根据具体情况积极加强宣传教育，并在环境教育的全过程凸显社会公众的重要作用。比如，一方面，要大力宣传先进的生态文明教育观，通过主题活泼、立意鲜明的生态教育活动，增进公众的生态认知水平。另一方面，要确保环保信息公开化，积极号召社会公众参与研究和解决环境问题的实践，并给人们灌输丰富的生态保护知识、生态治理知识、生态法律知识以及生态现状知识等，不仅能够保证公众的生态环境知情权和监督权，还能提高全体国民对于生态素质教育的科学合理认知，推动这项工作沿着正确的道路走下去。

（二）重视教育教学改革，优化学校环境教育

学校是进行环境教育（生态素质教育）的重要场所，学校应根据受教育者的发展规律和个性特质，制订不同的教育方案和目标，并带领学生深入大自然开展实践教学，帮助学生感受自然、体悟自然，形成科学的生态环保意识和生态文明价值观。同时，学校教育要借助家庭和全社会的辐射与带动作用，广泛掀起全社会范围内的环境教育热潮，推动生态素质教育实现稳定常态和可持续发展。比如，美国重视培养学生的环境意识，确立了生态环境教育方面的终身教育体系；日本和俄罗斯根据受教育者的年龄、身心特征和认知水平制订了环境教育的教学目标和要求，即从学前、小学、中学到大学等各阶段设定不同的教育目标层次，形成了阶段性、针对性的生态素质教育梯次，实现了教育对象特殊性、教育过程连续性和教育目标一致性，能够更好地满足不同教育对象的教育需求；美国还比较注重环境科学与人文科学、自然科学的有机结合，通过推广户外主题场景教学，致力提升人们的生态意识；俄罗斯和德国倡导发挥学校、家庭和全社会的合力作用以推进环境教育（生态素质教育），切实增强教育效果；美国、德国和日本在对受教育者进行环境教育时，尤其注重激发学生自身的兴趣和热情，善于以人们喜闻乐见的方式开展相关的生态教育主题活动，在潜移默化中实现生态素质教育目标。而我国的环境教育（生态素质教育）大都在学校里进行，主要通过教师课堂授课的形式引导学生逐步掌握和理解生态知识，缺少了家庭与社会的合力参与，存在生态素质教育发展较慢、效果不够理想等问题。同时，我国学校中的生态类教学活动一般都以理论授课和考试考核等传统方式进行，这在一定程度上压抑了学生的天性，剥夺了学生自发地学习生态知识和接受生态素质教育的乐趣，不利于激发学生的思考力和创造力，也就阻碍了生态素质教育的创新性和持久性发展。

在教育过程中，善于激发受教育者的学习兴趣是保障环境教育（生态素质教育）取得较好效果的重要途径之一，学生对事物或知识的理解会依据不同的个性特征和成长环境，体现出各不相同的思维方式。我国应该积极借鉴国外的先进做法，大力革新生态素质教育理念、优化教育方法、丰富教育内容等，从学生自身的年龄特征、认知水平、思维方式等不同特质出发制订教育目标，充分尊重学生的客观发展规律，同时积极发挥家庭教育和社会教育的合力作用，做到理论教学和实践教学的有机统一，以期优化我国的生态素质教育层次体系。比如，积极组织学生参与企业调研、环保夏令营、生态科考团、生态郊游等活动，并根据学生的不同认知特点，以“认识自然”“探究自然”“保护自然”等不同的主题对其实施生态素质教育，提高他们的生态环保意识。另外，还可以鼓励全社会成立诸如生态环保志愿队、绿色文明先锋队等公益性的团体或组织，经常性地带领人们关注生态热点问题、研究生态优化策略以及解决生态问题等，将生态理念真正融入人们的自觉行为中，营造良好的生态素质教育氛围。

（三）强调发挥市场监管职能，提高企业的生态环保意识

环境污染主要源于企业或者工厂在生产过程中随意排放污水废气等。当发达国家的国内生产总值达到 8000 美元的时候，环境污染将达到最高值。但是，由于我国经济结构不均衡、科技产业较为滞后，当

我国国内生产总值达到人均3000美元时，就会出现污染高峰值。因此，要从源头上治理环境污染，就要加强对企业的监管和生态教育工作，提高企业领导和员工的生态环保意识。国外在这一方面涌现出了一些较好的做法，比如，有“公害防治先进国”称号的日本就做到了充分发挥市场监管职能，制约企业的相关生产行为。日本企业一直遵循“生态设计理念”，从产品的设计阶段就会考虑给环境带来的影响，严格控制设计、生产和销售等各环节，在整个社会市场经济运作的过程中，积极推广、销售环保健康材料，并严格管控生态污染行为的发生。他们还定期编制环境报告书，公示环境污染黑名单，接受公众的监督和反馈。以上做法旨在提高企业的环保效益，促进企业的长久发展，成为环境教育领域较为先进和典型的做法。

反观我国的客观现实，我们应该做到以下几点。首先，转变观念，将生态环保理念引入企业，提高企业职工的环保意识。顺应经济社会发展趋势，将保护环境与经济发展共生共赢设定为企业发展的基本目标，加大对企业员工的生态教育培训，提供实际的案例进行教学，警示他们如果不重视环境保护，企业会没有出路。只有发挥市场监管作用，对产品设计、生产、销售等各环节实施严格的管控和监督，坚持生态设计、绿色生产，推动企业实现由“动脉系”（即规模化生产和消费）到“静脉系”（即集约化生产和消费）的转变，才能保证企业发展更富生命力和活力。其次，将企业的生态环保业绩列入综合考核体系之中，严格规范生态问责制。这就要求对在经营过程中带来生态破坏、环境污染以及资源浪费的企业实施相应的惩罚，在综合考核中按照程度进行相应扣分，采取取消年度评优、生态补偿等措施，同时，还可以采用补贴税收政策、环境押金制度等相应经济手段，严格落实生态问责制。最后，推动企业由法律法规约束下的被动参与环保工作向主动投身生态环保工作转变。我国企业应该从剖析自身发展中存在的问题出发，建立各要素均衡稳定发展的环保网格化系统，增强公众对环境问题所带来的社会影响的认识，推动对污染事件的综合防治和治理，同时优化生态和生产空间，守住生态底线，最终实现经济和环境保护的双赢发展。

（四）主张加强立法执法建设，推进环保法律法规工作

在环保立法方面，美国和日本都制定了《国家环境教育法》，美国是首个且最早制定该法律的国家，随后陆续制定了《国家环境教育发展计划》《环境教育培训计划》等相关环境教育规划。同时，美国联邦政府还设立了环境保护署、环境教育司等相关机构，进一步保障生态环保和环境教育工作的有效落实。德国也较为重视法律法规的外部监督作用，相继出台了8000多部环境法律法规，实施欧盟相关法规约400个，并要求人们切实保护维系后代人生存的生态家园。德国自20世纪70年代以来，推出的相关环境保护方面的法律多达2000项，同时，为了实现德法并举，使得生态德育深入人心，还制定了与环境有关的各项社会准则。这些法律和准则强化了人们的生态环保意识，使生态素质教育处于良性循环之中，并使得每一位社会成员养成了符合时代发展需要的生态品质和生态行为。在环境执法方面，德国设立了环保警察，能够及时阻止和惩治生态破坏事件，对破坏环境的行为起到较好的制约作用。俄罗斯在立法方面，颁布了《俄罗斯联邦环境保护法》，在该保护法的总则中重点阐述了环境保护方面的30多项法律概念，详细规定了生态违法带来的各种危害所应接受的惩罚、补偿及其依据和程序，明确规定了立法和执法的具体做法。俄罗斯还设立了国家自然保护委员会，对不符合生态环保要求的项目承担及时监督和叫停等职责，颁布了《自然环保法》《工业安全法》等相关法律，对于违规操作者，有权向其征收相应的污染费，并督促企业改进生产工艺，建成生态友好型企业；公民的生命健康权或生活权益受到损害时，有权依据宪法、民法等申请相应赔偿，如果企业无力接受惩罚，可由国家生态保险基金对受害人予以相应补偿。

相对而言，我国在环境立法方面较为笼统，表现为重污染防治、轻资源保护，重公民环保义务、轻公民环保权利等，而在环境教育法方面，法律法规涵盖面较小、针对性不强、约束力不够，地方性法规中也鲜有列出环境教育法的相关规定。总体来看，法律地位缺失、专门机构或人员缺失、评价目标和体系缺失等问题依旧存在，在环境立法和执法方面还存在较大的“弹性操作”空间。因此，我国在确立全国性环境教育法方面仍存在一定难度，这就要求我们要善于借鉴国外环境保护立法和执法方面的经验，系统性、针对性地探讨我国环境教育法律法规工作的目标、内容、要求等。

一是，制定环境教育的地方性法规在部分地区先行试点，再逐渐推广开来，为全国生态教育法制建设探索经验。由于环境问题的复杂性和多样性，全国整体推进环境立法执法容易贪大求全，不利于工作的具体落实和稳定推进，一定程度上还会制约我国环境法治建设和生态素质教育工作的稳步发展。因此，在部分地区先行颁布相关环境教育法，借助立法明确规定人们的环境权利和义务，培养人们的生态法制观和道德观，提升他们的生态素质水平，进而在全国营造风清气朗的生态法治氛围。公民的生存环境质量决定了他们的幸福指数，关系他们的切身利益，通过规范环境法治建设，重新对环境破坏者、受益方和受害方进行利益调整，保障社会公众的基本生存生活权益，创建更加美好的生活，赋予人们幸福感、获得感和安全感。

二是，加强执法机构之间的合作。国外许多国家都确立了良性健全的环保协作机制，确保部门或机构之间能够密切协作，而我国的环境执法协商机制较为滞后，政府部门和环保机构之间缺少统一的决策和部署。基于此，我国应该在二者之间建立一个经常性的固定协商机制，不断完善政策协商机构、违法诉讼协商渠道以及约束性伙伴关系等。

三是，应完善环境数据整合系统，及时更新空气质量、水质情况、城市噪声情况以及各类生态状况的实际数据等，对于在环保工作中违规作业的企业或部门依法处理，进行严厉地惩罚，并鼓励人们通过网络、电子信箱等途径对各种环境违法行为形成常态化的监督和检举机制，增加环境信息的透明度；在全社会大力推进生态素质教育工作，使全社会形成生态环保的良好氛围。

（五）倡导合理开发和利用资源，提高生态道德教育效果

国外许多国家在环境教育（生态素质教育）过程中善于利用各种生态教育资源，以增强教育过程的直观生动性，强化生态认知体验。比如，日本经常组织人们深入户外大自然或者周边环境中去，展开实地环境调查工作、动植物成长特性研究工作，以增强人们对生态环保问题的认知度；一些学校会充分利用自然界资源开展教学，如引导学生从动植物、岩石等大自然万物中寻找灵感，增强学习的趣味性和科学性，进而激发学生们的想象力和创造力，帮助他们深刻理解生命的意义，培养生态文明价值观。俄罗斯较为重视信息技术资源在环境教育中的作用，他们倡导利用多媒体技术以图片、视频等鲜活生动的形式向学生展示生态危机及其严重后果，运用生态学电子教材拓宽学生的生态知识面，激发其研究生态问题、解决生态问题的兴趣。美国十分重视网络资源与相关平台的开发和利用，创建了国家公园保护平台、野生生物保护站等，有的州还成立了环境教育基地等，给人们提供接受环境教育（生态素质教育）的场所；美国政府还建立了全球江河环境教育网，及时公开各类环境信息，传播和推广环境保护的相关经验，目前已覆盖全球一百多个国家。德国注重开发形式多样、内容丰富的生态教育资源，他们既鼓励学校利用周边生态环境区域作为教育场地，注重利用企业、社区的教育资源，积极开发企业和社区的环境教育人才，搭建全社会的生态素质教育工作网络，还积极挖掘政府和非政府环境组织的教育资源，开辟更为广阔的教育平台和视野。

综上，我国在开发利用生态素质教育资源方面，应借鉴国外经验，通过深入大自然充分利用户外资源、革新技术合理使用网络资源以及创建生态素质教育中心和各类环保组织等途径拓展我国的生态素质教育形式，完善生态素质教育教学体系。在这个过程中，一方面，培养学生积极务实、勇于进取的精神和品质，引导他们深入周边环境，走进社区和企业等，在实地考察或野外工作的过程中锻造学生的生态意志和生态情感，进而全方位提升他们的生态综合素养水平。另一方面，完善政府环境信息网站，增强环保工作和环境教育信息的透明度。政府在处理各方面环境信息时，应注重通过互联网平台强化舆论引导和环保管理工作，在相应网站上定期发布各地区的具体环保指标、公布各单位或个人的环保做法，使人们更加了解生态现状，增强自身的生态使命感。

（六）提倡构建协作网络，实现生态教育资源共享

一个国家的民主化程度是国家繁荣强盛的关键因素之一。国际公共行政领域有一个公认的理论，即考察一个国家的民主化程度高低既要综合考量该国的基础性民主制、行政民主概况，还要考量公众参与国家事务的总体状况。在生态素质教育方面，要想取得良好的效果，需要广泛集中民智，强化公民参与教育工作的广度和力度。比如，日本建立了一个由政府带头，学校、家庭和企业等多主体参与的环境教育体系，该体系影响面大、执行力快，较好地带动了全社会的环境教育工作稳步有序发展。美国通过建设绿色大学鼓励广大师生投身环境保护中来，通过“地方本位教育”带领社会公众深入河流森林以及田野中去，激发他们热爱生态环境的内在感情。德国做到了发挥政府、家庭和学校的合力作用，并且在全社会推广与落实事先预防、严厉打击和多方参与等举措，积极防范环境污染事件的发生，及时对造成生态破坏的单位或个人进行制裁，推动企业的配合和参与，同时对全国的环境问题进行宏观把控和统一管理，后期通过资助环保项目，积极推动环境教育事业的发展，为生态素质教育工作提供了源源不断的动力。德国家庭中，每位家长从小就教育孩子节约利用资源、保护小动物、尊重他人等，帮助孩子塑造热爱自然、尊重万物的高贵品质。俄罗斯充分发挥生态环境专家、政策制定者、公共教育机构以及生态教育自发性组织的协同作用，开展多主体参与的生态教育活动，并将相关生态环境论题列入学科教学之中，开展深入的生态研究活动，帮助人们培养整体关联的思维模式，同时家长也会履行在日常生活中对孩子进行生态环境教育的职责。

当前，我国的生态素质教育的基本做法较为传统、参与主体较为单一，企业和社区在环境教育与生态素质教育方面的作用较为薄弱。学习国外关于构建环境教育协作网络体系的做法，我国应该动员政府、企业、学校、非政府组织、社区等多方面力量，共同推进我国生态素质教育事业的发展，将关怀生命万物的生态价值观融入整个社会。这就需要做到以下几点。

一是加强政府在生态素质教育中的顶层设计作用。环保工作和生态素质教育事业作为一项关系国家和民族兴旺发达的全民性事业，不能仅仅依靠学校、企业或者家庭，政府应该肩负起历史的重任，只有社会公众成为政府环境公共管理事务的合作者和协作者时，全面、协调、可持续发展才能变为现实。比如，政府应该组建生态素质教育领导小组，小组成员均是从生态学、生物学、经济学以及伦理学等相关学科中选拔出的生态理论素养较高的人，并承担起相应的生态问题研究和生态环保工作的职责，使得生态素质教育有章可循，保持稳定有序的发展。

二是构建多方位、多层次、多渠道的环境教育体系。我国的生态素质教育工作应积极调动学校、家庭、企业乃至全社会的共同关注和积极参与。学校应着力完善生态教学体系，致力于构建富有人文情怀的教育模式；企业应积极转变生产方式，明确生态责任，增强社会担当；社会公众应积极发挥自身的生态环保监督职责，营造良好的生态素质教育风尚。在全社会合力作用下，共同推动生态素质教育常态化、持续化和长效化发展，最终在全社会形成一种多元共治的教育模式，构建协作网络，实现生态教育资源的合力推动和社会共享。

第五章　推动我国国民生态素质教育的现实路径

在世界近代史上，随着工业化的飞速发展，人们赖以生存的资源和生态环境都遭到了不同程度的破坏，资本逻辑、唯发展主义、人类中心主义等被称为生态危机发生的思想根源。生态文明的发展程度已经逐步成为衡量一个国家整体发展水平的重要指标之一。2021 年 3 月 15 日，习近平总书记在中央财经委员会第九次会议上指出，“要把碳达峰、碳中和纳入生态文明建设整体布局”。2022 年 10 月 16 日，习近平总书记在党的二十大报告中指出，“要牢固树立和践行绿水青山就是金山银山的理念，站在人与自然和谐共生的高度谋划发展”“推动绿色发展，促进人与自然和谐共生”“人与自然和谐共生是中国式现代化的本质要求”[①]。在国民教育事业中，我们也要深入贯彻落实生态文明观，积极将生态文明理念渗透其中，从根本上创建科学理性、整体有机的现代思维方式，将教育变革方向转向注重系统整体与和谐发展的生态文明视野中去，使人们学会以内向的精神修炼控制外向的过度欲求，以多样化物种相安相促的原则定位生态化的生命需要，以整体、系统、宏观的思维构筑一个普遍关怀、返璞归真的生态型和关联型社会，逐步消除生态危机，努力创建普惠包容的幸福社会，打造人与自然和谐共处的美丽家园。

---

① 习近平：《高举中国特色社会主义伟大旗帜　为全面建设社会主义现代化国家而团结奋斗——在中国共产党第二十次全国代表大会上的报告》，《人民日报》2022 年 10 月 16 日第 1 版。

一　培养生态文明意识，更新国民生态素质教育理念

工业革命以后，西方学者最早对生态问题及人的生态意识培养问题展开探究。美国著名生态学家和环境保护主义的先驱、“美国新环境理论的创始者”“生态伦理之父”利奥波德，早在20世纪30年代就在其著作《沙乡年鉴》中指出，没有生态意识，私利以外的义务就是一句空话。所以，我们面对的问题是把社会意识的尺度从人类扩大到大地自然界。利奥波德将生态意识界定为维护全体动植物利益的生态责任，即人应该自觉地将伦理道德拓展到自然界，把人之外的自然存在物纳入伦理关怀的范围。池田大作在《走向21世纪的人与哲学：寻求新的人性》中指出：“山河或森林在精神世界也赋予人们以深厚的慰藉，成为思考和情感的源泉；另外，热爱大自然并决心保护大自然的心情，也可以称之为精神生活丰富的表现。”①

培养生态文明意识，能够使人们对自然生态保持敏锐的直觉和鲜明的情感。埃里希·弗洛姆在《在幻想锁链的彼岸：我所理解的马克思和弗洛伊德》中说：“只有这种途径，即不断地前进、从而全面地发展人的理性和爱情，使人成为全面发展的人，并找到同人和自然的一种新的和谐，感觉到生活在这个世界上犹如生活在自己的家里一样，人才能解决自身的问题。”② 人们的生产和发展离不开宜人气候、干净水源、清新空气以及丰富资源等，只有加强人与自然协调共生的生态文明观教育，培养关注自然万物共同福祉、关注物种平等和可持续发展的生态文明意识，才能更新有机的、整体的和生态的教育理念，人类才能更好地保护和改善自然界这个生存家园、精神乐土，进而实现

---

① ［日］池田大作、［德］狄尔鲍拉夫：《走向21世纪的人与哲学：寻求新的人性》，宋成有、李国良、刘文柱、张力译，北京大学出版社1992年版，第8页。

② ［美］埃里希·弗洛姆：《在幻想锁链的彼岸：我所理解的马克思和弗洛伊德》，张燕译，湖南人民出版社1986年版，第165、166页。

可持续发展。

（一）强化生态忧患意识，形成解决生态问题的新思路

忧患意识是对生命存在和界限的正确觉解，生态忧患意识能够帮助人们认识到生态问题的严重性，有了对问题的清晰认知，进而唤起人们对所有生命体的敬畏，形成保护生态的行为方式。当今世界各国为了提高本国在全球经济中的竞争力，纷纷对各领域的发展规模和发展进度提出要求，在经济飞速发展的同时，往往也会出现产品（如汽车、电脑、服装、日用品等）的过度生产，其中许多产业以消耗化石燃料为基础，不可避免地会对全球生态环境造成严重伤害，如臭氧层破坏、森林植被锐减、土地沙漠化、大气和水污染、放射性物质扩散等。人类目前的生存困境与人类中心主义密切相关，在盲目追求进步、增长的同时，人们逐渐丧失了使命感和责任感，与其他生命的距离越来越远。因此，我们应该强化生态忧患意识，深刻反思“教育的终极目标是什么”“在有限的地球上如何生存”等问题，在关爱自然和营造共同福祉社区的过程中，重塑人、社会、自然之间的关系，形成解决生态问题的新思路。

1. 揭示危害生态环境的唯 GDP 政绩观本质，克服不利于生态环保的各类隐患，努力打造生态宜居的生活家园。“大自然是生命的源泉，这整个源泉——而非只有诞生于其中的生命——都是有价值的，大自然是万物的真正创造者。”[①] 自然的内在价值对于整个自然系统的持续发展具有重要意义，自然界的整体性、稳定性和美丽性，包含了山川、河流、雨雪、动植物、变幻的季节和神秘的生命周期等，塑造了人类最美丽的语言和最深邃的灵魂，即大自然是人类智慧的源泉，一旦人类智慧和智慧之源割裂开来，自然生态将遭到疯狂的破坏。有些人往往为了追求狭隘的、短期的自身利益，过度开发地球能源资源，开展大规模的工业和农业，带来了资源枯竭、土壤污染、空气和水污

---

① 王治河、杨韬：《有机马克思主义及其当代意义》，《马克思主义与现实》2015 年第 1 期。

染等生态问题，这种唯GDP发展观和政绩观会给人们带来不可逆转的生存危机，使得生态系统日渐脆弱。因此，我们应该将土地看成与人紧密联系的“有机体”，将自然看成“人类母亲”。美国农耕诗人温德尔曾说：“不论日常生活多么都市化，我们的身体仍必须仰赖农业维生；我们来自大地，最终也将归于大地，因此，我们的存在基于农业之中，无异于我们存在于自己的血肉之中。”[①] 这就要求人们尊重和关爱大自然，增强保护生命的能力，维护茂盛的森林植被和清洁的海洋溪流，创建健康的居民社区，开办良性有序发展的家庭农场，进而成为真正的“生物社会的新型居民”，实现美好生活的需要，走向社会主义生态文明新时代。

2. 摒弃急功近利的“短平快”思想，避免忽视自然价值的片面认知，营造保护环境的社会氛围。伴随着工业化的飞速发展，人们为了追求最大的个人利益，开始愈发注重经济效益、学业成绩、工作成效等结果性因素。在这个过程中，不可避免地会引起社会层面的无序竞争、人性冷漠、互相排斥等现象，也会带来自然层面的森林锐减、污染加剧、环境破坏等问题，这些问题无一不在威胁着人类的生存和可持续发展。为了避免陷入现代工业文明的困境，我们在教育过程中应该善于将科学精神和人文精神有机结合，摒弃功利性导向的教育理念，让受教育者对自然生态建立起深厚的感情，进而学会从一种有机联系的视角去理解人与自然的关系，正确看待生态文明建设中存在的问题。通过引导人们树立生命共同体意识，使人们更加重视对生态环境的保护，启发他们的生态思维，把内化于心的生态文明理念落实到实际的生态文明实践行为中，真正提升人类对整个生态系统的责任感和归属感。正如贝瑞所说：“如果我们不了解一个地方，不热爱一个地方，我们最终会糊里糊涂地毁了这个地方。”[②] 通过对共情教育理念的回归

---

① Wendell Berry, *The Unsettling of America*: *Culture & Agriculture*, San Francisco: Sierra Club Books, 1986, p. 12.

② 朱新福：《温德尔·贝瑞笔下的农耕、农场和农民》，《外国文学评论》2010年第4期。

与超越，逐步摒弃急功近利的“短平快”思想，引导受教育者养成整体的、有机的思维习惯，传承与学习本土的生态智慧思想和传统文化知识，并将自己的行为方式建立在现实生活的基础之上，摒弃异化主义和物质主义的价值观，不断追求真、美、艺术和平衡，进而建立起人与自然、人与社会的密切联系，营造保护自然生态环境的社会氛围。

（二）树立生态责任意识，唤醒恪守责任担当的新思维

生态责任意识指的是在整个生态系统中，人对环境、对他人以及对后代的生存空间和未来发展建立起深刻的理解，对如何维护世界万物的整体利益以及推动可持续发展形成自主性认识，并能够自觉担负起保护自然环境、维护生态和谐的职责。在“人类主宰世界”的观点之下，人们逐渐与大自然万物隔离开来，整个生态系统不再是一个整体。人类在受教育的过程中，掌握了越来越多的知识，但也带来了人性的贪婪和对其他生命体的不负责之举，笛卡尔曾经说，我设法知道得越多，我越感到自己无知；弗兰西斯·培根则主张将科学与权利相结合。当人类史上出现第一颗原子弹时，技术理性逐渐战胜了价值理性，带来了诸多的生态问题，引发了全球范围内的生态危机。马克思、恩格斯认为，人类本身就属于自然界而不是独立于自然界而存在的，人与自然是共存的。他们坚持生态文明观，主张在谋求人类发展的同时，要维系社会生态和自然生态的协调发展，在整个自然界生态系统中，人类应该承认所有的生命都具有独特的内在价值，在生态责任意识的引导下，做到“自由地对宇宙发问，与万物为友”①，尊重和保护所有生命体的生活与生存家园，肩负起维持地球生物圈和谐稳定、持续有序发展的重任。

1. 培育生态道德使命感，搭建人与自然和谐相处的道义制高点。维护人与自然的关系，不仅需要法律，更重要的是要用社会道德的约束力，依靠信念和社会舆论的作用，运用道德原则和规范来调节人们

---

① 陶行知：《陶行知文集》，江苏陶行知研究会、南京晓庄学院选编，江苏教育出版社2008年版，第153页。

的行为，培养有生态道德的人。[①] 德育的本质是对社会道德规范与受教育者道德素质之间关系的建构。[②] 生态道德是把传统的正义、善良、仁慈和关爱等情感应用于人与自然的关系层面，要求人与自然界万物平等相处、共融共生。今天它的出现是一种新的社会维度的凸显，对传统道德提出了挑战，是对传统“人际道德”的超越和发展，要求人们在生态实践中实现主体性和客体性的统一、“合规律性”与“合目的性”的统一，构建起人与自然互生互济的伦理精神和协同互惠的生态智慧。现阶段的教育不仅包含对受教育者学习技巧、阅读能力、写作能力、逻辑推理能力的教育和引导的内容，还包含对人的生态道德和生态品格进行正确引导与塑造的内容，如果没有生态责任感和生态道德感，人类追求成功的野心会“疯狂蔓延”，进而危及其他物种的生命，乃至破坏人类生存和发展的环境。因此，应该引导受教育者走近自然，注重培育科学的自然价值观、社会价值观和精神价值观，引导人们主动学习生态现状、生态理论、生态法律法规等相关生态学知识，形成自觉的生态行为，锻造和谐包容的心态，让人们对人类社会，乃至整个生态系统的可持续发展树立坚定的理想信念和崇高的价值追求，对世界万物建立起共情心，提升自己整合事物和讲故事的能力，进而使得人们用发自内心地敬畏生命、热爱自然的道德情操去对待生命万物，做一个真正具备生态情感、生态良知和生态正义的新型“绿色公民”，建立起人与自然和谐相处的道德认知平台。

2. 深入接触大自然并挖掘具备生态智慧的人才，激发社会公众的生态责任感。事物是普遍联系的，人作为自然界中的一种生命个体，不应局限于时空维度和固定单一的思维定式，而应该在更广阔的领域接受思想和灵魂的熏陶，成为真正具有生态智慧、心系地球命运的新时代公民。正如王治河先生所说：“教育要根植于自然、本土、本民族、传统历史文化和智慧当中去，用有根的教育培养全面、鲜

① 林娅：《环境哲学概论》，中国政法大学出版社 2000 年版，第 154 页。

② 路琳、吴晶：《德育困境的文化成因探析》，《黑龙江高教研究》2008 年第 1 期。

活，富有同情心、归属感与责任感的、整体和谐的世界公民。”[1] 只有这样，人类才能理解责任和担当的真正含义。这要求我们做到以下两点。

一是鼓励人们走进大自然，在接受户外教育的过程中培养尊重自然界万物的心态。素质教育应该引导人们着眼于人类社会的长远发展，注重培育人的思想道德素质。道德素质水平的高低取决于人与人、人与社会、人与自然相处过程中所呈现出的理想信念、价值取向、道德情操和行为方式等品质特征。生态素质教育是在反思日益恶化的生态问题的基础上提出的教育模式，它涵盖了在处理人与自然关系中对人的品质所做的各种要求，旨在引导人们关心地球上所有动植物的生存权，做到尊重生命、敬畏生命。基于此，在教育过程中，人们要摆脱传统封闭的室内教育的束缚，走进森林田野、河流湖泊、工矿企业等地，通过野外考察、环境监测、数据分析等，感受自然资源的可贵性和稀有性，感受环境污染带来的危害性，进而锻造人与万物和平共处的平和心态，建立起环境保护的认同感，获取提升生命力的能量。人们应该将世界看作一个大自然，而不是客厅，人类美妙的肢体也是大自然的一种回应。托马斯·贝里曾说：“让孩子只生活在与水泥、钢铁、电线、车轮、机器、计算机和塑料的联系之中，几乎不让他们体验任何原初现实，甚至不教他们抬头观看夜晚星星，这就是一种使他们丧失最深层人生体验的灵魂剥夺。”[2] 因此，人类应该不断学习“自然的书”，加强与生态环境的联系，通过我们脚下这一片热土，唤醒我们儿时的记忆和内心深处的想象力，让我们的精神和灵魂呈现出“根深叶茂”的风景，进而建立起与这个世界和谐共处的责任感。

二是把具备生态智慧的人纳入教育队伍中来，强化人们的整合性思维和生态智慧，进而构建起对世界万物的责任感。“一个人对环境的认识越深刻，他（或她）改善环境的欲望通常就越强，创新的可能

---

① 王治河、樊美筠：《第二次启蒙》，北京大学出版社 2011 年版，第 94 页。

② ［美］托马斯·贝里：《伟大的事业——人类未来之路》，曹静译，生活·读书·新知三联书店 2005 年版，第 96 页。

性也更大。如果一个人对存在环境的视野越广，其做出的创新成果的意义也可能越大。”① 只有通过深入环境去亲身体验和感受，人们的心灵才能得到净化，创造意识才能大大增强。因此，我们应该把从事与自然环境、本土文化等密切相关的工作领域的人（如农业和林业工作者、生态学家、景区设计师、民间文化家）纳入教育者范围之内，把涵盖生态技能的学科（如生态恢复学、农林学、园林设计学和绿色能源技术学等）及其知识和概念等纳入教育教学体系之中，并且在各类各级教育中实现知识体系的跨学科式推进，通过定期举办研讨会、项目展演、专题课程讲授等，运用全新大胆的方式打破学科间的壁垒，进行各学科间知识的重组和整合。在对特定地区的生态问题、种族问题、民族问题和经济问题的探讨中，充分糅合多学科、多专业的观点，积极参与并合理解决实际问题，在共同商讨中进一步遏制人的贪婪之心，制止人们肆意掠夺，祛除狭隘主义思维，拨正对高技术的过度沉迷，最终建立起一种绿色、简约、健康的生活方式。教育的目的是“教给学生与所有生命共生共荣及公正分配资源和机会的知识和价值观”②，生态文明教育则旨在引导人们关爱其他生命体、心系人类未来，使得人们清楚世界万物都有独特的内在价值，让人们认识到世界万物都值得人类去爱戴、去呵护、去尊敬。在此基础上，不断强化人们的整合性思维，提升人们的生态智慧，增强人们整体看待万物的能力和将知识融会贯通的能力，进而构建起对世界万物的责任感。

（三）培养生态科学意识，延展包含生命关怀的新内容

只有科学掌握生态系统的理论知识和深层次的本质内涵，才能拥有理性的生态文明认知和较高的生态文化素养。正如霍尔姆斯·罗尔斯顿所说：“我们的经济财富可以用劳动去获取，但我们生态的福祉却深深地根植于自然；如果我们用衡量经济价值的普通货币去计算生

---

① 李培根：《从根基上认识高等教育》，《高等教育研究》2009 年第 8 期。

② ［美］菲利普·克莱顿、［美］贾斯廷·海因泽克：《有机马克思主义——生态灾难与资本主义的替代选择》，孟献丽、于桂凤、张丽霞译，人民出版社 2015 年版，第 257 页。

态价值的话，会严重地扭曲生态价值，因为普通的货币远不足以衡量非商业性价值，如与大气层、海洋、极地冰山、臭氧层等有关的价值，而这些价值对生态系统的健全（从而也对人类福祉）是至关重要的。”① 生态科学意识是人们能够以科学理性的自然观、发展观指导自身实践活动的主体素质，也是一种以对生态科学知识的提炼而形成的特定原理作参照去进行观察与思考的主体素质。② 如果缺乏生态科学意识，就很难将生态意识内化为人们推动生态文明建设的精神动力，难以掌握客观全面与系统化的生态文明知识。因此，正确的生态科学意识和丰富的生态文明知识对于推动生态素质教育具有重要意义。

1. 将生态环境学知识融入各学科的教学体系中，搭建起系统化的生态知识体系架构。学科之间的分隔容易导致人们不能用普遍联系的观点看问题，不能够真正理解系统、联系和综合。当一个人具备丰富的科学知识，但是不具备怀疑意识和博爱意识，同样容易迷失在经济和技术发展的浪潮中。因此，应重构生态素质教育的知识体系。在课程体系中，无论哪一个专业的学生都要掌握以下基本的生态环境学概念和知识，包括热力学定律、生态系统承载力、科学技术的双面性、能量学、产业的可持续发展、经济学的最低成本、生态环境道德观等，并善于将这些知识融入各学科的教学体系与课程设置中。在掌握这些基本知识和应用原理的基础上，积极投身生态素质教育的实践教学中，在实践教学中开展耕地建房、认识动植物群、研究水文地质状况、使用太阳能等一系列构建美好生活所必需知识的深化学习活动。有了理论层面和应用层面知识的学习，受教育者就更容易理解与把握健康和病态、发展力和包容力、应该做和可以做等几对概念的关系，进而建立起完整的、全面的、立体的生态科学知识体系。同时，也可以带领学生针对某一区域的土壤、气候、植被以及本土文化和地区经济，展开全面科学的实地考察，形成对

---

① ［美］霍尔姆斯·罗尔斯顿：《哲学走向荒野》，刘耳、叶平译，吉林人民出版社 2000 年版，第 125 页。

② 刘湘溶：《论生态科学意识》，《湖南师范大学社会科学学报》1995 年第 4 期。

区域内所有存在物的宏观整体认知，引导人们了解本地的地理特征、历史文化、社会风俗、语言文字以及生活方式等生态环境和地方文化的系统知识，使得人们学会理性开展生产生活实践活动，并推动深具地方特色的、以生命为中心的思想观念落地生根。由此，积极将生态环境学知识融入各学科的教学体系中，推进生态环境学知识与教育教学各个环节的有机结合，能够帮助人们建立起一种亲自然性、原生态化、多元立体化的生态知识体系，使得尊重生命、尊重差异、尊重他者这一“大自然的礼节”融入人们的血液中，进而在对人们实施生态素质教育的过程中赋予大自然更多明智负责的、持久的和严格的爱。

2. 在生态学知识的传授中融入爱和智慧，创造出符合人性需求的新知识和新理论。古尔德曾说：“我们不把自己与自然紧紧地连接在一起，也就不可能赢得挽救物种和环境的这场战争，因为我们不会去努力挽救我们不爱的东西。”[①] 爱可以让科学的规程与世间的所有情感紧密融合，可以让公众能够更加团结地联系在一起，合力参与、齐心协力共同维护和挽救生态环境、自然物种。然而，目前教育的很多做法正在扼杀人们内心的“爱”，整个社会共同应对生态问题的凝聚力亦较为薄弱。“爱”是人类最强烈的感情，“科学”是一种关乎人类长远发展的力量，将饱含深情的“爱”渗透于教材中，抑或是在教科书的前言部分介绍在学习科学知识的前提下，需要承担的责任心和对环境的敬畏之心，让人们重新拥有内心深处那种来自自然界和自身之间的共鸣，即“生物亲缘本能”，爱德华·威尔逊称之为“人类潜意识里在寻找的、与其他生命的关系”[②]，这是人与生俱来的属性。当这种链接重新建立起来的时候，人们的语言、理论、思维、行为和模型就会同我们真正的、天生的本能相一致。之前自然界中的事物往往被描述为尺寸、千克、箱、产量等抽象的概念，这些概念不可避免地赶走了我们心底的灵性和感觉。然而，我们需要把专业化的科学知识同我

---

① S. J. Gould, A Charming Night, *Natural History*, No. 9, 1991, p. 4.

② Edward Wilson, *The Diversity of life*, Cambridge: Harvard University Press, 1922, p. 350.

们对生命的情感联系在一起，这样会让我们创造出更加符合人类本能的新知识、新模型和新理论，于是，大量的学科知识就会表现出旺盛的生命力和活力。由此，我们应该建立一种新型关系，即“放弃偏见而去尊重人类之外的、非天生邪恶的物种”①，只有摒弃以速度、快感和掠夺为宗旨的社会经济发展导向，承认自然界动植物及其野性，万物平等的思想之光才能照耀世界，我们才能够具备丰沛的想象力和智力，才能创造出彰显自然界美丽、圣洁和深邃的新知识体系。人类智慧的产生、知识的更新与自然界生物多样性密不可分，智慧可以引导我们本着“为什么”的心态去处理问题，使我们能够“与自然和谐相处”而不超越道德的界限，使我们的行为适度、方向明确。科学合理的生态科学观念和极富时代环境韵味、不断创新的生态文明知识，让我们的人性更加丰赡与纯真，教会我们敬畏、谦逊、给予、恢复、关联性、欢喜、美丽、责任和野性。最终，我们逐渐学会用充满爱和智慧的新知识、新理论武装自己的头脑，装点和美化呵护人类生存的世界花园，进而为世界所有生命体创造共同的福祉。

（四）提高生态参与意识，重塑凸显生态合力的新理念

生态参与意识要求人们在“体验－感悟”式的生态素质教育活动中不断提升自身的生态认知水平和生态综合素养，形成呵护生态文明、涵养人文情怀的社会氛围，在全社会建立起一种立体化的生态素质教育体系。好奇心是人类与生俱来的对世界万物充满期待和希望的内心情感，是一种源于人类本质的纯粹的快乐，蕾切尔·卡逊曾说：“去了解和去感觉都非常非常重要。”② 因此，通过激发人们的好奇心和探索欲去积攒力量，推动全社会的合力参与，进一步将政府、学校、家庭以及个人等多元主体紧紧地团结在一起，提高人们的生态参与意识，有助于营造良好的生态素质教育氛围，进而形成一幅宁静、美丽、和

① Barry Lopez, *The discussed Contract-From T. Lian editor's 〈great wilderness〉*, Boston: Houghton Mifflin Harconrt, 1989, p. 383.

② Rachel Carson, *Curiosity*, New York: Harper Press, 1984, p. 45.

谐的生态文明宜居画面。

1. 积极发挥政府的“引导者”作用，形成全社会合力参与生态素质教育的自觉性和积极性。2013 年 9 月，习近平总书记提出了“绿水青山就是金山银山”的理念，告诫人们应该摒弃传统的“先抓经济、再搞治理”的发展观念，要把做好生态环境保护工作作为重中之重来抓。政府作为经济发展和环境治理工作共同的“引路人”，既要带动地区经济稳定可持续发展，又要引领公众关注和重视生态环境保护工作，发挥好“引导者”的角色，对我国未来的生态素质教育作出整体规划，从顶层设计上制订出完整的思路和框架。

一是，政府应该对社会公众的生态素养情况进行合理评估。通过对各省份、各地区的实际生态情况和当地生态素养水平进行实地调查与客观评估，统计人们在生态认知水平、生态责任感、生态践行能力等方面的实际情况，进一步对现象背后的原因深入分析，结合区域历史文化特点和群体特质等，帮助人们从实际情况和现实问题出发，形成重塑生态文明意识、树立生态价值观、规范生态文明行为的有效策略。

二是，政府应制订生态素质教育的任务和目标。政府不仅要为生态素质教育工作提供资金供给、人才支撑和政策保障，而且要结合当地的实际情况，给宣传教育、环境保护等相关职能部门设置明确的基本任务和目标要求，督促各部门在管辖范围内充分履行强化生态素质教育的义务和职责，并对其实际成效做出客观评价和综合考核，通过相关激励考核措施进一步巩固和宣传先进经验做法，推动生态素质教育工作落地见效。

三是，政府应制定相应的生态法律法规，严格立法、执法、司法等工作。政府在引导社会公众建立生态化思维观念和行为习惯中起到一定的引导示范作用，通过制定科学合理的生态型法律法规，能够约束人们不做违背自然界客观规律和人性发展规律的事情，使人们的行为服务于整个自然界和人类社会。在这种观照人与自然、人与社会和谐共荣的生态价值观的指导下，逐渐形成全社会合力参与生态素质教育的自觉性和积极性。

2. 引导学校扮演好“推进者”角色，全面提升人们的生态意识、生态情感和生态素养。学校应逐步开设地理学、自然环境学与资源科学等生态型教育课程，并组织相关专家对生态素质教育进行相关科研探索，针对生态素质教育的目标、内容、践行路径等开展广泛讨论与研究，积极向人们传授丰富的生态文明知识，全面提升人们的生态意识、生态情感和生态素养等，以期更好地推进热爱大自然的人文情怀教育。学校在生态素质教育中应做到以下几点。

一是开展阶段性生态素质教育，丰富生态素质教育形式。遵循生态素质教育的全面化原则，在学前、中小学、大学以及成人教育等各个教育阶段开展针对性、差异性的可持续生态素质教育，积极创设生态文明教学场景，优化生态文明教学手段（包括推广网络授课、开发在线课程、创建课堂视频、开展移动化学习等），以此来激发学生的生态道德情感体验，培育生态文明意识，进而提升社会公众整体的生态素养。

二是挖掘生态素质教育内涵，扩展生态实践活动内容。摒弃传统的“践行生态环保行为”“熟知生态环境状况”等肤浅的口号式教育，通过组织有关“生态资源保护”“生态文化重构”“生态审美培育”等专题讲座，深入探析“各类资源能源的相关知识，各地区生态文化的传承与弘扬以及生态审美意识的社会建构”等主题。同时，还可以组织一些喜闻乐见、接地气的生态实践活动，鼓励人们在活动中进行积极的体验和思考。卢梭在《爱弥儿》中强调广大青少年应该深入大自然中，在与自然环境的接触中接受真正的教育。[①] 因此，在实践活动中，可以通过体验花开花落、草长莺飞的秀丽风景，观赏云遮雾绕、层峦叠嶂的宏伟景观，感受蜂飞蝶舞、游鱼戏水的动人姿态，使学生深刻体会到保护环境的重要性，引导学生实现生态意识由知到行的转

① 单中惠、杨汉麟：《西方教育学名著提要》，江西人民出版社 2004 年版，第 138 页。

化，争做低碳环保的“绿色公民”，使人们能够真正将生态知识内化于心、外化于行，贯彻“学生态、讲生态、用生态”的理念，进而为生态素质教育在全社会的普及和推广奠定基础。

3. 凸显各大企业“参与者”的作用，引导社会公众践行低碳消费和绿色消费观。随着互联网的广泛普及和利用，人们获取信息的方式变得日益多样化，信息来源媒介由传统的电视机、收音机、报纸等转变为现在的计算机、手机等，社会公众对于生态问题更加关注，也更倾向于依靠网络自由发表观点、获取生态热点信息等。为了提升人们对生态环保和生态素质教育工作的认同度和参与度，企业应发挥好带头示范作用，通过举办各类生态环保和生态素质教育活动，不断提升自身员工的生态价值观和生态践行能力，进而不断营造社会氛围，激发社会公众参与生态素质教育的积极性。这就对企业提出了以下几点要求。

一是，在企业内部或各大网络平台大力宣传和推广环保知识。其一，引导企业与当地的动植物保护组织和社区街道等机构或单位合作，成立爱护动植物的工作团队。在该团队组织的各类活动中，做到定期发布动物的生长特性和救助信息等图文信息，及时更新自然界诸多植物的生活习性、环境适应性、功能特点等方面的信息，从而不断提高企业内部员工的生态文明意识和生态知识认知度，进而增强人们的生态素质教育水平。其二，在企业的网络空间或平台发布生态环保热点新闻事件、生态文明类前沿知识以及生态素质教育先进事迹等内容，定期带领广大企业员工进行学习和讨论等，以期不断提升其生态文明认知和生态素养水平。

二是，在企业内部开展各类生态素质教育活动，引领全社会构建绿色生产生活模式。企业作为国家能源资源的主要使用者，其生产方式的绿色化低碳化定位对整个生态环境具有重大影响，“只有尊重生态原理所形成的经济政策才能取得成功”[①]，因此，企业的生产经营和

① ［美］莱斯特·R. 布朗：《生态经济——有利于地球的经济构想》，林自新、戢守志等译，东方出版社2002年版，第21页。

生态保护并不冲突，应该充分调动企业的积极性，把开展生态素质教育纳入企业的常规性工作范围，开展以企业管理者、决策者和员工为主体，以生态经济、低碳经济和绿色营销等为手段的各类生态素质教育活动。比如，开展“生态环保走进生产线”“环保监督靠自己”“绿色发展·节能先行”等活动，通过一系列生态环保教育活动，深化企业员工对经济发展和环境保护关系的科学认知，不断增强企业员工的生态价值观。同时，在逐步完善企业生态文明知识考核评价体系的过程中，帮助企业完成生态化结构转型与低碳产业模式升级，建立起符合时代特点的企业绿色文化，大力弘扬生态文明观和绿色发展理念，进而引导社会公众践行低碳消费和绿色消费观念。

4. 突出家庭“熏陶者”的作用，帮助孩子从小建立热爱自然、关爱他人的生态环保意识。德里兹曾说过：“小时候没有养成对自然界道德态度的人，长大后成为生产者时对他进行的为时已晚的职业道德培养的诸多努力已是无济于事了。”[①] 因此，人们从小接触到的良好的生态道德氛围往往会潜移默化地影响一个人的思想和行为，家庭作为公民居住和生活时间最长的一个基本单位，对人们今后的生态素养培育起着至关重要的作用。然而，很多人忽视了家庭的这种“熏陶者”作用，通常将其与社会教育、学校教育的作用相混淆，没有发挥出家庭对孩子生态道德感和责任感的熏陶和感染作用。一个家庭中，父母应该首先树立起自觉的生态文明意识，在实际生活中以身作则，在与孩子的日常相处中潜移默化地影响和感化孩子。比如，在遇到破坏自然环境或浪费资源能源的人或事时，要自觉地站出来去制止并及时对当事人进行生态环保教育；在衣食住行等方面，应率先发起并倡导每一个家庭成员节约粮食、进行适度消费等，帮助孩子树立人与自然和谐相处的生态价值观，养成爱护动植物、随手关灯关水、节约粮食、绿色出行等良好的生活习惯。在潜移默化的熏陶下，使得孩子建立起

① 朱晶：《论思想政治教育的生态价值及实现》，硕士学位论文，新疆大学，2008 年。

热爱自然、关爱他人的环保意识和生态责任感，最终使这种美好的品质内化于心，帮助人们形成稳定、理性和规范的行为方式，不断增强整个社会共同应对生态问题的凝聚力，进而提升全社会的生态素质教育水平。

二　丰富生态文明知识，夯实国民生态素质教育理论基础

《国家教育事业发展“十三五”规划》中提出要强化生态文明教育，并将生态文明理念融入教育全过程的基本任务和要求。因此，我们应该增强生态文明理念在各学科、各领域和各环节中的渗透力度，不断丰富生态文明知识，提高人们的生态文明认知，进而夯实国民生态素质教育理论基础。不仅需要运用以“思想政治理论课”为主、其他学科为辅的教育方式，形成跨学科、多样化的生态素质教育模式，还要加强生态法律法规教育、推广生态文明道德教育等，有效帮助受教育者形成“绿水青山就是金山银山”的生态理念，自觉运用生态文明的思维方式解决现实中的问题，从而培养出一大批自觉保护生态环境和资源的“生态人”。

（一）开展生态科学知识教育，提升国民生态文明素养

生态科学知识主要包括生态环境科学的基本常识和维护生态平衡的基本规律两大类，具体来说主要有生态文明理论知识、生态物种多样性、生物圈运行规律、物质动态平衡规律以及自然和社会良性互动规律等。生态科学知识教育有两种形式，即跨学科单一模式和多学科渗透模式。其中，跨学科单一模式是在某一门特定的学科中专门集中讲授生态科学知识；多学科渗透模式是将生态科学知识渗透到各个学科的教学中实施全覆盖教育。课堂教学是生态科学知识教育的主渠道，我们通常运用跨学科单一模式为主、多学科渗透模式为辅（以“思想政治理论课”为主、其他学科为辅）的教育方式进行生态科学知识教育。无论哪一种形式的教育，都对提升国民生态文明素养有着积极的

推动作用。生态素质教育需要生态科学知识及技术的不断引导和促进，只有让人们积极参与生态科学知识教育，才能有助于全面认识生态问题，帮助人们建立起遵循自然规律办事的意识，实现人与自然协调可持续发展。

1. 成立生态科学知识小组、举办相关讲座，为生态素质教育顺利实施提供新思想和新观点。生态科学不同于其他科学，也不同于科技革命，它能给人们带来一种全新的思维方式，带领人们进入一个新的世界图景。搭建完整的生态科学知识体系架构要求我们做到以下几点。

一是，成立生态科学知识研究小组，推动生态素质教育可持续发展。生态科学知识研究小组内部应定期围绕生态科学知识举办研讨会，研讨会可以围绕以下几方面开展。其一，深入研究各类生物有机体与生存环境之间相互关系的作用机制，把动植物、岩石、河流、草地等归于“生态范式”之下展开探究，尝试形成一套成熟的生态科学知识体系，实现对生命现象真实的、全面的认识。其二，研究生物与环境的多元相互作用关系，既包括各类生命体与自然大环境的关系，也包括生命体之间的关系，在这种复杂的关系中，凸显出大自然生态现象的无限多样性。其三，继承达尔文的“进化论范式”，探究种群、群落与整个生态环境系统的相互适应与内在关系，在注重生物之间的互利和共生关系、生物与环境的协同进化的基础上，不断扩展达尔文进化理论的适用范围。

二是，开设生态选修课和举办相关专题讲座，促进生态素质教育的创新发展。生态科学知识内容丰富、博大精深，绝大多数高校还没有条件将《生命科学导论》《现代生物学导论》等生态科学的基础课程作为所有专业的必修课程纳入培养计划，但是可以采取开设选修课、专题讲座等形式，运用全新的思维方式创造性地设计学习内容与生态素质教育的融合点。比如，开设《环境生态学》《微生物生态学》《生态系统和生物圈》等选修课程，研究微生物群体（微生物区系或正常菌群）与周围的生物和非生物环境之间的相互关系；还可以利用微课、慕课等新型讲授模式，分享有关生物发展演变过程中的真实画面和案例，使学生能够较好地掌握生态系统结构和功能、物质循环及能量流动基本规律、生态平衡基本规律等，在真实情境的体悟中将所学的生态科学知识变活，通过学习生态科学基本知识，帮助学生了解环境污染和生物入侵的生态危害及科学防治的基本路径，理解生态文化和生态文明的科学内涵，掌握一定的生态哲学和生态美学等知识，并且学会运用生态文化重新审视我国传统文化，进而培养出一大批自觉保护生态环境和资源的新时代“生态型人才”。

2. 发挥思想政治课程、人文社科课程以及其他专业课程的教育优势，帮助人们形成热爱自然、追求真善美的生态品格和行为取向。通过深入挖掘思想政治课程、人文社科课程以及其他专业课程中的生态科学知识和生态文明教育要素，引导学生形成对生态哲学、生态文明史、生态行为养成以及生态现状等科学知识的清晰认知，培育学生“海纳百川、上善若水”的生态道德品格，形成热爱生命万物、追求真善美的生态行为取向，实现人格的生态化转换与提升。

一是，抓住思想政治理论课这一生态文明教育的主渠道。思想政治理论课是高校思想政治教育的主渠道，而生态文明教育是高校思想政治教育的重要组成部分。因而要抓住思想政治理论课这一主渠道，积极开展生态文明教育。其一，在《马克思主义基本原理概论》课中加强生态哲学思想的教育。如在讲普遍联系的观点时，要阐明保护自然环境和维护生态平衡的必要性，提出人类社会和自然界是一个有机整体的思想，从社会制度、生产方式和全民教育等方面探讨解决生态问题的路径，为建设新时代的生态文明提供清晰的思路。其二，在《毛泽东思想和中国特色社会主义理论体系概论》课和《形势与政策》课中增强对生态文明的认知教育。要系统讲授“五位一体”建设总布局、新发展理念以及“四个全面”战略布局，使学生明确我国社会主义生态文明建设的总体思路；在讲科学发展观时，阐明为什么要走生产发展、生活富裕、生态良好的文明发展之路；在讲经济建设时，结合实际案例讲清楚既要做到经济又好又快发展，又要注重生态保护，为生态文明教育的开展奠定理论基础。其三，在《思想道德修养与法律基础》课中加强学生的生态人格塑造和生态行为养成教育。在讲授生态道德伦理和生态法律知识的同时，注意引导学生形成尊重自然、合理消费的实践行为规范，引导学生增强生态法律观念和环境自律意识，为生态文明教育构筑道德与法律的制高点。其四，在《中国近现代史纲要》课的教学中挖掘和补充生态文明的历史材料。结合历史发展讲清楚生态文明建设的历史经验，反思生态危机的历史教训，使学生对生态文明建设有更深刻的认知和了解。

二是，挖掘其他人文社会科学课程中的生态文明教育要素。在其他人文社会科学课程的授课过程中，运用全新的思维方式创造性地设计教学内容与生态文明教育的融合点。例如，在“健康教育课”中利用微课、慕课等新型教学模式，分享有关饮食卫生的现实案例，使受教育者能够真切地感受到过度使用农药、随意排放家畜粪便和工业废弃物造成的危害，在真实情境的体悟中将所学的生态文明知识变活。在“艺术设计课”中讲授装饰艺术时，鼓励受教育者从垃圾回收站找素材，从树皮、草木、玉米皮、高粱秆等原生态标本中寻求灵感，通过收集生态事物，从生态中挖掘创意，强化学生的生态文明意识。在“历史课”中，如讲授康乾盛世时，讲清楚耕地面积与人口增加的反向关系，即随着人口的增加耕地面积逐渐缩小，从而导致生态被破坏。在讲授传统图腾文化时，讲清楚人类与生物界之间的密切关系，如“龙”是古人通过观察大自然中的动物原型（如鹰爪、蛇身、鹿角、狮口等），从多种动物中整合、设计出来的一种生态化符号，引导学生体悟自然生灵之奇妙，领悟人类与动植物共生的历史。在讲丝绸之路的沿途各国时，从生态的角度分析楼兰古国消失的案例，使学生认识到生态保护的重要性。

三是，增加其他专业课程中的生态文明教育要素。除了在思想政治理论课程和其他人文社会科学课程中加强生态文明教育之外，高校还应在其他非人文社会科学课程中增加人文属性的生态类学科的内容。目前，生态环境专业大都分属于传统的理、工、农、医等各类学科，与人文社会科学的显性结合点较少。因此，应在其他非人文社会科学课程体系中增加生态经济、生态城市、环境生态、环境政治学、环境社会学、环境教育学、环境美学等人文属性的生态类知识传授，增设诸如生态伦理学、生态文学、生态法学以及生态美学等选修课，引导受教育者掌握生态文明的政策法规、历史渊源等理论知识。同时，运用案例教学法、问题探索教学法使学生了解和掌握我国的生态现状和发展趋势，使教学内容和教育方式更加契合接受者的实际和期许，推动生态文明教育真正嵌入大学生的头脑和心灵。通过上述措施实现新教学思维方式的发掘和介入，逐渐构筑起以“尊崇自然、绿色发展”为理念的生态素质教育教学体系，提升学生整体的生态素养。

（二）加强生态法律法规教育，增强国民生态法治观念

增强公众的法治观念离不开完善的规则体系与强有力的立法、司法和执法体系，生态素质教育的顺利进行同样也离不开生态法律法规的推动和保障作用，正如马克思所说：“每个人能够不损害他人而进行活动的界限是由法律规定的，正像两块田地之间的界限是由界桩确定的一样。”[①] 推动生态素质教育工作顺利开展离不开法律的约束，只有具备完善的生态法律制度，才能逐渐增强国民的生态法治观念，保障生态素质教育工作的顺利进行。

1. 完善生态文明法律法规体系，形成生态素质教育工作的整体思路和工作框架。从 1979 年我国颁布《中华人民共和国环境保护法（试行）》以来，我国出台了 30 多部有关环境保护的法律，环保类法律已初具规模。但是，这些法律与我国生态文明建设和生态素质教育实际情况仍存在差距，主要表现为各项法律之间存在冲突、法律规定缺乏实际可操作性、某些领域存在法律空白或漏洞等。因此，在国民

① 《马克思恩格斯文集》第 1 卷，人民出版社 2009 年版，第 40 页。

生态素质教育的现实诉求下，将生态文明理念积极融入环境立法，突出生态素质教育的基本要求，创新法律制度的设计形式，加强对现实生活中各类生态问题如滥杀滥食野生动物、肆意填海造岛、随意排放污染物等方面的立法工作，需要完善相关生态环境法律法规革新工作思路。这就要求我们从生态文明建设和生态素质教育工作的总体现状出发，在关联性和整体性思维的指导下，摒弃“条块分割”“碎片管理”的传统模式，加强各项单行生态法律法规的配合，及时更新立法原则，增强法律条例之间的协调关联度，创造一种全新有效的法律体系。同时，革新整体思路和工作框架，建立“横向覆盖广泛、纵向延伸到底”的生态教育法律体系，引导公民积极参与，使得环境立法更加“接地气”“合民意”，增加生态法律法规的体系化、制度化和规范化建设。

2. 加大环境保护行政执法力度，增强人们的生态法治意识和生态法律权益。法律的生命在于实施，法律的权威也在于实施。在完善法律法规的前提下，还应加大执法力度，增强环境保护法的威慑力和实效性。然而，传统的环境保护工作中存在着执法力度弱、执行难以及环境执法机关工作不严格、不规范、不透明等问题，比如，某些环境执法部门基于推动本地经济效益考虑，在环评验收环节，没有完全按照环评标准进行科学评估和规范执法，对一些不合格的企业盲目执行审批合格，这一类问题在一定程度上阻碍了生态文明建设工作和生态素质教育的顺利实施。因此，在环境执法工作中，要把生态合法性放在第一位，相关领导干部应兼顾眼前利益和长远利益，树立“法无授权不可为，法定职责必须为”的工作理念。通过强化培训优化执法队伍建设，帮助生态保护执法人员提升环保责任感和使命感，并将其环保业绩纳入奖惩和晋升的考核要素之中。增加对环保执法和生态教育部门的资金投入，适时引入第三方参与环境治理，建立起多部门联动长效机制。为了推进生态文明建设和生态素质教育工作，需要不断加大环境执法力度、创新执法手段，以期在全社会范围内营造一种公正透明、行之有效的环境执法氛围。同时，在行政执法过程中，也离不开学校、企业、社区以及其他相关单位或机构等社会主体的合力参与，共同形成多元主体协作的生态环境治理体系，通过强化生态法治思想，开设生态法治相关课程，增强环境保护监督力度等，增强人们的法治意识和法律权益，让人们知晓破坏环境的后果，让环境违法者处于公众的监督下，进而有效加大环境保护的行政执法力度。

3. 强化环境保护的司法水平，推动生态环境审判工作规范可持续发展。生态环境治理中产生的问题，不仅要靠严格的立法执法和说服教育，还依赖于客观公正的司法工作。“天下之事，不难于立法，而难于法之必行。”司法被称为保障和维系社会公平正义的最后防线，在保护生态环境和推动生态素质教育工作中起重要作用。公正的司法审判，能及时惩治和纠正破坏生态环境的行为，进而对自然环境进行修复和补偿。在传统的环境保护司法工作中，依旧存在诸如重事后惩治轻事前防控、重经济效益轻生态效益等问题，这就要求我们做到将“环境保护优先”的工作理念贯穿于整个司法全过程，强化司法人员对环保和环境教育等工作的重视度，不断加强环境司法工作队伍的生态认知水平和社会责任感，推动环境保护司法审判工作朝着专业化、职业化和规范化发展。建立健全司法审判制度和环境公益诉讼制度，在司法过程中进一步规范环境污染的诉讼时效，完善环境污染的责任认定制，优化审判因果关系推定制等，进而保障人们的环境诉讼权和生态权益。同时，还应全面提升人们的法治意识，通过建立环境纠纷预警制，鼓励社会公众与环境监管部门、法院等各方建立起多方联动模式，充分运用司法的合力作用，及时掌握源头信息，完善举证、审判等司法程序，对突出问题及时预判、有效化解，进而不断增强人们的生态保护意识，并将这种意识应用到日常保护环境、司法公正，乃至全人类可持续发展的共同事业中来。

（三）推广生态文明道德教育，完善国民生态德育体系

随着“文化战争”的掣肘和“异质价值观”的渗透，教育专注于

“未来不错的工作和前途”，在机械化的教育大工厂中，人格化转向和提升的深度教育、成人（仁）教育缺失，人们通常认为教育“与自己身心性命之安顿无关”[①]，这种远离“生命本质”的无方向教育，无疑“为全球经济提供更多有竞争力的工人”[②]，衍生出了物质主义、消费主义、个人主义和犬儒主义等“精神疾病”。而生态文明道德教育摒弃了只教知识、只教考试，而不教行为方式、不教价值观的“机械式”教学模式，通过对人的道德认识、道德情感、道德意志、道德信念和道德行为等一系列综合教育，帮助人们学会正确对待人与自然的关系，塑造鲜明的自我个性和科学的思想道德素质，其目的是重塑人的心灵、诉诸情感、转变观念、锤炼意志、养成习惯，使人们的生命得到真正地滋养和改变。

1. 强化生态文明道德认识，引导人们学会正确对待人与人、人与自然、人与社会的关系。认识是人脑通过对一系列客观事物的反映，并揭露其对人的意义的思维活动。生态文明道德认识是人在对自然环境或社会状态有了全面理解和认知的前提下，将自身的生产生活状况与自然、社会紧密联系在一起，形成追求“人与人和解”“人与自然和解”的道德理念，并以此更好地指导人的行为。自 20 世纪 90 年代起，我国就在中小学逐步设立环境教育课程，在自然课、地理课等相关课程中开始讲授环境教育知识，然而，系统全面有效的环境道德知识仍未大范围普及中小学课堂，学生对于生态伦理学未形成体系性认知。因此，我们要做到以下两点。

一是加强教育教学工作，提高学生的生态文明道德知识。教学是学校实现教育目的的基本途径，[③] 生态文明道德教育要求从受教育者的道德素养出发，通过研究性和实践性教学，运用课内与课外、教材

---

① 龚鹏程：《马一浮国学观及其特色》，《杭州师范大学学报》（社会科学版）2008 年第6 期。

② ［美］查伦·斯普瑞特奈克：《真实之复兴：极度现代的世界中的身体、自然和地方》，张妮妮译，中央编译出版社 2001 年版，第 144—145 页。

③ 王道俊、王汉澜：《教育学》，人民教育出版社 1999 年版，第 178 页。

与阅读、教与学相结合的现代教法，引导受教育者在现实生活的真实情景或案例中，积极思考、充分讨论，把答案转变为对案例的探索，进一步提高他们对生态伦理的认知；还可以通过在学校开设必修课和选修课，举办主题性讲座，设立网络云课堂，发挥思想政治教育课的“主阵地”作用，等等，宣传与灌输生态文明道德原则、规范、现状和发展趋势等知识。

二是善于引导学生运用生态文明道德原则去分析社会现象，这就需要帮助学生树立极具时代感和全球视野的新的环境世界观，使学生在面对社会热点事件和热点话题时，能够透过现象认清本质，能合理地分析相关生态问题并提出解决问题的基本思路，进而帮助他们学会正确对待人与人、人与自然、人与社会的关系，实现生态文明道德认识水平的全面提升。

2. 树立生态文明道德信念，激发学生的生态道德责任感和生态使命感。信念是人们建立在一定认识基础上，对某种事物坚信不疑地认可和赞同。生态文明道德信念，是人们在具备一定的生态文明道德认识的前提下，对生态道德理想深刻而有根据的笃信，是在生态文明实践活动或履行生态道德义务的过程中表现出的强烈责任感和坚定不移的生态道德态度，能够推动人自身的生态认知转化为生态情感和意志，并进一步形成自身独特的生态行为。它能够保障人们明确认知生态道德目标、自觉履行生态道德义务以及坚定追求生态道德理想等，培育坚定的生态文明道德信念。

一是引导学生深刻理解导致生态危机的根本原因，形成对资本逻辑的道德批判力。伴随着工业化的飞速发展，空气污染、土壤污染、生物多样性锐减、温室效应，乃至各类“城市病”层出不穷，在资本逻辑的指导下，人们崇尚科技至上、利润至上，工具理性逐渐战胜了价值理性。基于此，应该引导学生充分认识到资本逻辑和资本主义生产方式的落后性，并能够批判资本主义制度，形成对资本主义传统生产观念的道德批判力，进而建立起通过发挥社会主义制度的优越性以逐步克服生态危机的自信心和行动力，树立起坚定的生态文明理想和生态文明道德信念。

二是在生态实践活动中帮助学生建立生态道德信念。应积极开展丰富多样、形式多元、意义深远的生态环保活动，比如，举办反映当前社会生态问题的书画或漫画展，展示生态热点或生态环保先进事迹，把社会现实通过直观形象的图片向社会公众展示，以激发学生的生态道德责任感和使命感，推动学生将生态道德认知转化为生态道德信念。

3. 培育生态文明道德情感，在全社会形成一种崇尚生态文明、崇尚生态美德的社会情感，进而能够自觉履行生态义务。道德情感是人们依据一定的价值尺度和标准，对自我或他人的道德行为所生成的认同或排斥的心理体验。生态文明道德情感是人们在一定的生态文明道德标准下，对生态文明道德现象和行为产生的某种情感体验。生态文明道德情感的基础是人对大自然的感情。当今时代，人们忙忙碌碌，穿梭于充满钢筋混凝土的城市街道，人与自然的关系呈现疏离的状态，人们对灿烂的晚霞、巍峨的高山、潺潺的溪流等失去了亲近与接触的机会，这就要求我们在热爱自然的基础上，不断强化生态文明道德情感。

一是增强人们的情感评价认知水平。情感评价即以某种情绪状态表征某种道德关系或行为正确与否，在现实社会中，广大青少年受教育者通常处于血气方刚的年纪，他们倾向于以直观感性的方式去处理各类问题，也往往更具备爱憎分明的心理和行为特质，由此，通过增强青少年受教育者的情感评价力度，激励他们弘扬真善美、痛击假丑恶的心理特征，引导他们与破坏生态文明的行为抗争到底，并对保护生态文明的行为和现象加以宣传与弘扬，真正起到惩恶扬善的社会效应。

二是提升人们的情感调节作用。大部分受教育者对自己所信仰和尊崇的人或事都有较强烈的情绪倾向。当一个人特别欣赏和赞同某个人或某件事时，就会出现乐于服从和履行的心理变化，所以应注重培养受教育者对生态文明的情感认同，在保护生态环境和开展生态素质教育工作中注重提升其情感调节作用，使其发自内心地去履行相关的生态义务，进而使得全社会形成一种呵护生态文明、崇尚生态美德的社会情感，从而营造人人讲生态文明道德情感、人人履行生态文明义务的良好风气。

4. 增强生态文明道德意志，使得人们具备履行生态道德义务的毅力和决心。意志是指人在一定的目标指导下，坚定信念、积极行动、克服困难、达成任务的心理过程。道德意志是人们在履行道德义务时表现出来的克服困难、不断奋进的顽强毅力和决心。生态文明道德意志是人们在遵守生态文明道德准则、履行生态文明道德义务的过程中表现出的坚忍不拔、排除万难的坚持精神。现阶段，随着生活水平的提高和生存环境的改善，人们普遍缺失吃苦耐劳的意志力，而顽强的意志力和行动力有助于帮助人们形成生态文明认知上的独立性和自信心，进而引导其积极履行生态道德义务，巩固人与自然的良好关系。这要求我们做到以下几点。

一是，在社会实践活动中强化世界观、人生观和价值观教育。教育者带领受教育者走进企业、大自然等真实场景中，通过各类实地考察、调研活动和寒暑期社会实践活动，在与破坏环境、危害社会的不文明行为做斗争的同时，锻炼他们的生态道德意志，增强其明辨是非的能力，培育强大的抗压力和乐观品质，进而帮助他们形成积极向上的世界观、人生观和价值观。

二是，传授多元化的科学知识以增强其应对各种困难的能力。丰富的知识涵养能够帮助受教育者认清社会现象或问题的根源所在。在日常教育过程中，通过向受教育者传授多学科、多领域的生态知识，开拓受教育者的视野和思维，积极引导受教育者在厘清各类关系状态的基础上，从宏观角度客观理性地分析和解决现实生态问题，进而增强克服挫折和困难的能力。

三是，在实践活动中培养人们阳光开朗的正面情感以形成履行生态道德义务的毅力和决心。要引导人们热爱我们的地球家园，做好回归本心、回归乡土、回归自然等“三回归”教育，在教育过程中，重拾人类的生物亲缘性本能，引导人们学会呵护自然界万物，关爱社会上的每一个人，为保护自然、创造美好生活贡献出我们无私的爱、智慧与情感。由此，在正面情感的积极引导下，激发人类对改善自然环境、社会环境的使命感和责任心，培育履行生态道德义务的毅力和决心。

5. 养成生态文明道德习惯，引导人们在反复学习和不断实践的过程中，形成自觉践行生态道德观的行为方式。道德习惯是在一定的社会文化区域内，个体在日常道德行为中表现出的习惯方式。生态文明道德习惯是一个人按照基本的道德要求，实践生态文明道德规范后呈现的状态，是衡量生态道德教育是否有效的标志，正如“判断一个人，不是根据他自己的表白或对自己的看法，而是根据他的行动”。这就要求人们做到以下两点。

一是加大对生态文明道德的宣传和教育力度，使生态文明道德由“新”道德变成“旧”规范。1973 年 8 月，我国召开了第一次环境保护会议，标志着环境教育事业在我国起步，在 40 多年的时间里，大部分人还没有完全接受和适应这一概念，对生态道德教育的接受度往往更低，因此，要通过观念引导、制度保障和实践支撑等加大对生态文明道德的宣传、教育和践行力度，让人们真正熟知和理解生态文明道德教育，将其由“新概念”变成“旧常识”。

二是通过反复学习和不断实践把生态文明道德由外在要求变成行为习惯。习惯能赋予人们行动上长期稳定的持续力，个体的行为习惯一旦养成就难以改变，并且对规范人们的自身行为方式起着至关重要的作用，而习惯是通过反复学习和不断实践养成的。因此，我们应做到积极学习生态文明道德知识，并在实践活动中加深理解，促进生态文明道德习惯的养成，形成一种全社会自觉投身生态道德教育、弘扬生态美德以及践行生态道德观的良好氛围，不断完善国民生态德育体系。

三 加强生态教育制度建设，完善国民生态素质教育体系

马克思曾说："既然是环境造就人，那就必须以合乎人性的方式去造就环境。"[①] 制度在环保工作中起着重要作用，制度是一个社会的游戏规则，是为决定人们的相互关系而人为设定的一些制约。[②] 习近平总书记提出，应加快建立健全以生态价值观为准则的生态文化体系，完善生态文明体系。党的十九届四中全会中提出，要坚持和完善生态文明制度体系，促进人与自然和谐共生。[③] 健全的制度也是生态素质教育的重要保障，反观现实，许多人没有形成主动选购绿色产品的行为习惯，生活中还存在大量使用一次性用品、购买过度包装商品等现象，这除了与人们的环保意识不强有关，也与当前我国市场认证和管理制度较为滞后有关。比如，垃圾设施的使用和处理制度不到位会导致人们的"垃圾分类"自觉性和践行度不够，市场管理和认证制度不规范等会大大降低人们日常生活中选购绿色产品的积极性。另外，交流捐赠平台和监督举报渠道不畅等也会导致人们不能较好地改造利用和捐赠闲置物品，无法保障积极落实生态环保监督行为。因此，政府必须充分发挥其宏观调控职能，以制度改革创新为着力点，加强生态教育制度建设，以制度保障带动长效机制的建立，通过强化制度的强制力和约束力，规范人们的行为方式，使得生态素质教育趋于科学合理，其管理、执行、监督和评价等环节都朝着制度化、规范化的方向发展，最终使得国民生态素质教育产生持久有效的效果。

（一）建立生态组织管理制度，促进国民生态素质教育持续有效发展

组织管理制度是每一个人必须遵守的公共行为准则。它规定了全

---

① 《马克思恩格斯文集》第1卷，人民出版社2009年版，第335页。

② ［美］道格拉斯·C. 诺斯：《制度、制度变迁与经济绩效》，刘守英译，上海三联书店1994年版，第3页。

③ 《中共中央关于坚持和完善中国特色社会主义制度 推进国家治理体系和治理能力现代化若干重大问题的决定》，《人民日报》2019年11月6日第1版。

体成员的职权和职责，主要包括机构设置、规章条例和行为标准的制定、工作程序和责权的划定等，健全的生态组织管理制度拥有合理的组织架构、职责体系和权利系统，能够对人们生态观的培育、生态认知的提升和生态文明行为习惯的养成保驾护航。

1. 推动组织领导制度化，增强生态素质教育的约束力。政府作为开展生态素质教育这一系统工程的主导者和生态素质教育整体规划的制定者，要从顶层设计角度出发，通过强化生态素质教育的立法工作，完善生态素质教育日常管理工作以及推动生态素质教育评估和保障制度化建设等，实现对各要素统筹考虑、整体布局，丰富和明晰生态素质教育的内容和目标，划定教育、环保、宣传等部门的具体职责，为生态素质教育开展提供人才、法律、资金和制度等方面的保障。

一是，加强生态素质教育的相关立法工作，从源头上保障此项工作持续稳步有序进行。加强在生态素质教育方面的立法工作，应该通过制定《生态文明日常行为条例》《生态教育管理条例》《环境保护法》等富有权威性和强制性的法律条文，进一步明确生态素质教育的基本目标和要求、执行主体、师资建设、公众参与等基本问题，使得这项工作有法可依、有规可循，进而持续稳步有序进行。

二是，完善生态素质教育日常管理体制机制，保障此项工作能够有效推进。学校以及各教育机构应建立起生态素质教育领导小组，将相关领导、行政科室负责人、院系教师代表等纳入领导小组中来，由校长担任组长，统筹全校生态素质教育工作。同时，下设生态素质教育办公室，将相关行政科室（如教务处、学工处、团委、后勤处）负责人、院系教师或学生代表纳入办公室，设置教学科、环境管理科、校内外实践科，使得生态素质教育能够有效地推广。

三是，推动生态素质教育评估和保障的制度化建设，打造高效严谨的生态素质教育团队。这就要求我们不仅要实现评估对象（包括领导、教师队伍、学生群体）、评估方法、评估流程（评估重点、评估框架、评估方式、评估结果分析）的制度化，促进生态素质教育活动有序进行，还应推动队伍保障（确立相应的选拔、培养、管理、考核制度）、经费保障（理论和实践教学经费、师资培训考察经费、奖励专项经费）、物质保障（配备生态素质教育基础设施、开放生态森林公园）的制度化，最终打造出一支业务精、纪律严的生态素质教育队伍。

2. 实现岗位职责化，增进生态素质教育的渗透力。实现岗位职责化要求明确每一个人的具体职责，对每一件事详细列出细化标准，包括任务要求、开展步骤、责任范畴和达成目标等，使其日常管辖范围内各项工作流程实现动作化、任务化和事件化，确保各项工作能够稳步推进。生态素质教育行政架构中包含教学科、实践科和环境管理科，为了实现岗位职责化，增进生态素质教育渗透力，要求各岗位实现职责化和专业化。需要做到以下几点。

一是，规定和明确教学科负责日常生态素质教育的教学工作，具体包括教学大纲的编写、教学目标的制订、教师的培训与考核事宜等。在管理和规范课堂生态教学的工作中，应明确“怎样培养人、培养什么人、为谁培养人”的基本原则，在教育过程中不断提高人们的生态文明素质，推动人的自由全面发展，进而树立生态文明意识、培育生态文化、提升生态素养和生态践行能力，培养出一批能够运用生态文明的思维方式去解决现实问题的“理性生态人”。

二是，安排实践科专门负责生态素质教育课外活动的策划、管理和追踪以及综合评估课外生态教学基地、生态环保志愿者或社团的活动开展情况和日常运行效果，并对生态文明体验活动开展线上线下讨论，适时进行生态价值引领。在日常工作中，组织受教育者深入工厂企业、周围村镇开展生态调研，掌握周边环境的实际生态状况，增强生态素质教育的广度和深度，促进受教育者将生态认知内化为自身的生态价值观，进而外化为生态行为习惯。通过带领受教育者走进大自然，可以在具有真实感和现场感的自然界里，感受大自然的秀丽风景和动人姿态，近距离观察各类动植物、微生物等，展开对地理地形、土壤特质、气候变化、动植物分布状况以及风土人情等方面的调查研究，充分认识生物的生存状态、成长规律、独特属性等以及各类生命体之间存在的某种客观联系，分享当地居民的生产生活方式、沟通模式、风俗习惯等关乎文化精髓、信仰、情感和追求的综合感受，进而引导学生学会关爱自然、敬重生命和保护文化，用足够的爱心和智慧改善地方环境，建立起对人类远景负责的、持久的爱和担当感，承担起作为自然道德代理人的责任和义务。

三是，督促环境管理科发挥构建校园物质环境、精神环境和网络环境的主要职能，引导受教育者在畅谈绿色发展的同时，建立起敬重生命的生物亲缘本能，维护环境的整体性、稳定性和美丽性，重拾谦逊、圣洁、欢庆、给予、野性等美好品质，使得生态素质教育活动的开展更加制度化和规范化，保证生态素质教育取得良好效果。

（二）健全生态公众参与制度，形成国民生态素质教育多元共治模式

教育应充分肯定人、尊重人并满足人的发展需要。马克思说："理论一经掌握群众，也会变成物质力量。"[①] 生态理念能够满足人们的价值追求，生态素质教育能够凝聚群众的伟大力量。这就要求我们在推动生态素质教育的过程中，积极引导公众参与生态素质教育活动，致力于构建富有人文情怀的教育体系，推动生态素质教育的可持续发展。健全生态公众参与制，就是要充分调动个体的积极主动性，明确每一个人在生态素质教育中的主体责任和任务要求，将人的个体需求与生态素质教育理念相结合，激发人们对环境保护的认同感，在全社会营造生态素质教育的良好氛围，使生态素质教育常态化、持续化、长效化，最终形成一种全社会多元共治的生态素质教育模式。

1. 各级政府应该不断创新学习与宣传模式，增强生态素质教育的公众参与度和吸引力。依据经济社会发展的鲜明特点和时代要求，在生态素质教育学习和宣传内容方面，各级政府要加强对生态修复、能源利用和生态治理等方面的贯彻和落实，从提升关键核心生态技术，

① 《马克思恩格斯选集》第1卷，人民出版社2012年版，第9页。

推进生态环保科技设施建设，强化生态科技联合研发以及搭建全球生态研究协作机制等方面出发，强化我国生态素质教育的渗透力和影响力；在生态素质教育学习和宣传手段方面，积极运用各类网络平台，将群众喜闻乐见的教育形式渗透到人们的日常生活中去，确保社会公正能够主动参与教育活动。同时，也要考虑到来自不同行业、区域和生活背景的人群的不同需求和实际情况，开展符合个性特征、地域特色或区域文化背景等的生态素质教育活动，以期增强生态素质教育的学习和宣传效果。

一是，应明确对焦经济社会发展的时代需求和关键抓手，着眼于生态修复、能源利用和生态治理等方面，积极转变传统的发展观念和创造理念。通过引进国外先进的科学技术和成功经验，加强关键核心技术研发，稳步推进国家生态环保领域科技基础设施建设，建成一批聚焦生态环保与绿色发展的生态科技合作基地。该基地不仅可以带领人们进行全球的联合研发和科技创新，还可以着力于培育生态基础研究、应用研究和成果转化相互融合统一的成熟链条化研发体系，推动生态产业和循环经济的发展，为人类与自然界共同福祉提供优质的应用成果。同时，政府还应积极发挥其服务社会、造福人民的基本职能，大力探索生态环境保护和生态文明教育领域的国际合作范例。比如，积极与世界各国开展生态文明领域的合作对话、交流互鉴，与世界一流大学或学术科研机构建立起长期的生态文明研究协作机制，参与生态领域的全球论坛或会议，并通过项目支撑和活动推进，有效参与国际性和政府间的生态科研项目，鼓励广大学者以此为契机发表高质量、原创性的学术论文或著作，推动生态文明理念在国际中的积极传播，增强我国生态素质教育的影响力和传播力。

二是，充分利用各类互联网媒介平台拓宽宣传渠道，运用丰富多样的宣传形式增强生态素质教育效果。善于将动态、立体的表现形式融入生态素质教育活动中，如积极举办环保微课比赛、环保博文写作、环保朗诵以及环保舞台剧等，以人们喜闻乐见的多元化艺术形式积极推动生态素质教育活动的顺利进行。同时，还可以利用微信公众号、短视频播映等方式在全社会传播生态文明知识、先进环保个人及其先进事迹等，激发公众参与教育活动的热情，从而营造公众参与生态素质教育的良好社会氛围。

三是，根据不同年龄、行业、区域以及文化背景的人群对象设计出不同的宣传动员方式，以期增进生态素质教育的宣传效果。比如，向沿海居民讲述海洋环境面临的严峻形势，列举国内外的热点生态事件，展示各国或地区解决海洋环境问题的有效策略和后期的防治措施，并进一步激发人们热爱环境、保护海洋的坚定信念；向内陆地区的居民播放和展示土地沙漠化、生物多样性骤减、水土流失等视频和图片，引导人们充分认识到环境保护的紧迫性和重要性；对于青少年或大学生群体，着重引导他们在日常生活中学会合理适度消费，热爱其他生命体，尊重物种间和人与人之间的差异，抵制破坏自然环境和社会秩序的行为等，牢固树立维护生态和谐的价值理念；对企业员工和社会公众适时引用具有警示性意味的社会案例，教育人们拒绝奢靡之风和享乐主义，做到健康饮食、绿色出行、绿色消费，并用自己的行为感染周围的人。

2. 学校要积极发挥自身生态文明科研的先天优势，培养一批全面发展的拔尖型生态绿色人才。加强生态素质教育，是强化学校自身人才培养、科学研究、文化传承和社会服务的强有力保障，也是推进自身“双一流”建设，实现高质量内涵式发展的重要支撑。学校义不容辞地站在了生态素质教育的前线，成为推动教育事业创新发展的有力支持者。学校应通过推进多学科的交叉融合和协同攻关，找准目标，重点在科技、文化、教育以及生态治理等方面推动生态文明研究，不断促进以内涵和品质为中心的全人教育建设，赋予受教育者尊重生命、关怀他人的人文情怀和情感架构，为建设新时代社会主义教育强国培养一批全面发展的拔尖型绿色人才，为实现美丽中国和中华民族伟大复兴的中国梦提供强大的智力支持。

一是学校要做到对标一流学科建设前沿，推动社会科学与生态环境类学科的汇聚造峰和联合发力。积极吸收生态科学、生态伦理学、生态哲学等学科中的生态智慧思想，激活各类学科中的生态知识源，争取在生态经济、绿色金融、环保法律等学科建设一批生态学类顶尖学科，激发多学科联动发展的内生动力，抢占生态领域研究教学制高点。同时，打造个性鲜明、注重实效的生态发展继续教育品牌，与国内外知名学校进行沟通和交流，进而带动科研团队、高层次人才的发展与崛起，造就生态文明创新成果不断涌现和凸显的生动发展局面。

二是尝试建设高端生态文化智库与开展生态领域学生的开环整合培养等，凝聚生态价值共识，培育生态型、创新型和复合型的拔尖人才。通过开展生态文明政策研究，宣传生态文化研究成果，助力生态立法和治理体系建设以及服务国家生态文明相关决策制定等，有效地凝聚生态价值共识，促进生态多元参与。同时，学校还可以围绕美丽中国建设和教育现代化发展计划，开展生态领域一流学生的开环整合培养，构建符合时代潮流和社会需求的新型生态专业，本着“知识传授、能力提升、人格塑造”的教学出发点，完成学生理论学习、科研创作与实践操作的综合发展，加快培育生态型、创新型和复合型的拔尖人才。另外，大学作为开放范式的建构中心，还应该着力攻关相关生态环保重大项目，针对空气、水、土壤等易受污染物开展深度研究，创新生态治理的多区域联防联控和管理协同制度，切实做好协同整治和综合保护修复工作。

3. 鼓励企业或非政府社会组织投身生态素质教育事业，推进生态素质教育工作实现持久有效的发展。企业在发展生产的同时，应注重培育绿色发展理念、开发绿色发展技术。

一是积极倡导绿色文化，拓宽生态文化场域。在传统意义上，企业里部分员工仍存在生态意识淡薄、生态技术水平低下等情况，导致企业无法积极落实绿色生态化产业方针，不利于生态技术产业的开展和推广。基于此，应该培育生态化作业理念，增强对企业员工的生态文化和价值观教育力度，督促其更好地履行环保责任，强化其生态技术水平，使其深刻认识到经济发展和环境保护同等重要，不能为了追求效益，忽视生态环保工作。

二是大力普及生态环保相关法律法规，使得企业领导干部和员工明确自身的生态责任，并能以严格标准约束自身行为，增强其社会担当感和生态使命感。企业不仅应转变生产方式，促进产业结构优化升级，还应积极遵循各级生态法律法规，制定并完善企业内部的相关生态保护条例和法律制度，使得知法、遵法、守法成为人们的一种常态化行为习惯。最终，在不断反思当前生态环境危机的前提下，逐步承担起强化生态素质教育理论和实践水平的社会责任。

三是积极发挥环保志愿者、各类生态文明协会等非政府社会组织或个人的作用，通过耐人寻味、丰富多元的生态文明活动或生态调研活动等，让生态素质教育深入人心，并得到持久的常态化发展，使得各机构或单位的参与主体都能够积极发挥自身优势，推进生态素质教育工作顺利实施。

4. 在全社会范围内建立一套科学严格的社会公众民主监督模式，提高公众参与生态素质教育监督工作的积极性。在生态素质教育工作的落实过程中，应充分发挥群众监督、社会监督和舆论监督的舆论导向作用，广泛开设公共监督电话、举报邮箱等，鼓励公众对各政府或企业单位的生态素质教育工作进行有效监督和全面跟进，对教育方法有创新、教育成果可推广的单位或个人进行事迹展播，形成良好的生态素质教育风尚。同时，及时发现教育理念滞后、教育内容陈旧、教育效果欠佳的单位和个人并进行干预和纠正，责其从思想观念、体制机制、实践形式等方面开展有效的改革和创新，并保障实现预期的生态素质教育效果。在群众监督过程中，还要充分利用现代新媒体和互联网等先进技术手段，如微信、微博、BBS 等平台。这些新型舆论工具能够做到及时搜集广泛的生态素质教育信息、及时发现问题并做出评估，进而督促人们在生态素质教育过程中，严格按照制度办事，不能偏离生态素质教育目标，对于凸显的各类问题与处理结果还能及时在网上公示，接受公众的质疑和反馈，增加了生态素质教育监督工作的透明度，同时也提高了公众参与生态素质教育监督工作的积极性，进而保障生态素质教育取得良好的效果。

（三）优化生态考核奖惩制度，激发国民生态素质教育参与主体的能动性

政府应积极树立绿色政绩观，履行自己的生态责任，在对相关单位或机构的生态环保综合考评中，应明确自身的职责和义务，将生态环境质量综合考评纳入考核机制，以完善政府及官员的考核指标体系。[①] 由此，应该把在生态素质教育工作中有能力、有措施、有作为的先进个人或团体纳入单位年度表彰范围，予以重奖，并在就业推荐、考试、升学、干部任免、业绩、奖惩等方面予以倾斜，广泛宣传他们的好做法、好经验，在全社会形成重视生态素质教育的良好氛围；对不负责任、不能认真执行相关生态素质教育制度以及个人风气不正和违反规章制度的人，要严肃处理、追究责任。同时，还应建立健全生态素质教育评价制度，对教育机构建设、教学师资团队和教学效果、受教育者生态素养水平等情况做出客观评价，对评估计划的编写、评估数据的分析、评估效果的反馈等全过程的工作实施有效监测和评析，保障生态绩效考核工作的顺利进行，将评价结果作为生态绩效考核的客观依据，这种做法从长远来看，有利于形成对生态素质教育工作全过程、全方位的指导，激发国民生态素质教育参与主体的能动性。

1. 确立生态考核和奖惩的具体内容和目标导向，帮助人们摒弃落后的政绩观。由于生态责任制度在我国引进时间短，问责体系发展不完善，一些地方的领导干部就钻了法律的空子，不顾生态的长远利益，盲目地浪费资源、牺牲环境，对生态环境造成了严重的威胁与破坏。针对这些问题，习近平总书记提出了建立“生态责任追究制度”的观

---

① 黄晓云：《建设生态文明　司法重任在肩　法学家谈环境法治》，《中国审判》2013 年第 6 期。

念，并强调要对决策不力并导致生态破坏的人或单位，严格追究责任、责任到人，对污染和破坏环境的主体，责其支付相应的费用进行生态补偿，坚决以“谁污染，谁付费”的原则来维护生态利益，在这个过程中，逐步建立起完善的生态监督体系。习近平总书记还提出完善生态环境监管制度，要严格指标考核，加强环境执法监管，认真进行责任追究。在现实生活中，坚持多方面、多角度、多层次的整体监督与评价体系，要求做到不仅注重发展数量，还要注重环境质量，评价领域应囊括绿色政治、绿色经济、绿色文化、绿色生活等方方面面。具体来说，要从“绿色发展指数、环境治理指数、环境质量指数、生态保护指数、增长质量指数、绿色生活指数”[①] 等综合指数出发，进一步落实生态考核制度，并设立清晰的生态奖惩制度，这也就需要遵循相应的生态追责制度即生态问责制，就是要定期对领导干部的政绩进行生态视域的考察，把领导干部的生态环境保护成效作为政绩考察的标准之一，综合评价其业绩水平并做出考核决定，逐渐引导他们转变GDP 至上的政绩观念，建立起爱护环境的生态责任意识。

2. 对于保护环境或弘扬生态观的行为予以物质与精神奖励，营造健康向上的生态素质教育氛围。适当的奖励措施是帮助人们强化观念的重要途径之一，能够为生态素质教育指引正确的方向。在坚持科学考评的原则下，把资源浪费、环境破坏、生态效益等环保指标纳入政绩考核体系之中，建立起绿色政绩考核指标体系，把绿色 GDP 核算（GDP 扣除生态、资源、环境成本和相应的社会成本）的主要内容和指标作为干部政绩考核的硬性指标。[②] 同时，根据不同地域、不同职责设置考评标准和奖励机制，形成各有特色、各有侧重的奖励体系，根据群众获得的生态满意度来考量个人或集体成绩的“含金量”。对在生态文明宣传或生态环保实践方面作出突出贡献的个人或集体进行

① 张云飞、李娜：《开创社会主义生态文明新时代·生态文明卷》，中国人民大学出版社 2017 年版，第 159 页。

② 姜艳生：《对建立干部绿色政绩考核体系的思考》，《领导科学》2008 年第 3 期。

嘉奖、宣传，在全社会范围内建立起全面性、行业性和区域性的考评与奖励机制，引导人们形成正确的行为方式，进而在全社会范围内营造一种健康向上的生态素质教育氛围，有助于从整体上提高人居环境优美度，开拓绿色开敞空间，推广绿色科技成果和低碳经济等。

3. 对于损害环境或浪费资源的行为及时制止并采取一定的惩罚措施，彰显生态公平的同时，规范各类社会主体的生态行为。保护生态环境需要“加强环境监管，健全生态环境保护责任追究制度和环境损害赔偿制度”①。习近平总书记指出，要建立对领导干部的责任追究制度。对那些不顾生态环境盲目决策、造成严重后果的人，必须追究其责任，而且应该终身追究。

一是各单位或部门在年度考核中，要对员工的“生态意识和道德”“生态环保事迹”等做出综合考虑，对绿色政绩考核中评价较低或在日常生活中存在肆意破坏环境行为的个人或团体，提出相应预警或惩治措施，取消其年度评优资格或给予相应的物质惩罚，严重者可撤销其行政职务等。

二是坚持“谁污染、谁付费”的原则，对污染环境的个人或企业采取“物质赔偿”的手段，有效地分解和传递环境责任。这种资源有偿使用制是在综合考虑生态产品的稀缺性和生态环保各方相关利益的基础上，做到了更好地维持生态环境所具备的促进人类生存和发展的使用价值。这一制度不仅能对环境破坏者处以相应罚款以示警示，对环境保护者予以相应支持和回报，激励人们更好地进行生态投资和保护行为，彰显生态公平，还能为生态环境损害的修复工作提供资金支持，实现生态资本的有效升值。最终，通过制度约束，引导人们不去从事破坏环境的行为，如果不遵守规章制度，甚至做出以损害环境换取经济增长的行为，不仅会招致巨额的赔偿，还会使个人的职业发展和社会认同度等受到影响。

---

① 胡锦涛：《坚定不移沿着中国特色社会主义道路前进　为全面建成小康社会而奋斗——在中国共产党第十八次全国代表大会上的报告》，《求是》2012 年第 22 期。

（四）健全生态师资管理制度，强化国民生态素质教育师资队伍建设

教师作为可以与受教育者面对面直接交流的一个特殊角色，其专业素质水平的高低、整体队伍的规范性和稳定性以及长期培养管理与发展模式等都会影响生态素质教育的效果，因此，没有健全的生态师资管理制度是不可能顺利完成生态素质教育工作的。基于此，应通过完善师资队伍的培训、培养、管理和评价等相关制度，进一步促进生态素质教育教学目标的实现、教育内容的科学统筹和教育环境的合理布局等，进而增强生态素质教育的实效性和持续性。

1. 健全生态师资培训制度，推动教师生态素质教育综合能力的系统化发展。教育生态学起源于20世纪70年代的欧美，要求通过运用生态学原理和生态平衡理论来揭示教育系统的内部规律，是一种注重整体和谐、动态开发、真实有效、追求可持续发展的研究方式。[①] 在教师队伍中进行相关生态类培训，能够为教师提供全新的教学理念和方式方法，有力推动教师教育综合能力的系统化发展，使得教育在动态与协调的发展过程中，实现自身价值的最大化。因此，要研究并解决教师培训中诸多复杂的情境和问题，就必须借助生态学，运用生态系统和生态平衡等原理，从宏观开放和动态多元的维度出发，对教育现象和教师自身进行生态化和系统化分析，从而最大限度发挥教育功能。

一是，根据教师的专业背景制订个性化的培训方案，以增进教育的针对性和实效性。教师学科专业的不同导致其教学方式和手段存在较大差异，培训者应该根据不同的培训对象和培训板块选择不同的培训方式，帮助受训教师“实现集体创造与实践，平等对话与交流，各成员相互信任、分享个人知识、实践经验”[②]，进而激发受训教师的主动参与性，引导培训者进行自我思考、自我反思，形成教师学习共同体。同时，“培训者只有把受训者熟知的、正在实践的和准备实践的

---

① 文继奎、杜杉杉、黄警钟：《教育生态观视域下中小学教师教育技术能力培训与实践研究》，《中国远程教育》2013年第10期。

② 赵丽娜：《论特殊教育教师学习共同体建构》，《教育导刊》2013年第2期。

东西，像新鲜的血液一样融入教育理论之中，培训才有生命力，才能跟被培训者的智力活动产生共鸣，达成和谐，取得培训的实效”①。培训应该立足于教师不同层面的专业能力和知识背景，对教师专业知识内部构成结构进行动态化分析，引导教师在教学实践中根据自身不同的教育诉求，选择适合自己的教育教学方式，同时有效融入生态文明理念以期扩展、深化和聚合其专业知识，不断提高自身的教学组织能力、沟通能力和实践研究能力，最终全面提升教师的专业化发展水平，推动教育的生态化发展。

二是，构筑健康规范、动态协作的教师培训生态系统，激发教师的内在驱动力，进而实现其生态和谐发展。教师培训生态系统是指在面向教师队伍的培训活动中，将教育主体、教育客体、教育环境、教育内容、教学手段、教育规则等多重要素有效结合在一起，实现教育培训最终目标的自组织自适应有机整体和培训学习共同体。在该系统内，各因素之间是动态的协作关系，健康的培训系统能够尊重各要素的特殊属性，激发各要素的最大潜能，实现教育的生态和谐发展。培训要求授课教师全面分析受训教师的专业背景，深入掌握受训教师的实际需要，综合考虑教学环境的现实状况以及明确熟知规则条件的基本情况，合理制订出精确化的培训目标和计划。在培训过程中，根据现场的教学安排和实际需要，适当增加包含问题和活动的开放性授课环节，以现实生活中的案例和热点问题为抓手，结合大量的图片、视频等影音资料，开展小组讨论、观摩展示、分层教学等，运用规范化的培训方式，选取专业化的培训内容，以期实现培训者和受训者的密切互动，推动受训者实现自我建构和可持续发展。后期还应对受训者进行细化考核和追踪评价。通过以上方式，不仅能优化和提升受训者的思想理念、学科知识技能以及实践能力，还能促使受训者系统地获取新知识，建构起自我认知结构，乃至全面提升其教育教学能力。

---

①　杨钦芬、盛纬：《教师培训的话语困境及重建》，《成人教育》2007 年第 4 期。

2. 完善生态师资培养制度，构建师生双向互动、良性对话的生态和谐关系。在教育教学中，要督促广大教师掌握丰富的生态学知识、熟知生态发展规律，乃至自觉践行生态文明观，进而促进其生态素质教育能力和水平的大力提升，这就需要借助完善的生态师资培养制度，充分发挥该制度的规范和引导功能，打造出一支有温度、有力度、有深度的生态素质教育教师队伍。随着知识传输方式的多样化发展，计算机、互联网等各种新媒体的作用日益凸显，教师不再是单一的信息输出源和决定学生发展的“中心”，师生之间应打造一种“交互式”的和谐关系，建立尊重个性的新学生观，[①]“在和谐完满的师生关系中，教师和学生双方在精神的理解和沟通中获得了新的经验，实现了双方精神的共同扩展，在协作与交往中，他们各自都接纳了对方，促进了双方之间的精神交流，教师真正成为学生发展的引路人”[②]。在实际教学中，教师和学生的交流应该涵盖知识、思想、经验和情感等多方面，教师不仅传授给学生科学知识，还能够引领学生的精神，赋予学生基本的生活经验，双方的这种交流是“一种在灵魂深处的激动、不安和压抑的对话”[③]，这种对话式的交流具有教育性、陶冶性和培育性，能使得师生双方在精神理解和沟通中获得新精神，也使得真理、经验、知识、思想、价值、情感等在对话中显现出来，“对话的唯一目标便是对真理的本然之思。其过程首先是解放被理性限定的、但有着无限发展的和终极状况的自明性，然后是对纯理智判断力的怀疑，最后则是通过构造完备的高层次的智慧所把握的绝对真实，以整个身心去体会和接受真理的内核和指引”[④]，只有这样才能真正彰显“和谐

---

① 王靖：《试论后现代思潮的价值及其在教育中的体现》，《南京师大学报》（社会科学版）1999 年第 4 期。

② 金生鈜：《理解与教育——走向哲学解释学和教育哲学引论》，教育科学出版社 1997 年版，第 129 页。

③ ［德］卡尔·雅斯贝尔斯：《什么是教育》，邹进译，生活·读书·新知三联书店 1991 年版，第 11 页。

④ ［美］小威廉姆·E. 多尔：《后现代课程观》，王红宇译，教育科学出版社 2000 年版，第 18 页。

互动、生态多元”的生态素质教育真谛，因此，在生态师资培养的过程中，我们应该做到以下两点。

一是引导教师在教学中注重发挥学生在课堂参与中的主观能动性，逐步消解“教师中心”，即在教师的整体指导下，既不忽略教师在教学过程中的主导和总指挥地位，又能带动学生进行深入思考，形成问题意识，进而搭建完整的知识体系架构。在这个过程中，教师和学生应该是一种双向互动与良性对话的动态推进关系，即在具体问题的情景设定中，双方积极从自身角度做出思考，进行共同探讨与深入交流，在相互作用中吸取知识、深化理解并内化于心。因此，在生态素质教育过程中应该带领广大教师积极构建一种主体间与主体性融合的关系，即师生双方消解“中心意识”，在平等对话和良性互动中保持宽容和理解，促进师生的共同发展。

二是督促教师在教学中注重各类教育形式之间的有机整合，引领和呼唤一种整合型智慧。教师应该坚持科学教育、技术教育和人文教育的结合，不仅要训练学生观察自然的艺术，还要培养制作产品的技能，锻炼分析社会现象的能力。教师在教学中要善于将以上三种教育充分融合，善于对生态环境和人类健康中存在的问题开展跨学科研究，带领学生探究资源能源现状、人口状况、社会政治秩序、公众道德水平以及经济发展等问题，不断增强学生的个体兴趣和参与度，同时也提升了教师自身的综合修养，拓宽了学科研究领域的宽度。在有机联系思维的指导下，才能够培养出更多具备解决实际问题能力和社会责任感的生态型学生。

3. 优化生态师资管理制度，为生态素质教育的持续发展提供经费和物质保障。生态师资管理制度的有效推进和积极落实是提高学校教育质量的关键，能够为教师的个人发展提供经费支持和物质保障，能够激发教师的自我潜能，推动学校的可持续发展。

一是为生态师资管理提供相应的经费支持，实现生态素质教育经费保障的制度化。有了基础性制度的保驾护航，就能够拥有开展生态素质教育活动所需要的理论教育经费、实践活动经费、师资培训经费、师生社会生态环保考察经费以及先进生态集体或个人奖励经费的来源，确保这些经费能够有效推进和支撑生态素质教育工作。同时，需要政府重视，设置相应的专项经费，督促社会各单位或机构强化对这项工作的资金支持。比如，学校可以创建生态环保教育基金会，举办各类生态教育公益活动，从社会上积极筹集资金用来购置生态素质教育设备，组织生态素质教育培训活动以及开展生态素质教育外出考察活动等，为提高生态素质教育质量提供重要保障。

二是为生态师资管理提供相关设施和场所支持，实现生态素质教育设备保障的制度化。在生态素质教育过程中，为了使教育能够沿着预期目标顺利落实，离不开基本的物质设施或教育场所的有力支持，并针对生态素质教育的对象、内容和目标等实际情况，建立健全基本的物质保障制度。比如，相关职能部门积极投入建设教育活动场所，开放当地湿地公园和森林公园等“户外课堂”作为教学场地以及定期更新或替换生态素质教育的教学设备等，通过这些举措形成一套完整成熟的生态设备管理制度体系，帮助师生拓展和深化思路，使其能够在更广阔的场域更好地吸收和内化生态素质教育理论知识。

四　优化生态教育环境，营造国民生态素质教育氛围

生态环境是我们共同居住和生活的家园。家园是历史的沉淀，是记忆的发源地，是创造快乐和医治痛苦的地方。优美的生态环境能够给人们带来安宁、愉悦与稳定，赋予人们更高阶的幸福感和安全感。通过优化学校生态环境、社会生态环境、家庭生态环境等，构建起全方位、立体化的生态素质教育平台，引导社会公众共同培养基本的生态思维方式和生态行为方式，用自身的智慧和爱心去优化生态教育环境，能够建立起对所有生命体的爱、良知，真正形成对人类远景的忠诚，使得人们更加珍惜青山绿水、碧海蓝天，重新建构符合人类、自

然和社会发展需要的生态价值观和文化结构，进而营造国民生态素质教育的良好社会氛围。

（一）改善社会生态环境，打造社会生态素质教育平台

在社会范围内，通过合理定位行为准则，积极挖掘生态教育元素，加强硬件设施和资金投入以及创建生态素质教育立体网络等，号召全社会积极参与生态素质教育的各项活动并不断开拓生态实践场所，拓展教育阵地和方式，增强教育活动的群众性和渗透力，形成推动生态素质教育工作持续开展的凝聚力。

1. 规范社会公众的思维和行为方式，将人们的行为准则定位为合力实现可持续发展目标。“我们必须从自然界获得标准，我们必须尊重智慧的谦卑，尊重自然的限制，尊重自然界的神秘，承认世界上有些东西超出了我们的能力”①，这就告诉我们要从对经济增长和物欲主义的沉迷中走出来，构建一种具备博大、明智和爱心的文明，致力于实现全社会可持续发展的共同目标。比如，要求所有政府及企事业单位的物品和食品的采购应该本着“推动本地区可持续发展”的宗旨，从本地农民那里采购，这种举措既可以降低成本费用，提高食品质量，又可以推动当地的区域性经济发展，还可以避免和减少因供应运输线路中断带来的高能源消耗，进而减轻温室气体的排放，维护清洁美丽的生态环境。同时，提倡经常性地带领职工参与社会公益活动，走进附近工厂企业、孤儿院、老人院、社区医院，为优化居住环境与培育人文情怀出谋划策，也为需要帮助的儿童、老人等献爱心、送温暖，通过这类社会公益活动，引导人们将理论知识内化为自身的行为习惯，使得教育从“单一灌输式”的教育理念向充满人性关怀和情感共融的生态教育理念转化，不断提高人们的道德修养水平，促进达成人类社会健康、稳步、可持续发展的基本目标。

2. 在全社会范围内挖掘和弘扬生态素质教育元素，将原汁原味的

---

① Vaclav Jvel，*Real Life*，London：Feber press，1989，p. 153.

生态元素融入教育的各个阶段和过程。为了让人们更好地了解生态系统及其蕴含的丰富生态元素，就要善于将自然的、原生态的和野性的教育环境融入教学中去，让人们感受到世界万物的情感和命运都是联结在一起的。在对人的教育过程中，应该做到将体验自然、户外拓展贯穿于整个人生教育阶段，使得人们广泛吸收大自然中丰富的生态元素，并通过探索和思考，将生态认知内化为自身的道德信念和价值观，培养基本的生态审美观和生态文化观。人们在欣赏自然风光、体悟秀美风景时，获得大自然的滋润，滋生出亲近自然、热爱自然的赤诚之心，比如，走近湿地、森林、湖泊、岛屿和农场等，去听听溪流的声音，闻闻花草的味道，研究动植物的生长规律，甚至与当地居民深入交流。正如生态学家卡尔·麦克丹尼尔所说，河流便是更大知识王国的大门，人们可以到河里游泳，在河面上划船，去河边观察各类生物，深入了解该地域的历史文化渊源，探索该河流的水质成分，整合地区管理的相关法律政策，搜集关于当地的文学史诗，等等。在观察、触摸、闻声、品尝等真实的感受中，勾勒出一幅关于生态环境的全景图，进而摆脱教科书式的抽象理论概念，获取现场观察和环境研究的艺术，对山河、树木、动植物形成深层次的感知和理解，在受教育者与自然之间建立起一种牢固的情感和忠诚之心，这种土生土长、原汁原味的文化很容易将人的心灵和自然密切联系在一起，从而打破教育体系中各学科之间的狭隘性和冷漠感，使得受教育者更有责任心和动力去促进当地社会的可持续发展。在人们受教育的每一个阶段和过程，当人们走出教室、实验室，来到广阔的户外场地时，都能接触到大自然的各类生态元素，不断净化心灵、凝练崇尚美和野性的精神力，进而帮助他们摒弃单一化的思维方式，建立起使命感和忠诚感，学习多元化的知识，与不同领域的人交流共事，教育也因此变得活灵活现、栩栩如生，助推人们审美感受力和生态自觉意识的全面提升。

3. 加强对各单位机构的硬件建设和资金投入，为生态素质教育提供社会保障。生态素质教育离不开强有力的硬件设施和专项资金的支持，这就要求我们做到以下几点。

一是，配备大量便利齐全的环保设施，为生态素质教育提供物质支持。政府要积极倡导设立方便垃圾分类回收的垃圾箱、垃圾站、垃圾回收中心等，鼓励人们准确厘清垃圾的属性与类别，做到分类放置，推动资源循环利用，共同营造一种绿色整洁、高效便捷的社会风尚，实现社会绿色可持续发展。还可以鼓励投入建设以“体验自然界之美”“反思地球生态危机事件”“协力共建美好生态环境”等为主题的大型自然博物馆、科技馆等，推出介绍大自然美妙之处、人类生产生活对环境造成的严重破坏以及人与地球关系的图片展、影视剧以及漫画展等，让参观者亲身体验环境污染给我们带来的触目惊心的危害，使其深刻体会到维护良好生态环境对人类生存繁衍的重要性，进而呼吁人们将生态保护意识植根于心中。同时，积极设置专门的生态体验馆，在馆内展出动植物标本和化石等，引导体验者亲自参与动植物化石的挖掘、清理和复原等工作，使其真切感受生命的伟大与神奇，强化生态素质教育。

二是，加大资金投入，为生态素质教育提供财力保障。充分利用市场机制建立合理的、多元化的投入机制，经法定程序向制订生态课程、研究生态问题、培训生态师资等各类先进的生态素质教育项目提供经费支持，以弥补我国由于历史原因对生态教育欠下的账。具体做法包括以下三点：将生态素质教育纳入公共财政保障范围，建立生态文明教育投入稳定增长机制，健全经费保障机制；配备齐全的生态素质教育相关教学仪器设备、图书等基础设施，增加教师队伍的培训机会，提高家庭经济困难学生的生活费补助标准等，完善资助政策；在生态素质教育的开展中，经常性地检查政策落实和资金到位情况，及时深入基层单位查找各种隐患，确保资金安全规范使用等，切实加强资金监督管理。

（二）美化学校生态环境，搭建校园生态素质教育场域

作为培养人、教育人的教育机构，各级各类学校应致力于培养推

动世界可持续发展的人，在教学中培养学生对大自然的爱，并帮助他们在整个受教育过程中培育起对自然万物的责任感。鉴于此，应通过创建和优化学校物质环境、精神环境和制度环境等，帮助学生塑造和养成健全高尚的道德品格、活泼创新的思维方式与和谐包容的行为方式，推动人才培养质量的全面提升和生态素质教育工作的顺利开展。

1. 创建优美的校园物质环境，营造积极向上的校园文化氛围。校园物质环境可以通过长期的积淀形成特定的文化形式，将学术气息、高尚品格传递给每一个学生，增强学生思想精神层面的深度和广度，健全人格，进而提高学生的综合素质水平。校园作为集学习、生活、工作于一体的完整生态系统，其物质环境包括建筑风格、草坪景观布局、教室陈设、教学基地建设等，它们就像美妙的音符和动人的语言，向人们传递着智慧的火花，是校园文化的物质基础和外部形态。走在校园的每一个角落里，这里的花草树木、林荫小路、空中走廊、宣传橱窗、石凳座椅、电梯楼道、名人雕塑、文化墙等都蕴含着学校独特的教育理念、人文思想和学术精神，折射出学校特有的价值取向和文化魅力，为学生健康成长创造了浓郁的文化氛围，也增加了师生的认同感和归属感。要想创建优美的校园物质环境，需要做到以下几点。

一是，在空间布局上，注重与周边环境动静相宜、和谐共生。校园建筑群规划应该根据地点、地势、采光、透风等因素，充分考虑其功能性和安全性、科学化和人性化的有机结合，在阴阳协调、冷暖均衡、沟通便捷等原则上，进行建筑群的科学规划和教学场所的合理分布。比如在楼群设计中可以增加方便交流的贯通式人行通道，在通道两旁还可以设计独特的文化墙绘，既有利于促进师生的沟通，激发学生的创造性思维，也可以让学生感受到各类学科的文化魅力。

二是，在功能区设计上，尊重学生的实际需求和成长规律。校园的整体环境氛围和建筑特色应该体现出静美和谐与多元包容的特点，宿舍区的设计要以有利于学生休息和学习为基本原则，可以增设自习室、餐厅区域或小型活动场所，既能够为学生提供安静的学习空间，也能够为学生的各类文娱提供便利条件，帮助学生强化自身学习能力、构建健康的人际交往观，进而推动其身心健康发展。图书馆的设计中可以增设阅览室、咖啡厅、生态环境展示室等，还可以在公共区域展示大家共同关注的生态环境问题的图片、录像、影碟等资料以及国内外生动的生态环境保护实例、生态教育的情况等资料。这些做法可以帮助学生拓宽多学科、多领域的知识视野，丰富自身综合知识体系，营造一种积极向上的校园文化氛围。

三是，注重校园建筑的色调、式样、功用和风格的多元化与个性化设计。师生在与积淀着历史、传统和文化等元素的物质环境的密切接触中，亲身体验和感受丰富多元的文化气息，不仅能够在潜移默化中陶冶自身道德情操，还能有助于实现校史文脉的持久传承。每一所学校都有不同的历史文化底蕴，对校园物质环境的整体设计应该着重凸显学校特质、学科特点、教育理念和历史背景等方面，旨在用优秀的历史文化感染和熏陶学生，使得学生在心智上得到启迪，在感情上产生共鸣，从而形成向心力和凝聚力。可以建立校史文化展览区、传统文化墙绘、校友事迹展等，广泛地弘扬和传颂学校的优秀历史传统文化与整体办学理念，这在一定程度上能够增强师生的归属感和责任感，引导学生为国家和社会发展贡献力量。

2. 打造良好的校园精神环境，帮助学生培育生态认知和生态奉献精神。要善于将生态知识渗透到学校授课过程中，帮助学生建立长远的、可持续的生态发展理念，进而更好地践行绿色消费、循环经济等生产生活理念。同时将生态文明教育搬到课堂外的乡村、企业或社区中去，让学生更全面地掌握生态环境现状，强化其责任意识、规则意识和奉献意识。在硬件设施和资金投入方面，还可以设置大量生态环境展览室和生态实验室，实现信息和功能的最大化结合与发挥，强化生态素质教育效果。

一是，将生态学知识渗透到各学科的授课过程中，让受教育者在真正接触自然的同时，体悟生态环境的无限魅力和深刻内涵。将生态素质教育与学生的思想政治教育相结合，并把生态学知识渗透到相关专业学科教学中，不断推进教学方式方法的创新，帮助学生培养基本的生态认知观和价值观。在这一过程中，学校应该为学生提供学习生态知识所需要的工具、场域和渠道，通过安排特定场域的室外实践课，带领学生到附近的河流、绿地、工厂、农田等区域学习课本上所没有的生态学原理和知识，让学生弄清楚最优化和最大化、充分和有效、健康和病态、智慧和聪明以及怎么做和为什么等几对概念的关系，使生态素质教育贯穿于学校学科教育体系之中。人文教育“不仅仅是技术教育的稀释剂”，更是“要教学生去观察大地，去领悟他们所看到的，并且享受他们的领悟”[①]，将课堂转移到田野、河流、森林等室外区域，甚至可以将这些区域纳入教学场所中。在日常的教学中受教育者可以负责某一区域的日常管理和维护，既可以学到生态学、动植物学、园林设计学、养殖学、地质学、太阳能学、农业社会学等其他学科知识，还可以提升自身的劳动实践能力、挫折承受力、团队协作水平和绿色节约意识等，使得受教育者不仅认识到自然界和生态环境的重要性，还能学会保护生物多样性，改善动植物生存环境等。

二是，利用课内课外教学活动进行生态文明教育，提升学生分析与解决社会问题的能力。其一，组织学生在寒暑假深入乡村、社区和企业，将抽象的教育行为放到直观体验式的生态教育活动中。在这里，学生能切实感受到宁静和谐的自然环境带来的惬意，也能感受到环境污染给人们带来的危害。通过开展这种实地考察和环保调研活动，使学生自觉接受精神力量的感召，带动更多的学生加入环保志愿者行列，使生态素质教育活动变“要我参与”为“我要参与”，这样他们不仅能够全面掌握生态环境现实状况，还能在净化心灵、澄明生活中强化

---

① Aldo Leopold, *The River of the Mother of God and Other Essays by Aldo Leopold*, Madison: University of Wisconsin Press, 1991, p. 302.

生态责任意识、规则意识和奉献意识，并且能够培育学生的问题意识及其解决现实生态问题的主观能动性。其二，定期召集学生举办关于生态文明教育的热点事件座谈会、低碳生态环保秀和生态文明主题讨论会等活动。活动可围绕全球气候变化、粮食安全事件、生态多样性锐减、疫情肆虐等话题开展，增强人们对生态问题的关注度和认知力。也可以围绕生态文明理念、乡村振兴、美丽中国、“两山”理论以及人类命运共同体等热点话题邀请专家开展专题讲座，使其与课堂理论教学内容有机结合，让学生能够全面系统地掌握生态理论知识以及学会克服生态危机的基本策略。

三是，创建和共享校园生态环境展览室和实验室，实现生态教育信息的有效传递与融合。积极创建一批包含生态素质教育元素的展览室和实验室，在展览室内收集和展示大家共同关注的生态环境问题的图片、录像、影碟等资料以及国内外生动的生态环境保护案例、生态文明教育的先进事迹等。生态实验室建设也是生态素质教育基地的一个重要的组成部分，可以设置环境监测实验室、污水处理实验室、环境生物实验室、大棚盆栽室等，每一个实验室本身就是一个小型的生态素质教育基地。相邻学校之间还可以采用资源共享的方式，将这些生态教育基地或平台的信息和功能有效融合起来，实现教育效果的最大化。

3. 建立规范有序的校园制度环境，提升人们的生态文明素养水平。良好的制度能对人们的行为产生约束或调控作用，帮助人们按照一定条件和规则去思考与行动，进而达成一种向善、向好的社会状态。优化校园制度环境，要求我们不断深化对教学设备和各类功能区域的生态化管理，创建符合自然界客观规律和学生成长发展的生态型校园规划布局，不断提高资源能源利用率。同时，加强对学校资源的审计工作和对毕业生的跟踪考察，做到有效监督，制约学生的生态行为方式，还能及时发现问题、反馈问题，全面提高学生的生态文化素养水平。

一是，设置科学的管理制度，强化对教学设备和区域的生态化管理。学校应针对原材料选购、废弃物的处理、公共区域的绿化、建筑物的设计、能源的循环利用等方面设置科学合理的生态管理制度，增加可循环利用和可再生材料的使用，杜绝在公共场所、建筑物里面使用危害人类身体健康的化学品，抑或是在新建的公寓楼、宿舍楼安装太阳能，提高能源的利用率。

二是，严格校园审计制度，加强对学校资源使用量的审计工作。每年派驻一批经过严格培训和责任感强的审计工作人员到各个学校，针对学生物品使用与日常消费情况展开数据分析和结果评析工作。比如，对于学生因使用电、水、气或者直接消耗燃料等方式产生的二氧化碳排放量以及学生每年消耗的纸张、各类材料，审计员可以通过比对进入校园时的数据和离开校园时的数据，得出较为准确的资源使用量结果，可以有效地监督和评测学生的各类行为方式，以期优化生活方式，提高各类资源的利用率，保护校园生态环境。

三是，积极落实对毕业生的跟踪考察制度。目前，很多学校都设立了校友会，定期召开一些专题讲座或座谈交流会等，通常是根据校友的财力、地位、权力等因素进行会议邀请、荣誉授予等工作，却较少关心他们是不是对生态环境建设作出过贡献或者参与过生态启蒙活动，有没有通过商业活动、农业活动、教育事业、科学研究、社会工作等为营造可持续发展的社会环境而努力过，因此，通过对毕业生的密切跟踪考察，可以及时发现问题和反馈问题。对生态文明素养水平较低的毕业生，实施“召回制”，返校进行教育重修，挽救生态残缺性教育，同时也能够积极弘扬和培育全社会投身生态素质教育的良好风尚。

（三）维系家庭生态环境，开拓家庭生态素质教育空间

习近平总书记说：“不论时代发生多大变化，不论生活格局发生多大变化，我们都要重视家庭建设，注重家庭、注重家教、注重家风。”[①]

① 《习近平关于注重家庭家教家风建设论述摘编》，中央文献出版社2021年版，第3页。

家长通过引导孩子树立科学的生态文明观，塑造高尚的生态道德情怀，对孩子的生态启蒙作用更为深远和持久。家庭生态素质教育的日常化和普遍化，是学校教育、社会教育等所不具备的天然优势，正如胡锦涛曾经指出的，环境友好型社会和资源节约型社会的构建必须落实到每个单位、每个家庭。因此，通过父母在日常家庭生活中的躬身示范，将生态价值观代代传承下去，推动生态素质教育在全社会广泛开展，能够更有效地提高全体公民的生态素养，优化和改善人们的居住环境。具体来说，应该做到以下四点。

1. 通过家庭教育践行生态文明理念，增强孩子的生态认知。培育和践行社会主义核心价值观要从家庭做起，把家庭美德建设作为思想道德建设的重要内容。家庭是孩子健康成长的启蒙地，它对一个人的成长及其生态价值观的培育起着重要的基础性作用，家长在衣食住行等方面表现出来的习惯特征会在无形中影响到孩子的思想和行为。日常生活中家长应通过躬身示范，在节能环保行为、树立生态环保意识等方面为子女树立良好的榜样。比如，家长应该引导家庭成员从小事做起，学会节约和爱惜粮食、爱护动植物、不随便扔垃圾、拒绝使用一次性塑料袋、共同维护社区公共卫生等，引导孩子对身边浪费粮食、虐待小动物、践踏公共草坪、肆意浪费或破坏公共设备等不良行为说不，并及时予以纠正和正确引导。家长把这些教育内容融入日常生活之中，经常性地用生态文明理念和绿色生活行为去引导和影响孩子，帮助孩子逐渐树立起绿色低碳环保的生态理念，让孩子明白保护环境、爱护生命的重要性。

2. 通过家庭教育中的示范和榜样作用，规范孩子自身生态行为。苏联教育家马卡连柯曾说："你们生活的每一瞬间都在教育着儿童。你们怎样穿衣服，怎样对待朋友和仇敌，怎样笑，怎样读报……所有这些对儿童都有很大的意义。"[①] 在家庭成员朝夕相处的日常生活中，

---

① 吴航：《家庭教育学基础》，华中师范大学出版社 2010 年版，第 110 页。

父母长辈所具备的世界观、人生观、价值观、道德观以及待人接物、为人处世、礼仪礼节、知识水准等都会对孩子们产生潜移默化的影响，而且这种影响是无声的、长久的甚至是终生的。家长应该本着以身作则、率先垂范的原则，在生态素质教育活动中身体力行，比如，家长可以带领孩子在植树节、世界环境保护日等具有生态环保意义的节日里，亲自践行生态环保行为、体悟大自然的美妙和神奇，培养孩子热爱自然的情感，树立绿色环保的生态观；家长在日常生活中主动践行勤俭节约和爱护环境的绿色生活习惯，帮助孩子自觉养成随手关灯、循环用水、爱惜食物、爱护花草树木等习惯，养成节约低碳环保的生活方式；家长在谈论生态环境问题时，能够及时指出污染环境和奢侈浪费行为对社会的危害性，引导子女认识到生态环境对人类生产生活的重要性，在潜移默化中帮助他们养成生态文明价值观，进而固化为生活习惯。另外，在讨论或评价一些社会热点事件与现象时，家长可以借一些鲜活的现实案例对孩子进行生动直观的生态文明教育，让孩子学会正确看待和理性思考各类生态危机、精神性疾病、城市交通拥堵与社交冷暴力等问题，使得孩子在面对诸如此类社会现实时能够学会分析背后的深层次原因，并运用科学的生态思维进行理性的分析，深化自身的生态认知，为形成良好的生态习惯奠定基础。

3. 通过家庭教育建立完善的奖惩机制，增强孩子的生态意志。“最重要的学习是在人们的孩提时代进行的，正是这一时期形成了人们基本的价值和政治态度，而这种价值观直到他们成年后仍然起作用。”[①] 正确规范的价值观对一个人的成长起着重要的作用，而青少年群体对良好生活习惯和科学行为方式缺乏长期稳定的持久性，其正确价值观与良好行为方式的形成往往依赖于父母的指导和约束。因此，家长不仅要传达给孩子正确的价值观念、丰富的社会经验和良好的文化习俗，还要帮助孩子“内化”自身的道德品质，在这个过程中，家

---

① ［美］艾伦·C. 艾萨克：《政治学：范围与方法》，郑永年、胡谆、唐亮译，浙江人民出版社 1987 年版，第 253 页。

长应通过适当的奖励和惩罚措施强化子女的积极正面行为，抑制其消极负面行为，使得他们具备正确的是非道德观。比如，家长对于孩子的绿色环保和绿色消费行为，保护其他小动物、帮助弱小群体等和谐友好的行为应及时予以奖励，而对于随时随处丢弃废弃物、破坏公共设施、践踏其他生命、不尊重老幼病残等冷漠不文明的行为则应制定相应的惩罚措施。总之，通过运用奖惩结合的手段，帮助子女树立正确的生态文明观、道德观和价值观，强化他们的生态意识，最终形成人与自然、人与人、人与社会和谐相处的思维和行为方式。

4. 在家庭教育中注重培养孩子热爱自然、关爱城乡发展的情怀。法国教育家卢梭倡导青少年儿童应该在与自然的亲密接触中接受教育。[①] 家长可以带领孩子深入大自然风景区、化工厂以及生态环境遭到破坏的地方，在具备清新空气和干净溪流的空间里体悟大自然的美好，在污水横流和嘈杂噪声的场域里感受恶劣环境的危害，在强烈的感知对比中明白保护环境对人类生存和发展的重大意义，帮助子女深刻领悟人与人、人与自然和谐的意义；家长要善于带领孩子深入乡村，在田间地头里尽情奔跑，在小桥河流旁恣意跑跳，在花丛草地里任意嬉闹，去体验与感受大自然和乡村的美好，帮助他们培育热爱自然、热爱生命的道德情怀；家长还可以引导孩子观察城市的建筑、交通和生活方式，让孩子认识到城市发展摊大饼式的扩张和千城一面的整齐划一带来的社会发展隐患；面对城市生活高消费、高耗能等问题，引导他们从城乡并茂、人与自然和谐的综合思维出发，思考如何建设一种城乡多元共生的有根城市化模式，实现人与自然的相互滋养、城市与乡村的互补并茂等。通过这些举措，让孩子学会用长远的目光从整体上将碎片化的知识融为一体，进而增强青少年群体对世界的整体和综合的把握，增强社会使命感和担当感，做到尊重和关心所有生命共同的福祉。

---

① 单中惠、杨汉麟：《西方教育学名著提要》，江西人民出版社2004年版，第138页。

（四）净化网络生态环境，巩固网络生态素质教育阵地

网络环境具有开放性、包容性、多样性、瞬时性和渗透性等特点，虽然能够给人们提供便捷高效的信息渠道，但是也伴随着部分网民道德失范、网络信息接收或发布随意、网络环境逐渐恶化以及网络信息污染日趋严重等诸多问题。当前的诸多网络暴力事件、垃圾邮件、各类广告推销、网络色情信息、窃取个人信息事件等正以各种形式显现出来，它们不仅严重扰乱了正常的网络秩序，造成了大量垃圾信息和无效信息的膨胀，也容易导致网络犯罪、网络暴力及其引发现实生活中的暴力或犯罪事件，网络生态危机和失衡现象愈加严重。另外，由于我国在网络信息技术的管理和监督方面不力以及部分青少年群体过度沉迷网络的行为特性，某些西方发达国家正试图通过网络空间用自身的文化价值观去影响并改变我国青少年学生群体的意识形态，给我国的网络生态安全和青年群体的健康成长带来了极大的安全隐患。因此，在新媒体时代，我们应该理性地开展网络活动，善于破解各种网络生态危机，进而净化网络生态环境。

1. 弘扬网络先进文化，提升网民的网络生态意识。网络先进文化是人们在使用互联网进行信息和观点互换有无的过程中，保持人自身与网络信息之间动态和谐的关系状态，传递正确健康的信息，摒弃错误不良的信息，并不断推动人的稳步发展的一种文化形态。弘扬网络先进文化的最终目的是通过引导人们主动净化网络空间环境，规范网络文明用语，搭建风清气朗的网络交流平台，实现人与网络、现实与虚拟共生共存、互利互促。其本质要求是鼓励人们从整体观出发，客观分析人与网络的关系，在运用网络时，坚持生态和谐的正确思维方式，遵守网络互信互利原则，传递健康积极向上的审美情趣，提升人们合理利用网络、正向传播观点的自我意识，构建生态和谐的网络空间，促进个体人格的生态化转型。

一是，强化哲学认知，培养生态和谐的哲学智慧。网络生态哲学是帮助人们规范网络行为的重要基点，人与网络相互联系，二者共处

于一个整体生态系统之内，人们要主动与网络空间环境建立起一种互利共赢、协调相融的关系状态，建立起一条多元共生、良性发展的网络生态链，彰显网络生态系统所具备的与外界紧密联系的客观状态。

二是，革新思维方式，合理运用遵规守信的伦理思维。网络伦理思维是人们在尊重网络空间秩序的基础上，充分认识网络的内在价值和自为价值，进而做到合理地获取、传递或发布健康规范网络信息资源的一种理念指导和思维方式。在网络伦理思维的指导下，人们逐渐摒弃具有工具性价值取向的“人类中心主义”思维方式，从人的主体需要、网络的内在特性以及信息的基本功能等多方面出发，综合多方面因素的需求与特质，合理使用网络资源，在伦理学意义上做到尊重网络空间的基本秩序，弘扬科学规范的生态行为。

三是，强化网络体验，发扬科学健康的审美情趣。当人们具备了网络生态哲学意识、网络生态伦理思维之后，就会产生相应的审美情趣。在人们对网络有了整体全面的认知，学会正确处理人与网络关系的前提下，会产生对网络自然的科学审美认知，对网络环境的主动优化与改善的主观意念和精神追求，以期促进网络生态的可持续发展。在网络审美情趣的指导下，人们能够将在网络空间里体现出来的审美文化与自身的审美意识和理念结合起来，运用网络空间的美和秩序实现心灵的净化，进而体悟网络生态的本真魅力和人类思想世界的丰富多样，实现生态人格的内在塑造。

2. 加强网络德育，涵育网民的网络生态道德。网络生态道德是人们在网络活动中体现出来的一种对自身情感与行为的约束和规范，是在与网络相处中建立起来的自觉遵守网络空间秩序、主动履行维护和优化网络生态环境的道德责任。康德曾说过，道德作为一种道德律令，具备“为义务而义务、为责任而责任”的自觉意识。由此，网络道德也是要求人们自觉履行自身职责和义务的一种实践活动，能够真正涵育网民的道德人格。具备网络生态道德的人不仅能够自觉履行保护网络生态环境的基本义务，而且还能主动处理现实生活中人与人交往中的各种关系，担负起优化人与人、人与社会关系的道德责任。

一是，要优化网络德育标准，增强人们自觉维护网络生态秩序的个体意识。网络德育标准的设立和优化能够帮助人们建立起自律自觉的道德意识，使其能够站在历史的、实践的和人民的角度来看待和处理网络信息，充分运用自身的德育教化意识和价值观评判意识，正确评判网络行为中的荣与耻、善与恶以及是与非，使得人们在平等共享、尊重互爱的基本原则之上处理人与网络的关系。通过优化网络德育标准，能够培养网民的生态正义感和道德良知，自觉维护网络生态环境的多主体利益，塑造一个彰显公平、充满正能量的网络阵地。

二是，完善网络德育体系，实现网络生态道德的规范化和常态化发展。网络德育体系的构建和完善需要整合社会各方的力量，在由学校、家庭、社区、企业以及各种社会组织组成的系统内建立起相互联系、相互协调的网络德育体系，并将自然科学和社会科学知识融入网络知识的学习中，使得网络学习更加科学化和规范化，逐渐构建一种凸显人文关怀特色的网络生态环境学和伦理学知识体系，带动社会多主体、多领域的积极参与，最终推动网络德育朝着规范化和常态化的方向发展。

三是，创新丰富多元的网络德育方法，使得网民形成科学化和个性化的认知与认同。网络德育方法可以通过创设个性化和多元化的网络教育环境，开展时代性和趣味性的网络教育活动以及采取专业化和亲民化的网络教育手段等，使得人们的网络生态道德情感得以强化、建立和巩固。人们在网络空间感受到充满趣味和活力的网络环境氛围之后，就会产生超越自我认知维度的自身体验，使得人与网络共融共生，进而激发人们对网络空间环境的热爱与敬畏之情。

3. 推进网络法治建设，培育网民的网络生态法律意识。法律是治国之重器，良法是善治之前提。在健全的法律法规制约之下，人们才能更好地履行保护和净化网络生态环境的基本义务，也能更好地落实作为自觉能动的个人所能享受的使用网络的正当权利，网络法治建设要求国家通过一定的法治手段，依据相关法律规定，积极调控人与网络的关系，在网络立法、执法和司法等法治步骤与环节，帮助人们将自身的生态理念和道德观念内化为自身的法治精神，进而体现在日常生活中，形成法治行为习惯。这就要求政府、相关职能部门、广大网民积极参与，在多方合力、多层交叉落实的过程中共同推进网络法治建设。

一是，督促政府建立完善的网络生态责任制，保障网民的网络生态权。政府应该切实履行自身职责义务，即顶层调控、有效监督、积极推进，不仅做到考虑多方利益主体的现实情况和基本诉求，制定切实有效的、具有针对性的方针政策，还要明晰多方主体在网络使用与治理过程中的责任和义务，以期保障网络生态的有效运行和规范管理，保障网民的网络生态权。

二是，相关职能部门应该从立法、执法和司法等方面出发，切实制定有效的网络法律法规，积极打击破坏网络空间环境的行为，并严格惩罚此类行为，杜绝再次发生，保障网民的网络生态法权。具体来说，就是政府部门应及时制定相关网络管理法、网络信息保护法以及网络行为监督法等法律条文，在打击各类违反法律条文的行动中严格落实、决不姑息，做到公正司法、严厉惩处，对于破坏网络生态环境的行为视情况采取有效的惩罚办法，并鼓励社会公众加以监督和反馈，为人们行使网络生态法权提供制度保障。

三是，加强网络法律教育，强化公众保护网络生态的法律意识。网络法律教育主要是指通过向人们传授网络法律法规方面的基本理论知识和具体要求，向人们展示违反网络法律法规的实际案例及其处理方法等，进而培养人们对网络空间环境的尊重和敬畏，自觉维护正确的网络环境运行秩序。它可以督促人们建立起对法律条文的自觉认同，强化促进网络生态空间正确运行的法律意识，让网络空间呈现出正气充盈、风清气朗的景象。

4. 注重网络生态实践，锤炼网民的网络生态行为。网络生态实践是指人们在遵循网络生态运行与变化发展的客观规律的基础上，从自身客观诉求出发，努力构建人与网络生态环境和谐共处的实践行为方式。它能够帮助人们在建设良好网络空间的同时，变革一切“非生态”的实践方式，采用生态化的网络实践方式完成一种“自我救赎”。

一是，鼓励人们自觉做到净化网络信息资源。广大网民在接收来自网络上纷繁复杂的资源信息时，应该根据网络信息的阐述和基本描述等初步判断其是否准确反映事件的客观状况与发展趋势，在此基础上，运用普遍联系、系统论等哲学思维，深入分析和梳理、检验与查证，以此判断信息的真伪。同时，还应该对网络信息资源做出自己的价值判断，考量相关信息资源有无违背我国社会主义核心价值观的基本要求，有无违背最广大人民的共同利益，有无违背先进生产力和先进文化的发展与前进方向等。总之，在对网络信息资源的善恶、美丑与是非做出基本判定之后，人们才能选择具备正确价值导向的、对主体成长有益的网络信息，并使之内化为自身综合素养的一部分，在实践行动中体现出来并积极推广与传播。

二是，倡导人们通过正确的网络行为来创建和优化网络生态环境。网络生态环境能够感染人、教育人和熏陶人，这就要求人们在网络实践行为中，创设艺术性与思想性、时代性与历史性、审美性与教育性辩证统一、密切结合的网络生态环境，推动充满正能量的动漫、视频、直播等网络教育内容，以主题鲜明、灵活多样的形式提升网络生态环境的感染力和冲击力，引导人们通过直观感受鲜活生动的感人事件或人物，强化生态道德情感，使得人们在网络生态环境中强化科学价值观，塑造美好的个人品质。

三是，促使人们在网络行为中切实维护网络生态安全。许多西方敌对势力往往通过网络发表不实言论等，试图通过意识形态的渗透强化自身的话语控制权，并与他国主流舆论导向抗衡。另外，还有许多不法分子利用网络造谣并肆意传播虚假信息，甚至宣扬邪教和封建迷信等，基于此，广大网民应该注重提升自身的政治判断力，敢于揭露和批判一切不实言论，努力抵制各种歪曲思想，正确把握网络信息的育人准则和政治立场，强化对我国国家主流意识形态的自我认同，切实维护网络生态安全。

五　创新生态教育形式，拓宽国民生态素质教育渠道

加强新时代复合型人才的培养工作，离不开生态素质教育水平的提升。国民生态素质教育要求人们做到培育生态理念、掌握生态知识、建立生态情感、养成生态行为、创新生态技术等，倡导将生态文明观渗透国民素质教育的全过程，实现科学精神文化、人文精神文化和技术精神文化的有机融合。为了更好地提升国民生态素质教育的效果，应该不断创新生态素质教育形式，通过培养绿色消费习惯，开展生态绿色活动，创新生态实践形式，强化生态技术支撑，突出生态文化建设等途径，不断拓宽国民生态素质教育渠道，加快实现教育强国目标。

（一）培养绿色消费习惯，带动国民生活方式的绿色化

马克思在《资本论》中指出："人从出现在地球舞台上的第一天起，每天都要消费，不管在他开始生产以前和在生产期间都是一样。"[①] 人类要想生存和发展，每天都需要消耗各类劳动产品，非绿色化的消费方式带来盲目消费、过度攀比，背离了人们的正常需要，导致各种疾病的发生与医疗资源的耗费，进而对环境造成破坏，大范围的奢侈行为还会造成全社会的资源浪费、环境污染和生态失衡等。党的十九大报告强调形成绿色发展方式和生活方式，必须坚定走生产发展、生活富裕、生态良好的文明发展道路，要使绿色生活方式及理念深入人心，使之成为人民群众美好生活的重要内容。2018 年 9 月，中共中央、国务院《关于完善促进消费体制机制　进一步激发居民消费

① 《马克思恩格斯文集》第 5 卷，人民出版社 2009 年版，第 196 页。

潜力的若干意见》中也指出，要在全社会促进“绿色消费”，大力提倡“消费者在与自然和谐共处、协调发展的基础上，进行科学合理的生活消费”[①]，帮助人们培育绿色消费观，推动公众生产生活方式的变革和产业结构的调整，逐渐消解经济发展的压力和对生态环境的破坏程度，进而克服人与自然之间的矛盾。

1. 加大绿色消费的宣传力度，在全社会建立起生态、低碳、健康的理念共识。消费一般用来表征生命有机体的一种生理活动。在生态伦理学视域，它不仅是一种纯粹的个体行为方式，还指征了一种文化样式，即“消费社会也从本质上变成了文化的东西”[②]。它承载了诸多文化或象征的意义，凸显了人们内心的一种精神追求和文化指征，这种带有文化韵味的行为方式对人们日常生活中的价值取舍起到重要的指引作用，从而也影响到社会经济和教育事业的发展。因此，我们应该在全社会范围内广泛传播科学理性的消费理念，推动构建健康向上的消费文化，帮助人们养成绿色低碳、勤俭节约的日常消费行为习惯。

一是，积极弘扬健康向上、科学合理的马克思主义绿色消费观。利用舆论媒体的正面导向作用和教化作用，向社会公众传播一种适度有机的绿色消费观。马克思认为人与自然是密切联系在一起的，自然界如同人的“无机身体”，人对自然的消费和利用应该限于人类合理需求的范围之内，这种合理消费的满足创造了“同人的本质和自然界的本质的全部丰富性相适应的人的感觉”；反之，人类的欲求如果不加控制，任其无限扩大，必然会激发人与自然、人与社会的矛盾，带来生态灾难。在日常生活或教育活动中，我们要广泛宣传和弘扬马克思主义绿色消费观，让人们将这种观念根植于自身的思维方式、行为方式最大限度地规范和引领人们的消费理念，养成绿色适度的消费习惯，避免因过度消费或追求物质主义而带来的资源浪费，最终形成崇

① 张庆良：《永远的红树林》，南方出版社2005年版，第234页。

② ［英］迈克·费瑟斯通：《消费文化与后现代主义》，刘精明译，译林出版社2000年版，第15页。

尚节俭的社会风尚。

二是，不断革新绿色消费宣传方式，搭建绿色消费宣传平台。深入挖掘并发挥新媒体的传播力和影响力，通过微信、微课、慕课等信息资源平台，建立弘扬绿色消费理念的公众号、论坛和课程网站，借助新媒体的力量，增强公众对绿色消费现状的认知，宣传绿色消费方面的先进个人和先进事迹，普及生态、低碳、健康的消费理念和知识，让受教育者时时处处都能接受绿色消费观和文化观的熏陶，进而使得人们在对生命完整意义的理解和对自然界生命体包容的前提下，做到真正接受并践行绿色可持续的消费方式。

三是，营造崇尚绿色消费，弘扬绿色理念的社会精神文化环境。这就要求各地积极成立各类绿色文明社团和绿色环保组织，在绿色知识竞赛、绿色生态设计展览、生态文明实地考察等活动中帮助人们学习并掌握系统的生态环保常识、绿色消费主义所蕴含的价值和意义等知识，使得绿色消费观和绿色文化深入人心。传统消费观认为自然资源能够为人类财富增长提供所需要的一切，而且自然对人类污染的净化能力也是无限的，人们可以向大自然无节制地索取。然而，当人们无限度的索取行为给大自然带来了无法弥补的伤痛时，我们发现自然生态系统的承载力是有限的，当人类对自然的干扰超过自然承受度时，生态系统就会因此失去平衡甚至崩溃，严重威胁自然界万物的生命。由此，人们应坚持人与自然互利共赢的生态价值观，做到既关注自身发展，又爱护自然、珍惜资源和保护环境，树立起“健康、适度、绿色”的消费观，营造崇尚绿色消费的社会精神文化环境，使得人类社会系统和自然生态系统能够协调发展。正如美国学者加尔布雷斯在《富裕社会》中所说：“人的生活舒适、便利的程度，精神上所得到的享乐和乐趣……足够就可以了，不必最多、最大、最好。”①

2. 建立绿色生态化的生活方式，促进人类自身的可持续发展。在

---

① 陈寿朋、杨立新：《论生态文化及其价值观基础》，《道德与文明》2005 年第 2 期。

传统工业社会，人们的生活理念通常建立在以高消费、高消耗为特征的物质享乐主义和拜金主义之上，这种错误的理念不可避免地带来了日常生活中废气废水的肆意排放、生活垃圾的随意堆放、自然界资源能源的大量减少等，给生态环境造成了不可挽回的严重后果和危害。绿色生态化的生活方式倡导人们追求内心舒适、健康饮食、适度消费和低碳出行等，江泽慧在《生态文明时代的主流文化》一书中曾指出："新的生活方式的主要特点为：食品适量化，用品循环化，能源节约化，垃圾分类化，休闲健康化，环保全民化等。"[①] 随着绿色生态化生活方式的构建，人类的生存家园和居住环境都将得到进一步优化，并作为基本保障条件反过来推动人的自由全面发展，建立绿色生态化的生活方式，主要体现在以下几方面。在穿着方面，人们更倾向于选购天然彩棉服装，避免了有害物质对人类健康以及自然环境的破坏；在建筑方面，人们重视选用无害材料、利用太阳能等，减少对稀有资源的消耗，降低了开采、加工和运输建筑材料所带来的环境污染；在出行方面，人们注重绿色低碳出行，愿意使用公交巴士、共享单车、新能源汽车、地铁等低污染交通工具，以缓解交通压力，降低汽车尾气排放量和石油消耗量等；在饮食方面，人们开始关注绿色健康饮食，拒绝食用大量肉类，倡导蔬菜、水果和动物蛋白的均衡饮食，这在一定程度上大大降低了饲养动物的成本，有效缓解了对草地、森林和土地的过度使用，维护良好的自然环境。

3. 完善绿色消费保障体系，优化绿色消费环境。弘扬绿色消费理念是为了营造绿色消费环境，绿色消费环境能够为人类的健康生存和可持续发展提供基本保障。随着经济社会的快速发展，我国自然环境正面临着严峻的考验，国内外各类生态危机事件的陆续上演给人类的生产生活带来了严重影响。因此，我们必须要致力于完善绿色消费保障体系，扩大绿色消费市场，以更好地创新和优化绿色消费环境，为

---

① 江泽慧：《生态文明时代的主流文化——中国生态文化体系研究总论》，人民出版社2013年版，第257—258页。

提高人们的生态素质水平提供社会环境保障。

一是不断完善绿色消费的监督机制，营造良好的社会生态环境。从满足人民的切身利益和消费利益出发，紧抓绿色产品的质量认定工作，一方面，要完善绿色消费的监督机制，对于侵犯消费者个体利益的市场行为进行严厉打击并予以相应惩罚，切实维护消费者的正当权益，以期最大限度地降低消费者绿色消费维权成本；另一方面，要在市场范围内成立绿色消费产品认证机构，明确绿色商品的认证标准和程序，推动绿色采购、绿色生产和绿色消费，确保供应到社会中的各类生活资料的绿色有机与健康安全，为人们的衣食住行等方方面面保驾护航，让社会环境中的各类消费行为变得更加绿色健康、积极向上。

二是坚持绿色发展新理念，营造良好的自然生态环境。通过制定绿色税收政策、绿色产业政策以及绿色 GDP 考核政策，帮助企业或各单位、个人进行绿色投资、绿色生产和绿色考核，摒弃传统 GDP 至上的经济发展理念，大力推广新能源、低碳经济、循环经济等，以更好地优化和调整产业经济结构，积极落实湖河长制、生态补偿制等相关生态环保制度。这种做法既可以减少污染排放和资源消耗，保护人类赖以生存的自然生态环境，也能推动企业、单位以及个人绿色发展理念的形成，并将其运用于日常生活生产中去，进一步优化绿色消费环境，创造出碧海蓝天、绿意盎然、充满活力的景象。

（二）开展生态绿色活动，实现国民生活环境的生态化

人不是位于自然界之上的“征服者”，人类的生存与生态环境休戚相关，这就要求我们在社会主义现代化建设的过程中，应该坚持人与环境的协同共赢，在遵循自然界客观发展规律的前提下，建设人类赖以生存的美丽新家园。2016 年 4 月，习近平总书记提出：“要坚持知行合一，注重在实践中学真知、悟真谛，加强磨炼，增长本领。”[①]

---

① 《习近平关于青少年和共青团工作论述摘编》，中央文献出版社 2017 年版，第 53 页。

生态素质教育的生活化是其“对人的生活世界的回归，是实现思想政治教育对生活世界的主体参与”[①]。因此，要重视生态素质教育的实践指导作用，推动生态素质教育生活化，培养公众健康生态的行为习惯并积极开展各类绿色生态活动，积极推进美丽中国和美好家园建设。

1. 重视社会公众的绿色生活习惯养成，培养人们的生态环保意识和绿色生活理念。生态素质教育如果只注重理论教育，始终漂浮于精神层面，那就如同缺少实践根茎的不完整的生态文明教育。因此，生态素质教育只有走下冰冷的“理论圣坛”，真正融入人们的日常生活，促使人们形成良好的生态行为习惯，才能取得良好成效。

一是要培养人们良好的日常消费观念和消费行为。引导人们从日常生活做起，从自身做起，从身边的小事做起，培养正确的消费观念和消费行为，比如，用太阳能热水器代替电力热水器，拒绝购买和使用一次性生活用品，等等。在日常生活中自觉节约资源和能源，使人们形成生态消费理念和生态道德行为。

二是要培养人们健康生态的日常生活理念和行为习惯。在日常生活中，应加强艰苦奋斗、勤俭节约的传统美德教育，引导和教育人们在日常生活中使用环保购物袋、学会垃圾分类放置、使用共享单车等，进而培养人们的生态环保意识和绿色生活理念。同时，要制定和完善生态化、绿色化的日常行为规范，引导人们构建生态化行为模式，形成绿色节俭、文明健康的生活习惯和生活方式，真正做到遵守社会公德，保护公共环境，弘扬生态文明新风尚。

2. 开展灵活多样的绿色文明活动，增强人们的生态环保自觉性和生态践行能力。人类智慧的增长源于与土地、动植物、森林等自然界万物的密切接触，在接受自然的现实教育课中，应不断开展手工劳动实践活动，从集体“不断密切地”和大地的接触中获得极大的满足感。马克思说过，一步实际行动比一打纲领更重要，我不主张多提口

---

① 李焕明：《思想政治教育生活化》，《山东师范大学学报》（人文社会科学版）2004 年第 3 期。

号，提倡行动至上。因此，我们要积极开展形式多样的生态文明实践活动，使受教育者亲身体会生态环保的重要性，增强生态文明意识和生态践行能力，进而使生态文明这种生存愿景和发展期许逐步变成现实。

一是开展生动活泼的课内生态实践活动与校园生态实践活动。积极组织开展生态课题研究、生态知识专题讲座、生态环保读书会和“三走进”系列课内活动与校园实践活动等，让受教育者了解和分析我国的生态文明现状与相关热点问题，使生态文明理念“入学生的脑”，逐渐构建一种立体化的绿色教育体系，引导受教育者实现生态意识由知到行的转化，提高自身的生态践行能力，逐渐成长为崇尚生态文明的“绿色公民”。

二是开展形式多样的社会生态实践活动。在日常生活中，我们应积极开展绿色教育、倡导绿色科技、建设绿色校园等“三绿工程”，做一名“青年绿色近卫军”。比如，组织开展生态调研活动、生态知识宣讲活动、“微公益”社会活动、绿色科技创新活动和生态体验活动等，使人们在一系列“体验－感悟”式的生态文明活动中不断提升自身的生态认知水平和生态文明情怀，亲身感受大自然的秀丽风景和动人姿态，真正体悟生态环境保护的现实意义，深刻领会生态素质教育的真谛，逐渐形成生态环境保护的自觉意识和社会责任感。在体味生态保护、畅谈绿色发展的同时，真正做到尊重自然、顺应自然、保护自然，进而创造出更多的优质生态产品，以满足社会对优美生态环境的需要。

（三）创新生态实践形式，推动国民行为方式的文明化

实践育人是理论育人的巩固和深化。马克思在《关于费尔巴哈的提纲》中指出：“全部社会生活在本质上是实践的。”[①] 生态实践蕴含着无穷的能量，能够激发人们的精神意志，因此，我们应该充分利用生态文明实践典型（比如生态教育先进个人、生态环保志愿服务模范

---

① 《马克思恩格斯选集》第1卷，人民出版社2012年版，第135页。

队、生态环保优秀协会等）的教育功能，激励和引导人们的生态行为。同时，生态体验活动也能直接影响人们的思维和行为方式，通过积极创设体验自然的情景空间（比如校园农耕、乡村情景朝话以及绿色环保组织等），引导人们在与自然的亲密接触中接受熏陶、塑造生态意识，实现对他者的关爱、对本真的向往、对智慧和慈悲的探寻等，真正理解多元生命之间的和谐共生与包容互惠，推动国民行为方式的文明化。

1. 通过在实践中选树生态文明实践典型，增强人们的仰慕之情和主动效仿的热情，进而弘扬生态道德观和价值观。生态素质教育先进个人或团体作为生态素质教育的参与者和引领者，在相关生态环保活动中，能够激发人们的仰慕之情进而衍生出主动效仿的热情，带动全社会参与生态文明活动，增强人们的生态保护意识和绿色发展理念，帮助人们确立生态价值观取向，最终凝聚起生态素质教育事业的磅礴力量，有力推动我国的生态文明建设。具体来说，主要包括以下几点。

一是，在新时代社会实践活动中选树生态文明教育先进个人。紧紧围绕生态文明建设与实现中华民族伟大复兴的中国梦，组织“牢记时代使命、书写人生华章”“重走复兴之路”“建设生态文明，实现美丽中国梦”等新时代社会实践精品项目，在多样化实践活动中选树具有时代感和吸引力的新时代生态文明先进个人。在生态文明先进事迹报告会、生态知识读书会、生态实地考察、生态伦理宣传等现实的生态文明活动中选树具备人格魅力、敢于担当的生态文明教育先进个人，通过他们的高尚品格和感人事迹来感化学习者，促使学习者由衷而热烈、自愿而自觉地养成高尚的生态品质。以上这一系列活动不仅能够实现先进个人选树方式的创造性转化和创新性发展，提高选树生态先进个人典型的精准度，而且能激发人们认同、崇拜、信服、效仿的主观愿望，带动人们主动感悟、认同和效仿其闪光点，最终产生积极的生态情感体验，进而转化为全社会生态实践行为的内在动力。

二是，打造生态环保志愿服务模范队。生态环保志愿服务模范队通过开展一系列生态环保实践活动，引导人们树立热爱自然和保护自然的生态理念，增强其环保意识和环保能力。而要想打造出一支生态环保志愿服务模范队，必须从以下几方面入手。一方面，在交互体验式活动中打造生态环保志愿服务模范队。在共享发展理念的指导下积极运用案例分析、互动学习、角色扮演和头脑风暴等形式，广泛开展关于生态环保的工作坊、社区教育、热点问题分析以及环保志愿服务银行等体验互动式活动，在活动中打造出一支具有前瞻性、战略性和针对性的环保志愿模范服务队。同时，对表现优秀者予以荣誉激励、信任激励和参与激励等多维度激励，既可以激发环保志愿服务队自身的成就感，推动其可持续发展，又可以引领人们在实践中体悟、在反思中行动，进而提升其整体生态理论认知和生态文明素养水平。另一方面，在文化主题活动中打造生态环保志愿服务模范队。通过开展“不忘使命，砥砺前行”“礼敬中华传统文化”“生态梦·中国梦”等系列文化主题活动，不断培育社会主义核心价值观，弘扬中华优秀传统文化，践行“绿水青山就是金山银山”的生态理念等，最终打造出一支具备理想信念、人文情怀和社会担当的生态环保志愿服务模范队，进而为生态素质教育事业的长远持久发展提供精神指引。

三是，创建生态环境保护优秀协会。生态环境保护优秀协会能够通过发挥其在生态素质教育中参与者、贡献者和引领者的作用，引导人们积极贯彻绿色发展理念和生态环保行为。因此，要想不断提升生态素质教育的影响力，必须创建优秀的生态环保协会。一方面，以顶层设计推动生态环保优秀协会创建。依据生态环境保护协会成员的专业背景和行为数据等，由相关职能部门制订出具体可行的工作思路和目标，形成一套完整的生态人才培养方案，进而创建具有完备科学体系和鲜明实践要求的优秀协会，不断将其精神实质和高尚品格渗透到人们的生活中，最终转化为人们的生态情感认同和生态行为习惯。另一方面，以意识形态教育助力生态环保优秀协会创建。结合新时代提出的新课题和新要求，以马克思主义生态理论与习近平新时代中国特色社会主义思想凝结共识、汇聚力量，鼓励协会成员根据自身个性特点和专业特长开展如“美丽生态城，砥砺共前行”“亲近自然·生态科普”“倡导绿色 GDP 评价体系”等活动，在这些深具历史厚度和时代气息的活动中，创建一批生态环境保护优秀协会，进而激励人们以新的精神状态和奋斗姿态迈向生态文明新时代，将他们的生态行为方式与建设生态文明和美丽中国紧密结合，为生态素质教育事业的发展提供政治引导、环境场地和文化产品，提高其教育效果。同时，鼓励学校与企业积极展开合作，通过创办校企合作实训基地和校企合作信息平台，开展“校企联谊会”“产学研报告会”等，引导学生在绿色科技创新活动等实践中形成生态理念，在此基础上创建具备先进生态理念和人才培养模式的优秀协会，进而引导人们在生态文明意识的深化与绿色科技发展的实践中创造更多优质生态环保产品，以满足人们对优美环境和美好生活的需要，最终凝聚成生态素质教育的磅礴力量，有力地推动中华民族伟大复兴和美丽中国建设。

2. 推广校园农耕、乡村情景朝话以及绿色环保组织等新型生态实践形式，帮助人们建立起热爱自然、敬畏生命的内在情感。绿色活动的开展能够带领人们积极参与生态环保和生态素质教育的全过程，在校园农耕体验中可以引导人们更好地理解优美环境对滋养生命的重要意义，在乡村体验活动中可以引导人们去探索原汁原味的乡土性以及体验万物生命与人类生命之间的紧密联结，在绿色环保活动中可以引导人们在与大自然亲密接触的过程中养成生态化的行为方式。通过这一系列活动，帮助人们建立起对自然万物的爱、关怀与敬畏。

一是，推行“校园农耕”试验。“校园农耕”试验是一种教会人们用心感受生命成长和发展过程的体验性教育，是对自然科学知识和社会科学知识的综合运用，人们在自觉参与各项环节的过程中，能够深刻体会到温暖阳光、干净空气与清洁水源等对植物生长的重要性，也更加理解优美生态环境对养育生命、壮大生命的重要性。这项实验主要是带领广大学生投身到景观农业和生态农业的试验中去，在这个过程中，学生不仅能学习到选种、育苗、种植、灌溉、施肥、除草除虫等多种农业种植技术，还能增强他们对生命的理解与关怀，从中体验到敬畏生命和关爱自然的真谛；人们在触摸、观察、思考植物的成长变化和基本规律的过程中，能够感受到生命万物的神奇、坚强与伟大，从而更加坚定呵护自然、尊重自然的信念，净化自身的灵魂世界，培养健康生态的生产生活方式，进而引导人们怀着一颗赤诚热情的心去拥抱和爱护大自然。同时，人们还可以利用在“校园农耕”试验中学到的知识、体悟到的真理等，开展系列农耕推广座谈会或交流会，积极宣传经验，带动全社会以极大的热情投身生态素质教育工作。

二是，参与“乡村情景朝话”体验。乡村是离大自然最近的地方，那里有茂密的树林、潺潺的溪流、巍峨的高山，还有质朴的劳动人民和历史悠久的传统乡土文化，“乡村情景朝话”活动倡导人们走入乡村，去探索原汁原味的乡土性，去体验自然界万物与人类生命之间固有的、紧密的联结，去感受人与人之间最纯真朴素的爱和情感。“乡村情景朝话”体验是一种新型的生态素质教育形式，其主张人们崇尚“悟道与尚清”，旨在引导人们在乡村生活中感受最真实的自己以及自己与外界的本质联系。所谓悟道，是指人们在与自然万物接触的过程中，探索其客观本质和发展规律，总结出概念、特性等真理性认知，进而在认识其他事物时也能熟练运用这种思维方式，达到认识事物本质和客观规律的最终目的，正如“总结规律，一通百通”；所谓尚清，是指人们在悟透自然万物的真理性内涵的前提下，对源于自然、源于本土以及源于传统的真善美和知情意等真实情感的呼唤，进而恢复和重塑人们对“天然”和“自然”的本真性认知。通过悟道与尚清，人们能够对这个客观世界建立起科学客观的理性认知，能够将我之为我的本能释放出来，与大自然密切交融，去感受和融入这个宏伟的、包容的、爱人的世界，进而实现对他者的关爱、对美德的向往、对智慧的探寻、对慈悲情怀的心仪以及对自由的崇尚，真正地分享感动、责任和收获。这种对多元生命和谐共生、包容互惠以及互促互安的乡土性之感受和体悟，即“乡村情景朝话”活动的旨归所在，它把“感觉、理解和欣赏乡土性”作为活动的基本任务，意味着人们能够逐渐培育起以感受天地生命和推己及人的方式而“求诸于己”的价值取向。

三是，创设“绿色家园”或“自然之友”等环保组织。“绿色家园”是致力宣传生态文明理念，增强生态文明意识以及推进生态文明行为的一种环保组织，其最终目的是促进人类社会的健康可持续发展。在该组织的倡导下，人们通常会大力开展诸如弘扬生态价值观，募资植树造林，引进优良抗旱树种和技术，以及检举破坏环境行为等活动，并在当地宣传生态环保理念，对当地群众进行生态环保宣传和环保知识教育等。“自然之友”是致力于推广生态文明知识，传播和弘扬生态文化和绿色文化，组织群众性环保教育活动的一种环保组织，该组织以维护我国环保事业的稳定发展为己任，鼓励人们积极投身生态保护行动。比如，鼓励志愿团队和志愿者深入省、自治区的希望小学开展环境教育；针对酒店、办公楼等公共场所和社区等，发起 26 度空调节能行动；积极向媒体曝光毁坏草原生态或河流生态的各类项目；召集群众集体学习生态文明知识并开展农民或牧民研讨会，提高他们的生态素养和学习技能等。同时，这一组织还积极与政府展开有效磋商，鼓励政府搭建生态环境教育平台，比如推动与草原网站、草原之友合作，共同关注草原生态系统的建设和北方游牧民族传统文化的承扬。因此，积极支持和鼓励“绿色家园”或“自然之友”等环保组织的生态活动，能够促进人们与自然的亲密接触，进而推动国民生态行为方式的文明化。同时，政府还可以积极推进“海绵城市”“绿色银行”“天然氧吧”等生态环保项目的稳步开展，既能优化社会服务体系建设，又能推动生态治理和生态空间布局工作的有效落实。

（四）强化生态技术支撑，推进国民生产方式的集约化

技术是一种极具自身性格的强大力量，强化生态技术则要求人们站在生态文明的立场上，在自身追求方面做出有利于维护生态环境、

促进社会可持续发展的有机选调和适度转换。当今时代，培育生态技术和绿色科技要求我们瞄准世界绿色科技前沿，推进多学科跨领域交叉汇聚与联合研究，不断向“深空、深海、深地、深蓝”等领域拓展。同时，提倡多学科联合攻关高新环保和能源产业，运用前沿引领技术和关键共性技术等集中应对人们密切关注的环境问题，促进基础研究和应用研究相互融通，推动资源全面节约和循环利用，建设绿色科技创新体系。工业文明时代，人类肆意利用自然资源为自己谋福利，导致生态环境破坏、生物循环不稳定、经济发展失衡、社会秩序失调、理想信念缺失等问题，在对社会现状反思的前提下，人们为了提高资源利用率，实现废弃物循环利用以及充分享用自然便利服务，致力于探讨和研究自然界宏观生态结构和运行规律等，逐渐掌握了规范人类思想意识与行为方式的技术和知识，加大了生态技术的研发力度和运用范围，培育了广大具有生态智慧的人才，创造了大量绿色生态产品，为人类社会永续发展奠定了基础。

1. 培育公众的生态技术驯化素养，引导其重塑生态化的生命需要观，推动生态技术的合理运用。技术与文明原本是不相抵触的一对关系，甚至还可以说是技术推动了文明的进步，但是，如果对带有“野性”的技术不加以控制，技术就会给生态系统带来严重的破坏，“技术具有巨大的作用，因为如果我们不知道‘如何去做’，就会退回石器时代”[①]。在西方社会的机器工业时代，芒福德指出，采矿和钢铁等技术朝着野蛮主义发展，是为了完善文明和征服自然，这说明技术与文明出现了冲突。20 世纪 90 年代，人们开始研究如何对这种“野蛮”的技术加以控制，“技术必须被整合到使用者及其环境的结构、常规和价值中去”[②]，这意味着与其限制技术的研发，不如去改造技术的应

① Hoyle, F., “The Place of Technology in Civilization”, *Engineering and Science*, Vol. 16, No. 5, 1953.

② Berker, T., Hartmann, M., Punie, Y. and Ward, K., *Domestication of Media and Technology*, London: Open University Press, 2006, p. 2.

用，即需要技术、使用者和生态系统三者实现良性互动。然而，在当前人类生活中，人们对各类技术以及科技产品逐渐产生了某种依赖感，诸如人工智能、大数据等领域的先进技术对人类的吸引力与日俱增，这就要求我们重塑生态化的生命需要观，确立技术应用界限，避免被技术俘获。

一是，引导公众塑造生态化的生命需要观。当前，一些人为了经济利益乱砍滥伐、大肆捕杀，导致物种锐减、环境污染等生态问题，这些行为都是在技术力量的支配下做出的偏离人类生态化需要的非理性行为，当人们沉迷于对各类技术的运用时，却忽视了对自然界万物生命的尊重与呵护。因此，为了避免被技术俘获，人类应该积极培育生态化的生命需要观，尊重生物的多样性，热爱自然和社会系统的万物生灵，以相安相促的生态理念合理定位人类生命需要的程度。

二是，在全社会建立一种基于生态化生命需要而确立技术应用界限的共识。每一种技术都是在其所能够涉及或影响的范围内发挥作用，要想使得技术的作用能够实现最大化和最科学合理化地发挥，就要在特定的时空条件或合理的界限内引导其发挥积极的作用，即引导人们基于生态化生命需要确立技术应用的界限或范畴，以此维护自然繁复与环境和谐。

三是，广泛宣传生态技术驯化经验。在对生态技术进行驯化的过程中，每一个人对生态文明内涵和生态技术功能意义的理解不尽相同，由此会产生不同的思维认知和特殊经验，从而丰富全社会的生态技术驯化经验。将每一个人或每一集体的不同理解在全社会进行积极传播，广泛宣传多样化的生态技术驯化经验，必将为推动生态技术的合理运用和生态素质教育工作的顺利开展提供强大的社会舆论和群众基础支撑。

2. 弘扬生态设计理念，推动人与自然的高度融合，形成多元共存的生态有机体。这就要求人们积极探索大自然生物圈的内在规律，汲取大量动植物的生存智慧，将先进的科学技术和研究成果运用于生态农业、生态工业等生态产业中，加强各类工艺品的绿色生态设计以及各类废材料的循环利用，强化生态技术和“仿生学”的研究与应用。在所有涉及能源资源的使用和管理的领域（如社区、街道、交通系统、工厂企业、农场等），灌输给人们一定的生态设计理念，这种理念的主要特点为简单性、整体性、持久性、耐用性、可恢复性、规模适中、高效性、合规律性与合目的性的统一等，将该设计理念与当地独特的自然环境相契合，根据本地特殊的地理位置、地形地貌、群众需求、风俗习惯等，以极富同理心与责任心的心态去理解生态结构和生态系统，运用生态智慧去探析自然界的客观发展规律，搭建适合本土文化生长的环境。同时，注重对人们的生态意识、生态思维和生态实践能力的培养，推动人与自然的高度融合。1991 年，托德曾说：那些从事机械运动部件的人，习惯了内燃机的噪声和废气的人，常常很难想象出活的机器……活机器是有生命的，它以一种相当基本的并可以转化的方式，把人和自然连到了一起。比如，设计一款废水净化处理机器，在这台机器里放置大量自然环境中的植物、水生动物和微生物等，模拟出一套完整的生态系统，利用太阳能启动内置于植物组织内部的净化系统，实现污水的净化功能。同时，还可以在发展生态经济的过程中，充分运用社会经济和资源环境的耦合态势，以人的情感需求为旨归，推广一种有机的、可持续的、再生的“厚道产业”，这种产业包含了人与自然和谐共生的全新理念，把追求人与自然的“共同福祉”作为基本目标，使得自然环境成为一个多元共存的生态有机体，让生态文明和绿色发展观念深入人心。

3. 加强生态技术与人文教育的融合，在提高人们的手工劳动能力的同时，也使生态技术更富人文情怀。人们在研究生态技术并运用于实际生产生活的同时，也离不开人文精神的指导和支持，只有将理工学科与人文学科有机结合起来，才能实现多学科之间的相互借鉴和融会贯通。通过与生态技术密切融合，人文教育也不再是单纯的课堂上的理论灌输和考试评价，而是要深入自然界的大课堂中去，将亲身体验、动手能力与理论知识结合起来。这种学习模式既克服了传统单一化、抽象化、片面化的文科学习现状，又避免了陷入盲目追求经济利益中去的现象。阿尔佛雷德·诺斯·怀特海德曾指出："第一手知识才是文化生活的基础……要想平庸就掌握二手知识。"[①] 在教育中，实践体验和手工劳动可以使理论知识和生态情感紧密契合，也使得教育更加符合自然规律，进而与自然环境形成一种共生共荣的关系，使得人、自然和社会都获得可持续发展。当前，在部分学校的教育教学体系中，较少涉及生态环境保护和本土文化承扬的专题学习模块，受教育者普遍缺少获取知识的内在感受和生命原动力。因此，只有通过培育浓厚的人文关怀精神，去身体力行、去创造、去生产，才能在教育中形成自觉保护生态系统的行为习惯。在这种教育模式下，人们所创造并依赖的生态技术就会更具人文关怀。比如，受教育者能够将能源、食品、树木、垃圾等自然素材当作实验物品，开发出一系列可循环、可持续使用的生态设计项目，能够在充分利用当地有益于环境的材料的同时，增加生态设计项目的人性化程度，创造大量绿色生态产品，不仅提高了人们的生态素养水平，还极大增强了人们的手工劳动能力，推动国民生产方式实现生态化、集约化发展。

（五）突出生态文化建设，促进国民生态人格的健康化

2016 年 12 月，习近平总书记在全国高校思想政治工作会上指出，"要更加注重以文育人，广泛开展文明校园创建，开展形式多样、健康向上、格调高雅的校园文化活动"[②]。生态文化基因是印在人类血液中的品质，生态文化是关于生态的物质、精神、制度以及网络层面的文化的统称，反映了人与自然的和谐共处、持续发展。近代罗马俱乐部创始人佩切伊最早提出了生态文化的概念，他提出，当人们运用自身的科技力量入侵生物圈以后，也摧毁了人类自身生活需要的一切基

---

① A. N. Whitehead, *The Aims of Education*, New York: Free Press, 1967, p. 45.

② 《习近平在全国高校思想政治工作会议上强调 把思想政治工作贯穿教育教学全过程 开创我国高等教育事业发展新局面》，《人民日报》2016 年 12 月 9 日第 1 版。

础，人类只有对文化进行变革或转向，才能获得自救，这就必然诞生一种新的文化，即生态文化。[①] 和谐健康的生态文化氛围，对人们生态价值观的形成起着重要的催化作用，能够引导人们养成科学合理的生态价值观。为此，我们应从物质层面、精神层面、制度层面以及网络层面加强生态文化建设，为国民生态素质教育创造良好环境。

1. 优化物质文化建设以创设生态素质教育的场域。物质文化载体包括建筑楼群、亭台湖泊、雕塑壁画、经典服饰等设计，通过它们的生态化设计和规划，创设有助于生态素质教育的“文化场域”。从大的方面来讲，我们应该做到合理规划城市建筑物、园林区与住宅区的布局，精心打造公共绿化中心、城市休闲广场等区域的风格与样式；从小的方面来讲，我们应该做到合理配备垃圾投放桶、合理安装水龙头和灯泡等。在整体设计和规划的过程中，始终遵循人与自然和谐相处的原则，既赋予人类生活极大便利，又赋予动植物成长所需的适宜空间，致力于建成一个绿草青葱、天蓝气清、花香鸟语的生态城市园林区、市容整洁示范区，给人们营造一个整洁、优美、和谐的社会生态环境，激发人们高尚的道德情操，养成良好的生态行为习惯。具体来说应做到以下几点。

一是，加强关键人文景观的环境建设。结合当地的发展历史和所在地的文化史实，将其丰厚的文化底蕴通过墙绘、石刻、文化卷轴等建筑形式呈现于本地的人文广场、象征性雕塑和特色亭台楼阁等中心景观的设计中，从而凝聚区域人文精神，传递人文生态价值观，对人们的思想产生积极的生态影响。

二是，设计富含文化底蕴的功能区景观。如深入挖掘当地传统文化中蕴含的生态文明思想、史实、案例和典范等，开设具有本土特色的文化长廊，在社区广场、公共区域、公园等地摆放倡导生态文明和主张生态保护的思想家以及在生态保护方面作出重要贡献的人物画像

① 李文明、李勇、占佳等：《国内大学校园生态文化建设研究进展》，《江西科技师范大学学报》2014 年第 5 期。

或雕塑等，从而营造良好的生态素质教育氛围。

三是，细致规划各具特色的主体景区项目。如对花园绿地、道路广场、楼群凉亭、灯箱标牌和报栏等进行生态化设计，为人们创设绿草如茵、风景如画的生活环境；通过将物质环境中隐含的客体精神转化为生态感受，达到“其来也渐，其化也速，其入也深”的教育效果，提升人们的生态素养和培养其生态行为习惯。

2. 推动精神文化建设以营造生态素质教育氛围。生态精神文化建设可以塑造人们的生态观念，浸染他们的生态行为，锤炼他们的生态品格。需要将内涵丰富和寓意深刻的生态文明理念熔铸到人们的思想和行为中，从而塑造公众的生态环保意识，营造起生态素质教育的良好氛围。

一是，打造绿色生态的教学体系，弘扬校园生态文明主旋律。在各大高校或教育机构开设《城市规划学》《生物学》《生态经济学》《环境科学》等生态类学科。在学科教学设计中，应讲清楚生态文明建设对人类发展和我国现代化建设的必要性和紧迫性以及对改善人们生存和生活环境的重要意义，进而提升人们的生态素养和道德品质。

二是，利用各类媒体加大宣传力度，帮助人们形成正确的生态价值观。如运用广播、电视、报刊、微博、微信等媒体形式以浸泡式的宣传方式，构建积极向上、生态健康的舆论导向。另外，还可以借助世界环境日、地球日等环保主题日，组织学生观看生态环保素材的电影；围绕“敬畏生命、关爱自然”“人与自然共舞”等系列主题，开展摄影展、动漫展、绘画展等人们喜闻乐见的教育活动，以此唤醒人们内心对自然的爱与对全社会的担当，逐步强化生态道德情感。通过营造良好的社会生态文化氛围，引导和号召人们在实际生活中自觉保护生态环境，节约自然资源和能源，逐渐形成正确的生态文明意识和生态价值观念。

3. 强化制度文化建设以完善生态素质教育机制。制度是经由规则调节建立起来的秩序。[①] 生态制度文化要求在健全生态环保各项制度的基础上，确保生态文明教育的程序化和常态化进行，提升人们的生态文明素养。

一是，完善公众生态素质教育的参与制度。注重维护人们的群体利益与群体价值，将“生态环境－道德伦理－公民权利”的教育理念渗透到生态制度的制定中，保障人们在制度制定中的参与权、表达权和监督权；同时紧贴老百姓的日常生活，将“以人为本”“天人合一”的生态理念贯穿到各项制度的落实过程，使各项规章制度以生动活泼的形式融入人们的日常生活中，真正使生态素质教育接地气、落地行、扎下根。

二是，健全公众生态素质教育的评价制度。注意将生态文明知识、生态文明情感、生态文明价值取向和生态文明行为等目标体系的内容融入生态素质教育的评价制度中去，并且将生态文明评价因素与对人们的德育考核、综合素质测评紧密结合起来，不断提升工作的生态认知和生态责任感，进而外化为人们的生态文明行为。

三是，建立针对教师的生态素质教育激励制度。高校可以采取多种方式支持教师进行生态文明科研工作，努力建立一支学术功底深厚的教师队伍，比如，加强领导重视，为教师配备专门的生态文明研究室，以供教师进行生态知识方面的学术交流与探讨工作。针对生态科研领域设立专项经费，鼓励教师申报相关课题，撰写高层次的学术论文，并将理论经验应用于课堂教学中，以期更好地总结和梳理生态文明知识的内容、经验和规律等。同时，学校还应该鼓励优秀教师前往生态素质教育氛围浓厚的国家或地区开展学习或培训，进一步激发教师的研究热情。

4. 加强网络文化建设以抢占网络生态素质教育阵地。在生态教育方面，我们应充分认清并运用好互联网。随着网络信息化时代的到来，

---

① 韦森:《哈耶克式自发制度生成论的博弈论诠释——评肖特的〈社会制度的经济理论〉》，《中国社会科学》2003年第6期。

互联网技术、移动通信技术飞速发展，新媒体如同雨后春笋般破土而出。相对于传统媒体，新媒体具有信息存储量大、传递迅速、影响广泛的特点，具备表现形式活泼、现场感和冲击力强等特点，更易被公众接受。通过网络载体报道人类行为所导致的物种灭绝、生态危机等现象，重现现实生活中发生的环境污染、生态破坏事件，能够引发公民对生态问题的关注，引起公民的情感共鸣与心灵震撼，进而对自己的消费方式和生活方式重新审视与思考，进一步提高自身的生态危机意识与生态保护意识。在网络信息化时代，网络共享、微信、3D 技术、智能产品等逐渐被各大高校或教育机构教育所运用，加强网络阵地建设，营造一个天朗气清、生态良好的网络空间对于生态素质教育尤为重要。

一是，运用网络载体实现生态素质教育的立体化。网络具有很多无可比拟的优势，它拥有庞大的信息量和快速便捷的传播方式。通过 E-mail、网络视频、微博、网站论坛等方式进行一种交互式的人机交流，利用信息网络的图像、视频、图表、文字、音频等人们喜闻乐见的形式，实现人与人之间自由地、主动地传播生态文明信息。还可以创建生态文明教育网站，定期更新生态文明热点事件以及当今世界生态文明的发展趋势（如先进的生态环境管理模式、有效的治污防污经验等），适时发布国内外的生态现状与最新生态信息（如城市雾霾的防治、食品安全问题的管控、能源资源的管理、沙漠化荒漠化的治理等），使公众在网络环境的熏陶和真实案例的启发中，强化对生态文明的认可和认同，形成对生态文明观念和意识的内心建构，进而提高其生态素质。在学校里，可以通过慕课、微课等新型授课方式使师生交流方式信息化；以视频、图像、音频、文字等生动活泼的形式促进生态文明信息的自由传播，使受教育者在网络生态环境的熏陶和真实生态案例的启发中形成对生态文明观念的内心建构，进而提升人们的生态文化素质和生态践行能力。

二是，运用手机载体实现生态文明教育的实时化。在信息化的今天，手机载体打破了时间和空间的界限，可以使人们自由、快速、实时地获取知识、交流信息、传播信息，因而要鼓励人们通过 QQ 视频、网络会议、微信群等信息平台积极宣传与生态文明相关的思想观念、法律法规和热点问题等，在共享式的信息传播模式中积极宣传生态保护方面的先进人物及其典型事迹，传递正能量，不断提高人们对生态文明理念的认同度，进而使其转化为人们的行为习惯，提高人们生态素质教育的成效。比如，可建立微信群聊组、微信公众号、QQ 兴趣讨论组、生态保护监督电话等，定期组织阅读生态方面的书籍并举办交流会、积极宣传生态保护典型事迹和先进人物，监督人们浪费食物和水电的行为，等等，使人们能够从无意识学习、无目的行动到有意识学习、有目的行动，营造一种破坏生态环境可耻、保护生态环境光荣的良好氛围，让生态文明观迅速扎根于人们的价值观念中，最终形成人与自然和谐相处的生产方式和生活方式。

结　　论

自 18 世纪 60 年代以来，随着工业革命的飞速发展，人们的工具理性极大地膨胀，而价值理性逐渐式微，人们为了追求自由和经济利益，不惜破坏自然环境，自然资源遭到极大破坏，生态问题也成为危及人类正常生活的严峻问题。20 世纪以来，随着经济社会的快速发展和人类对自然的过度开发，土地退化、水源污染、物种锐减、气候变暖等现象日趋严重，人们为了更好地剖析产生此类问题背后的根本原因，逐渐摒弃了从经济技术等层面出发进行分析的思路，转而从教育文化和价值理念等层面进行反思。人们认为，当今世界的生态问题是人类中心主义和主客体二元论等错误观念的必然结果，技术的后果可以由转变经济方式和革新科学技术得以消解，而源于人的内心和思维观念的问题则无法通过技术手段去解决。关键在于，人类需要转变价值观和思维方式，对人类社会发展进程中取得的各类成就和问题进行反思，对以自然环境为宰制对象的二元论思想进行全面审视与剖析，进而形成一种超越人类中心主义的环境道德观和价值观。在过去一个世纪，人类饱受生态危机之苦，生态文明作为对工业文明的反思和超越，在世界范围内得以推广，为人类文明发展进程奏响新的乐章。而承载着新价值观和发展观的国民生态素质教育，作为生态文明建设的文化需要和精神引领，旨在帮助人们在遵循生态文明理念的前提下，以内向的精神修炼控制甚至克制外向的过度欲求，实现从“物的开发”向“心的开发”转换，以整体、系统、宏观的思维构筑一个普遍关怀、返璞归真的生态型和关联型社会。这就需要我们推动教育实现改革和创新，应以生态学原理为依据，传播生态文明知识，增强生态文明意识和素养，在全社会重塑生态素质教育新模式。本书主要从以下几方面进行了详细阐述。

第一，国民生态素质教育的理论内涵和基本内容。国民生态素质教育是一种“关注整体”的智慧型教育，倡导在坚持人与自然共融共生理念指导下，关注人类社会和自然界的现实与未来，致力于培养人们的生态伦理观，增强人们的生态认知，强化人们的生态实践行为等，进而推动人类社会和自然界的健康持续稳定发展。国民生态素质教育主要包括生态认知教育、生态意识教育、生态实践教育以及生态法治教育等。同时，马克思主义经典作家、中国共产党人、中国传统以及西方社会的相关生态素质教育思想也为我们开展生态素质教育工作提供了理论指导，比如，人的全面发展思想、绿色环保和发展思想、生态伦理思想等都为我们进一步深化和拓展生态素质教育研究领域提供了宏阔理论视野，指导我们在不断践履和谐共生绿色发展理念的过程中，培育人与自然和谐发展的生态文明价值观，健全持久长效的生态素质教育制度，创新深具人文情怀的生态技术以及发挥社会多元参与的生态善治作用等，积极推动人与自然和谐发展、人与人互爱互利，为构建生态命运共同体提出了我国富有包容性和互惠性的集体智慧方案。

第二，推进国民生态素质教育的必要性和基本思路。当今社会，人们在追赶效益、数据和各类结果的过程中，逐渐忽略了人类社会和自然生态系统的有机联系与共荣共生，忽略了培养的人才“为什么而活”“要建设一个什么样的世界”等关键问题，人们的生态道德感和生态素养水平趋于下降，在功利主义和效用主义至上的理念的指导下，塑造出的往往是对待大自然、他人和社会机械冷漠的人，这就使得人们难以培育起互促互安、民胞物与的生态价值观。因此，为了克服当今各类生态危机和生命关怀缺失问题，应对国民素质不平衡发展问题以及实现教育强国和中国梦的迫切要求，要求人们积极推进国民生态素质教育，切实践履生态文明理念并为自然界万物创造共同福祉。其基本思路应该是增进对美好世界的完整认知，将慈悲情怀扩大到世界万物；构建尊重差异和欣赏他者的生态道德观，培养厚道宽容的人文情怀；重唤有灵魂的和有根的教育，努力为万物的持久繁茂创造共同福祉。最终，不断强化人们的生态文明理性自觉和使命担当感，重新培育人类对自然界万物的敬畏之情和命运共同体意识，还能更好地促使我国社会发展持续释放生命活力，推动生态文明建设和构建美丽中国，加快推动中华民族伟大复兴的中国梦以及我国教育现代化目标的实现，进而实现经济的绿色化转型和教育的生态化转型。

第三，推进国民生态素质教育的基本路径。我国在生态素质教育方面仍存在生态素质教育理念淡薄、生态素质教育教学体系不完善、生态素质教育技术落后、生态素质教育环境缺失等问题，要想从根本上解决人与自然环境之间的各类矛盾，首先要规范人们的生态文明价值观，增强人们对自然环境的爱和责任感，提高人们的审美情趣和鉴赏能力。为克服工业化带来的各类生态问题，美国、俄罗斯、德国、日本等国家积极推进生态环境教育，做好生态素质教育工作，通过宣传环境教育、重视教学改革、发挥市场监管职能、加强立法和执法建设、合理开发利用资源以及构建协作网络等，使得国家的整体人居环境有所改善，社会总体环境也从“寂静的春天”变成了鸟语花香的绿色家园，这在一定程度上为我们提供了经验借鉴。进入社会主义生态文明新时代的今天，我们应该逐渐树立起生态文明观念和道德准则，培育起共同的目标认同感和生态价值观，通过不断培养生态文明意识，更新国民生态素质教育理念；丰富生态文明知识，增强国民生态素质教育效果；加强生态教育制度，完善国民生态素质教育体系；优化生态教育环境，营造国民生态素质教育氛围；创新生态教育形式，拓宽国民生态素质教育渠道等途径，不断强化人们的生态文明素养。最终，努力培养人们打通学问与生命的能力，实现人与人、人与自然的和解以及万物相安而处的良性平衡局面，把教育打造成一个生命鲜活展开的过程，使得人们在“五彩缤纷的生活”中更好地洞悉万物间的“互在”联系状态，建立起对生命价值和意义的科学认知，激发人们对情感、责任和美的认知，使得教育成为一种共情教育，人们能够在深具关联性思维和悲悯情怀的生态理念的指导下，利用有机联系的思维与自然界万物共同绘就一幅美丽祥和的图景，也使得人 - 自然 - 社会整个生态系统更加紧密地联系在一起，更加富有生命力和活力。

曾繁仁先生曾经说过，自然之美既不是实体之美，也不是人造之美，而是人与自然的关系之美，即一种共同体之美。具体来说，要想构筑一种厚道美好、宽缓静定的生命共同体之美，就要呼吁全社会推动生态素质教育，并在教育过程中通过知识传播、精神引领、物质实体构建、制度保障和行为规范等手段和方式，逐步增强人们的自然资本意识，培育起以生态价值观为基础的生态伦理意识和保护意识，使得人们更好地践行社会主义核心价值观，促进人们自由全面可持续的发展，推动建成人民满意的教育，最终为国家教育事业发展与民族振兴服务，搭建起人与自然相互依存、相互促进的和谐状态。同时，在处理人类与自然关系的实际行动中，引导人类像对待生命一样对待生态环境，以互利互惠的观念处理人与自然的关系，并形成绿色发展方式和生产生活方式，进而在人类与自然之间建立起和谐、平等、持续、健康的伙伴关系，让天更蓝、山更绿、水更清、环境更优美，推动形成人与自然和谐发展现代化建设新格局，构建人与自然和谐共生的人类命运共同体，助力教育现代化和美丽中国建设，实现中华民族伟大复兴。

参考文献

一　著作类

《党的十九大文件汇编》，党建读物出版社 2017 年版。
《邓小平文选》第 1、2 卷，人民出版社 1994 年版。
《邓小平文选》第 3 卷，人民出版社 1993 年版。
国家环境保护总局、中共中央文献研究室：《新时期环境保护重要文献选编》，中央文献出版社、中国环境科学出版社 2001 年版。
《胡锦涛文选》第 1—3 卷，人民出版社 2016 年版。
《江泽民文选》第 1—3 卷，人民出版社 2006 年版。
《列宁选集》第 1—4 卷，人民出版社 2012 年版。
《马克思恩格斯全集》第 44、46 卷，人民出版社 2001、2003 年版。
《马克思恩格斯选集》第 1—4 卷，人民出版社 2012 年版。
《毛泽东选集》第 1—4 卷，人民出版社 1991 年版。
《十八大以来重要文献选编》（上），中央文献出版社 2014 年版。
《十八大以来重要文献选编》（中），中央文献出版社 2016 年版。
《十八大以来重要文献选编》（下），中央文献出版社 2018 年版。
《十九大以来重要文献选编》（上），中央文献出版社 2019 年版。
《习近平谈治国理政》，外文出版社 2014 年版。
《习近平总书记系列重要讲话读本（2016 年版）》，学习出版社、人民出版社 2016 年版。

《习近平关于社会主义生态文明建设论述摘编》，中央文献出版社 2017 年版。

二 中文专著

曹关平：《中国特色生态文明思想教育论》，湘潭大学出版社 2015 年版。
陈丽鸿、孙大勇：《中国生态文明教育理论与实践》，中央编译出版社 2009 年版。
丁丽燕：《环境困境与文化审思：生态文明进程中温州地域文化的传承与转型》，中国环境科学出版社 2007 年版。
高中华：《环境问题抉择论：生态文明时代的理性思考》，社会科学文献出版社 2004 年版。
胡筝：《生态文化：生态实践与生态理性交汇处的文化批判》，中国社会科学出版社 2006 年版。
环境保护部环境与经济政策研究中心：《生态文明制度建设概论》，中国环境出版社 2016 年版。
郇庆治：《文明转型视野下的环境政治》，北京大学出版社 2018 年版。
黄承梁、余谋昌：《生态文明：人类社会全面转型》，中共中央党校出版社 2010 年版。
姬振海：《生态文明论》，人民出版社 2007 年版。
江泽慧：《生态文明时代的主流文化——中国生态文化体系研究总论》，人民出版社 2013 年版。
柯进华：《柯布后现代生态思想研究》，浙江大学出版社 2018 年版。
孔德新：《绿色发展与生态文明：绿色视野中的可持续发展》，合肥工业大学出版社 2007 年版。
李明华等：《人在原野——当代生态文明观》，广东人民出版社 2003 年版。
刘爱军：《生态文明研究》第 3 辑，山东人民出版社 2013 年版。

刘湘溶：《生态伦理学》，湖南师范大学出版社 1992 年版。
刘晓东：《教育自然法的寻求》，江苏凤凰教育出版社 2018 年版。
刘增惠：《大学环境道德教育研究——以思想政治教育为视角》，北京师范大学出版社 2015 年版。
刘增惠：《马克思主义生态思想及实践研究》，北京师范大学出版社 2010 年版。
龙睿赟：《中国特色社会主义生态文明思想研究》，中国社会科学出版社 2017 年版。
蒙秋明、李浩：《大学生生态文明观教育与生态文明建设》，西南交通大学出版社 2010 年版。
钱俊生、余谋昌主编：《生态哲学》，中共中央党校出版社 2004 年版。
单中惠：《西方教育思想史》，教育科学出版社 2007 年版。
沈满洪主编：《生态经济学》，中国环境科学出版社 2008 年版。
沈月：《生态马克思主义价值研究》，人民出版社 2015 年版。
万劲波、赖章盛：《生态文明时代的环境法治与伦理》，化学工业出版社 2007 年版。
王宏斌：《生态文明与社会主义》，中央编译出版社 2011 年版。
王锦贵主编：《经典文献与大学生素质教育研究》，北京大学出版社 2009 年版。
王治河、樊美筠：《第二次启蒙》，北京大学出版社 2011 年版。
吴凤章：《生态文明构建：理论与实践》，中央编译出版社 2008 年版。
吴坚、许振成：《环境安全教育研究》，科学出版社 2016 年版。
徐辉、祝怀新：《国际环境教育的理论与实践》，人民教育出版社 1996 年版。
徐艳梅：《生态学马克思主义研究》，社会科学文献出版社 2007 年版。
严耕、林震、杨志华主编：《生态文明理论构建与文化资源》，中央编译出版社 2009 年版。
杨斌：《教育美学十讲》，华东师范大学出版社 2015 年版。

姚晓娜：《美德与自然：环境美德研究》，华东师范大学出版社 2016 年版。

于海量：《环境哲学与科学发展观》，南京大学出版社 2007 年版。

余谋昌：《环境哲学：生态文明的理论基础》，中国环境科学出版社 2010 年版。

俞田荣：《中国古代生态哲学的逻辑演进》，中国社会科学出版社 2014 年版。

赵成、于萍：《马克思主义与生态文明建设研究》，中国社会科学出版社 2016 年版。

赵载光：《天人合一的文化智慧——中国传统生态文化与哲学》，文化艺术出版社 2006 年版。

周敬宣：《可持续发展与生态文明》，化学工业出版社 2009 年版。

朱镜人：《英国教育思想之演进》，人民教育出版社 2014 年版。

诸大建主编：《生态文明与绿色发展》，上海人民出版社 2008 年版。

祝怀新主编：《环境教育的理论与实践》，中国环境科学出版社 2005 年版。

三　中文译著

[英] A. J. 汤因比、[日] 池田大作：《展望二十一世纪——汤因比与池田大作对话录》，荀春生、朱继征、陈国梁译，国际文化出版社 1985 年版。

[日] 岸根卓郎：《环境论——人类最终的选择》，付鉴译，南京大学出版社 1999 年版。

[美] 奥尔多·利奥波德：《沙乡年鉴》，侯文蕙译，吉林人民出版社 1997 年版。

[美] 查伦·斯普瑞特奈克：《真实之复兴：极度现代的世界中的身体、自然和地方》，张妮妮译，中央编译出版社 2001 年版。

［日］池田大作、［德］狄尔鲍拉夫：《走向21世纪的人与哲学：寻求新的人性》，宋成有、李国良、刘文柱、张力译，北京大学出版社1992年版。

［美］大卫·W. 奥尔：《大地在心——教育、环境、人类前景》，君健、叶阳译，商务印书馆2013年版。

［美］大卫·雷·格里芬：《复魅何须超自然主义——过程宗教哲学》，周邦宪译，译林出版社2015年版。

［美］大卫·雷·格里芬：《后现代科学——科学魅力的再现》，马季方译，中央编译出版社2004年版。

［英］戴维·佩珀：《生态社会主义：从深生态学到社会正义》，刘颖译，山东大学出版社2005年版。

［德］底特利希·本纳：《普通教育学—教育思想和行动基本结构的系统的和问题史的引论》，彭正梅、徐小青、张可创译，华东师范大学出版社2006年版。

［美］菲利普·克莱顿、［美］贾斯廷·海因泽克：《有机马克思主义——生态灾难与资本主义的替代选择》，孟献丽、于桂凤、张丽霞译，人民出版社2015年版。

［美］H. 帕克：《美学原理》，张今译，广西师范大学出版社2001年版。

［美］亨利·戴维·梭罗：《瓦尔登湖》，徐迟译，上海译文出版社2011年版。

［英］怀特海：《教育的目的》，徐汝舟译，生活·读书·新知三联书店2022年版。

［美］霍尔姆斯·罗尔斯顿：《哲学走向荒野》，刘耳、叶平译，吉林人民出版社2000年版。

［英］克里斯托弗·卢茨：《西方环境运动：地方、国家和全球向度》，徐凯译，山东大学出版社2005年版。

［美］莱斯特·R. 布朗：《生态经济——有利于地球的生态构想》，林自新、戢守志等译，东方出版社2002年版。

［美］蕾切尔·卡逊：《寂静的春天》，吕瑞兰、李长生译，吉林人民出版社 1997 年版。
［美］理查德·洛夫：《林间最后的小孩：拯救自然缺失症儿童》，自然之友译，湖南科技出版社 2013 年版。
［美］刘易斯·芒福德：《技术与文明》，陈允明、王克仁、李华山等译，中国建筑工业出版社 2009 年版。
［德］马丁·海德格尔：《海德格尔选集》，孙周兴译，上海三联书店 1996 年版。
［加］马克斯·范梅南：《生活体验研究——人文科学视野中的教育学》，宋广文等译，教育科学出版社 2003 年版。
［法］施韦泽：《敬畏生命：五十年来的基本论述》，陈泽环译，上海社会科学院出版社 2003 年版。
［美］约翰·贝拉米·福斯特：《马克思的生态学——唯物主义与自然》，刘仁胜、肖峰译，高等教育出版社 2006 年版。

四　中文期刊

［俄］3. B. 基鲁索夫、余谋昌：《生态意识是社会和自然最优相互作用的条件》，《哲学译丛》1986 年第 4 期。
［澳］阿伦·盖尔、武锡申：《走向生态文明：生态形成的科学、伦理和政治》，《马克思主义与现实》2010 年第 1 期。
陈凤芝：《生态法治建设若干问题研究》，《学术论坛》2014 年第 4 期。
陈俊：《习近平新时代生态文明思想的理论特征》，《广西社会科学》2018 年第 5 期。
陈泉生：《生态文明与环境法制建设》，《法学论坛》2007 年第 1 期。
陈学明：《在马克思主义指导下进行生态文明建设》，《江苏社会科学》2010 年第 5 期。
陈艳：《论高校生态文明教育》，《思想理论教育导刊》2013 年第 4 期。

陈志尚：《论生态文明、全球化与人的发展》，《北京大学学报》（哲学社会科学版）2010 年第 1 期。

陈自龙：《大学生生态文明教育路径探讨》，《教育探索》2014 年第 5 期。

成长春：《21 世纪的怀特海式大学——科布博士访谈录》，《全球教育展望》2007 年第 1 期。

程融：《新时代民族高校文化生态建构路径研究》，《西南民族大学学报》（人文社会科学版）2019 年第 12 期。

褚宏启：《核心素养的国际视野与中国立场——21 世纪中国的国民素质提升与教育目标转型》，《教育研究》2016 年第 11 期。

［美］大卫·雷·格里芬、柯进华：《建设性后现代主义与生态思维》，《唐都学刊》2013 年第 5 期。

邓坤金、李国兴：《简论马克思主义的生态文明观》，《哲学研究》2010 年第 5 期。

杜昌建、李冬雪：《“美丽中国”视域下的生态文明教育意义探析》，《教学与管理》2014 年第 15 期。

杜和平、吕峰：《习近平政治生态观的内在逻辑和建构路径》，《学校党建与思想教育》2020 年第 8 期。

段蕾、康沛竹：《走向社会主义生态文明新时代——论习近平生态文明思想的背景、内涵与意义》，《科学社会主义》2016 年第 2 期。

方德志：《论亚里士多德“自然”德性伦理学对德性伦理学复兴的启示》，《道德与文明》2010 年第 5 期。

方世南：《建设生态文明关系人民福祉关乎民族未来的价值意蕴》，《福建师范大学学报》（哲学社会科学版）2019 年第 3 期。

方世南：《生态文明与现代生活方式的科学建构》，《学术研究》2003 年第 7 期。

方世南、罗志勇：《开创新时代实现人民对美好生活向往的宏大历史伟业——兼论十九大报告对唯物史观的继承和发展》，《苏州大学学报》（哲学社会科学版）2018 年第 2 期。
方炎明、郭娟、姜琪等：《美国高校环境教育现状分析与思考》，《中国林业教育》2004 年第 2 期。
房丽：《学校德育的生态化发展研究》，《教学与管理》2020 年第 12 期。
封伟、彭谦：《高校学生生态文明素质教育的必要性及其实施机制探析》，《高教论坛》2018 年第 11 期。
冯杰、高继璐：《美、德、日三国环境教育的特点及启示》，《环境教育》2011 年第 11 期。
冯旺舟：《生态批判与社会主义的反思——论高兹对生态社会主义乌托邦的构建》，《福建论坛》（人文社会科学版）2018 年第 2 期。
付文杰、何艳玲：《论生态文明与生态道德教育》，《教育探索》2005 年第 12 期。
傅禄建：《我国素质教育政策及实践的反思》，《教育发展研究》2011 年第 10 期。
谷松岭、熊琳：《高校思想政治教育生态环境问题及应对》，《学校党建与思想教育》2019 年第 24 期。
郭学军、张红海：《论马克思恩格斯的生态理论与当代生态文明建设》，《马克思主义与现实》2009 年第 1 期。
洪大用：《经济增长、环境保护与生态现代化——以环境社会学为视角》，《中国社会科学》2012 年第 9 期。
蒋笃运：《试论马克思人化自然观的生态文明意蕴》，《自然辩证法研究》2000 年第 10 期。
金建松、姚晓芬：《德育课程一体化蕴德怡情》，《中国德育》2018 年第 24 期。
瞿振元：《素质教育：当代中国教育改革发展的战略主题》，《中国高教研究》2015 年第 5 期。
阚阅：《教育全球化：和谐·差异·共生——第三届世界比较教育论坛综述》，《比较教育研究》2009 年第 2 期。

李长平、戴恒艳：《对新时代生态文明建设的思考》，《当代教育实践与教学研究》2019年第1期。
李丹、李凌羽：《“一带一路”生态共同体建设的理论与实践》，《厦门大学学报》（哲学社会科学版）2020年第3期。
李海新：《生态文明：建设中国特色社会主义的道路抉择》，《江汉论坛》2010年第12期。
李佳娟、陆树程：《论生态家风构建及其现实意义》，《思想理论教育导刊》2019年第11期。
李培超：《论生态文明的核心价值及其实现模式》，《当代世界与社会主义》2011年第1期。
李全文：《全面依法治国视域中的大学生法治教育》，《思想理论教育导刊》2016年第5期。
李鑫、虞依娜：《国内外自然教育实践研究》，《林业经济》2017年第11期。
李杨、李雪玉、何桂云：《大学生生态文明素养教育现状研究——基于吉林省高校样本的调查与分析》，《黑龙江高教研究》2018年第2期。
梁超：《实践视角下绿色发展理念：哲学基础、现实困境及建构向度》，《南京航空航天大学学报》（社会科学版）2018年第1期。
林晓：《生态位视野下高校立德树人探微》，《扬州大学学报》（高教研究版）2020年第2期。
林智理：《生态文明教育与高校的实践策略研究》，《黑龙江高教研究》2009年第9期。
刘顿：《新时代中国绿色发展思想的哲学意蕴及实践价值——基于马克思实践理性的阐释》，《重庆大学学报》（社会科学版）2018年第5期。
刘怀光：《生态文明与人类世界观的转变》，《理论探讨》2003年第3期。

刘经纬、赵晓丹：《对学生进行生态文明教育的模式与途径研究》，《教育探索》2006 年第 12 期。
刘惊铎：《生态体验德育理论及其实践》，《中国德育》2016 年第 20 期。
刘丽红、张忠：《高校生态文明教育的哲学思考》，《教育评论》2016 年第 3 期。
刘水芬、周松、宋宇新：《中外生态意识的实践分析及其对生态文明建设的启示》，《湖北社会科学》2009 年第 8 期。
龙静云、崔晋文：《生态美育：重要价值与实施路径》，《中州学刊》2019 年第 11 期。
陆林召：《加强大学生生态文明教育的意义及实施策略》，《学校党建与思想教育》2015 年第 2 期。
路日亮、王丹：《生态伦理与理性生态人培育》，《河南师范大学学报》（哲学社会科学版）2014 年第 1 期。
罗刚淮：《学校生态建构探究》，《教学与管理》2020 年第 10 期。
罗贤宇、俞白桦：《绿色教育：高校生态文明建设的路径选择》，《云南民族大学学报》（哲学社会科学版）2017 年第 2 期。
马永庆：《生态文明建设的道德思考》，《伦理学研究》2012 年第 1 期。
潘家华：《加强生态文明的体制机制建设》，《财贸经济》2012 年第 12 期。
彭妮娅：《以生态教育推动垃圾分类实践》，《中国德育》2019 年第 21 期。
齐金池、高志忠、熊晓霞：《关于生态文明的哲学思考》，《新疆大学学报》（哲学社会科学版）1997 年第 2 期。
秦书生、吕锦芳：《习近平新时代中国特色社会主义生态文明思想的逻辑阐释》，《理论学刊》2018 年第 3 期。
邱柏生：《试论思想政治教育生态研究的方法论意义——兼论生态德育研究的方法论指向》，《思想教育研究》2011 年第 8 期。
佘正荣：《环境伦理学的价值论依据》，《科学技术与辩证法》2002 年第4期。
申曙光：《生态文明及其理论与现实基础》，《北京大学学报》（哲学社会科学版）1994年第3期。
生态环境部环境与经济政策研究中心课题组：《公民生态环境行为调查报告（2019年）》，《环境与可持续发展》2019年第3期。
石晓芸：《基于生态体验观的德育课程一体化》，《思想政治课教学》2019年第11期。
宋林飞：《生态文明理论与实践》，《南京社会科学》2007年第12期。
宋锡辉：《生态文明建设与思想政治教育的价值》，《云南民族大学学报》（哲学社会科学版）2010年第1期。
苏君阳：《素质教育认识论的误区及其超越》，《北京师范大学学报》（社会科学版）2008年第6期。
苏星鸿：《论马克思主义生态文明观及其时代化》，《学术论坛》2012年第6期。
孙彦泉：《生态文明的哲学基础》，《齐鲁学刊》2000年第1期。
孙颖、杨红娟：《现代科技生态负效应的表现、成因及应对》，《生态经济》2020年第4期。
汤佳乐、程放、黄春辉等：《素质教育模式下大学生实践能力与创新能力培养》，《实验室研究与探索》2013年第1期。
唐玉青：《公民参与生态治理的行为逻辑与实现路径》，《学习论坛》2019年第8期。
田恒国：《习近平生态文明思想的理论价值及实践意义》，《邓小平研究》2018年第2期。
汪燕、任铃：《党的十八大以来我国生态治理的理论进展和研究展望》，《经济与社会发展》2018年第5期。
王丹丹、张晓琴：《大学生生态文明意识的调查分析——基于南京市部分高校调研数据》，《南京林业大学学报》（人文社会科学版）2018年第3期。

王国良：《试论儒家万物一体的自然观与生存观》，《社会科学战线》2010 年第 8 期。

王海琴：《深层生态学借鉴海德格尔思想所遇理论困难及应对——兼论中国环境伦理学借鉴纲领的局限与超越》，《自然辩证法研究》2017 年第 8 期。

王辉、杜娟：《国家公园自然与文化结合表现梳理及借鉴》，《大连民族大学学报》2019 年第 6 期。

王学俭、宫长瑞：《试析马克思主义生态文明观及其当代意蕴》，《理论探讨》2010 年第 2 期。

王义遒：《深刻领会　积极做好“发展素质教育”》，《中国大学教学》2018 年第 1 期。

王雨辰：《略论我国生态文明理论研究范式的转换》，《哲学研究》2009 年第 12 期。

王雨辰：《论马克思的生态哲学思维方式及其价值指向》，《中山大学学报》（社会科学版）2018 年第 2 期。

王玉庆：《生态文明——人与自然和谐之道》，《北京大学学报》（哲学社会科学版）2010 年第 1 期。

王治河：《中国和谐主义与后现代生态文明的建构》，《马克思主义与现实》2007 年第 6 期。

温恒福：《建设性后现代教育论》，《教育研究》2012 年第 12 期。

文丰安：《新时代加强农村生态治理的现实困境及可行途径》，《经济体制改革》2019 年第 6 期。

谢卫平：《生态道德教育：高校文化素质教育的重要内容》，《中国成人教育》2008 年第 12 期。

徐春：《生态文明与价值观转向》，《自然辩证法研究》2004 年第 4 期。

许英凤：《习近平生态文明思想及其当代价值》，《南京航空航天大学学报》（社会科学版）2019 年第 4 期。

颜克美：《当代大学生的生态文明教育路径探析》，《内蒙古师范大学学报》（教育科学版）2015 年第 5 期。
杨明、杨飞华：《论国家教育发展的国策性理念》，《浙江大学学报》（人文社会科学版）2017 年第 3 期。
杨文圣、焦存朝：《论生态文明与人的全面发展》，《理论探索》2006 年第 4 期。
叶澜：《素质教育推进现状及其原因辨析》，《教育发展研究》2011 年第 4 期。
尹晶晶：《城市生活垃圾分类视域下的生态文明建设研究》，《未来与发展》2019 年第 11 期。
余金成、余维海：《马克思主义中国化向现代化发展的生态文明取向》，《学术交流》2009 年第 9 期。
俞可平：《科学发展观与生态文明》，《马克思主义与现实》2005 年第 4 期。
虞嘉琦：《暧昧的共生：共生教育的困境及其超克》，《当代教育与文化》2018 年第 1 期。
喻聪舟、温恒福：《融合式教育治理现代化——新时代中国特色教育治理现代化的新趋势》，《现代教育管理》2019 年第 7 期。
曾繁仁：《我国自然生态美学的发展及其重要意义——兼答李泽厚有关生态美学是“无人美学”的批评》，《文学评论》2020 年第 3 期。
张博强：《略论大学生生态文明教育》，《思想理论教育导刊》2013 年第 6 期。
张青兰：《马克思主义的生态文明观及其现实意义》，《山东社会科学》2010 年第 8 期。
张云飞、黄顺基：《中国传统伦理的生态文明意蕴》，《中国人民大学学报》2009 年第 5 期。
赵丽：《论生态文明引领下的工业化思路》，《齐鲁学刊》2010 年第 4 期。
赵绍敏：《坚持和发展马克思主义的生态文明理论》，《科学社会主义》

2010 年第 6 期。
郑丽娟、何友鹏：《人与自然在实践中走向和解的三重维度解读》，《学习论坛》2019 年第 5 期。
周杨：《新时代生态文明建设的实践路径》，《中共天津市委党校学报》2018 年第 6 期。
朱秀红、茹广欣：《基于在线开放课程的高校生态文明素质教育模式探索与实践》，《广西教育学院学报》2019 年第 6 期。
卓越、赵蕾：《加强公民生态文明意识建设的思考》，《马克思主义与现实》2007 年第 3 期。

五 学位论文

范梦：《思想政治教育视野下大学生生态文明教育研究》，博士学位论文，中国矿业大学，2017 年。
高炜：《生态文明时代的伦理精神研究》，博士学位论文，东北林业大学，2012 年。
宫长瑞：《当代中国公民生态文明意识培育研究》，博士学位论文，兰州大学，2011 年。
刘涵：《习近平生态文明思想研究》，博士学位论文，湖南师范大学，2019 年。
王丹：《生态文化与国民生态意识塑造研究》，博士学位论文，北京交通大学，2014 年。
王甲旬：《生态文明教育的新媒体途径研究》，博士学位论文，中国地质大学，2016 年。
魏恒：《从“经济理性”批判到“生态理性”构建——安德烈·高兹生态学马克思主义思想研究》，博士学位论文，吉林大学，2019 年。
徐莹：《生态道德教育实现方法研究》，博士学位论文，山东师范大学，2013 年。

周小李：《马克思教育观视域下当代中国素质教育研究》，博士学位论文，中南大学，2012 年。

六　外文专著

Bill Devall，George Sessions，*Deep Ecology*：*Living as if Nature Mattered*，Layton，UT：Gibbs M Smith，1985.

David W. Orr，*Ecological Literacy*：*Education and the Transition to a Post-modern World*，Albany：State University of New York Press，1992.

Gwyn P. rins，*Threats without Enemies*，London：Earths Can，1993.

The World Resources Institute etal.，*World*，*Resources*-1992－1993，Oxford：Oxford University Press，1992.

七　外文期刊

Ahel Oliver and Schirmer Moritz，Education for Sustainable development through research-based learning in an online enviroment，*International Journal of Sustainability in Higher Education*，2023，24（1）.

Collado Ruano Javier and Segovia Sarmiento Joselin，Ecological Economics Foundations to Improve Emironmental Education Practices：Designing Regenerative Cultures，*World Futures*，2022，78（7）.

Santosh Kumar Mishra，Environment and Sustainable Development Initiatives in Jamaical，*Journal of Energy and Natural Resources*，2014，2（6）.

后　记

生态文明是一种人与自然、社会与自然、人与人之间的立体性多维关系，理应融入经济建设、政治建设、文化建设和社会建设，自然也要贯穿教育事业的各方面和全过程，作为一名教育工作者，我们呼吁围绕生态文明建设总体目标建立一系列符合生态文明与可持续发展原则的新理念、新思路、新方法。在教育事业中深入贯彻落实绿色发展理念和生态文明观，站在人与自然和谐共生的高度谋划教育发展，在社会主义现代化建设事业的宏阔背景下，创建普惠包容的幸福社会，打造人与自然和谐共处的美丽家园。借本书交稿之际，提出几点未来畅想。

“我们不把自己与自然紧紧地连接在一起，就不能赢得挽救物种和环境的战争，因为我们不会去挽救我们不爱的东西。”希望未来有更多的仁人志士将饱含深情的“爱”渗透于生态文明建设乃至教育改革创新事业，把传统的正义、善良、仁慈和关爱等情感应用于人与自然的关系层面，构建起人与自然互生互济的伦理精神。同时，把从事与自然环境、本土文化等密切相关的工作领域的人（如农业和林业工作者、生态学家、景区设计师）纳入到教育者范围之内，开展项目展演、主题研讨、产学研协作等活动，把多元化学科群知识引入教学中，拨正对高技术的过度沉迷，培养更多具备生态情感、生态良知和生态正义的新型“绿色公民”，使得人性更加丰赡与纯真，进而唤起全社会对人类远景负责的、持久的爱和担当感。

“人类智慧的增长源于与土地、动植物、森林等自然界万物的密切接触，从不断密切地和大地的接触中，人们会获得极大的满足感。”由此，我们要在强化对生态问题科学认知的同时，继续投身生态文明理论宣讲、生态环保科研攻关、禁塑行动、环境污染防治、生态系统保护、国家公园建设、垃圾分类等“体验感悟”式活动，在形式多样、富有实效的实践活动中，感受生命万物的神奇与坚强，实现对他者的关爱、对本真的向往、对智慧和慈悲的探寻等，进而真正理解多元生命之间的和谐共生与包容互惠，培育起以感受天地生命和推己及人的方式而“求诸于己”的价值取向。同时，也能强化绿色发展意识和环境政治认知，向全世界推广中国特色社会主义的生态理论与生态政治思维，完成“工业文明解构”和“生态文明建构”。

“教育要根植于自然、本土、本民族、传统历史文化和智慧当中去，用有根的教育培养全面、鲜活，富有同情心、归属感与责任感的、整体和谐的世界公民。”中华文明本身也具有强烈的合生态化特质，几千年的农耕文化蕴育着深厚的生态认知思维。因此，我们要从或遥远、或近逝的过去中发掘被遗忘的中华文明智慧，引领社会公众思维认知实现从超越自然到回归自然、从外向征服到内心省悟的真正转变。中国传统的“天人合一”“民胞物与”“道法自然”“仁民爱物”“见素抱朴，少私寡欲”等理念蕴含着丰富的环境人文社会关怀和思考，是我们易于理解的话语范式与文化模板，我们要在学习马克思经典作家相关生态理论的基础上，持续凝练中国特色的生态哲学、生态新社会运动、生态审美、生态现代化理论与环境治理等理论与思想，并将其转化成为全社会的主导性政治文化共识与生态行为自觉，实现对当今文明制度构架和文明核心理念的重建，探索蕴含生态可持续性与社会公正目标的社会主义“红绿”发展模式，创建一种不同于资本主义制度与文化的新社会、新文明，找寻一条走向人、自然与社会之间的和谐统一（即“两个和解”）的有效路径。

“自然之美既不是实体之美，也不是人造之美，而是人与自然的关系之美，即一种共同体之美。”我们要想构筑一种厚道美好、宽缓静定的生命共同体之美，实现“自由地对宇宙发问，与万物为友”，就要全面推动生态素质教育，在教育过程中通过知识传播、精神引领、物质实体构建、制度保障和行为规范等手段，逐步增强人们的自然资本意识，培育起以生态价值观为基础的生态伦理意识和保护意识，让人们能够在深具关联性思维和悲悯情怀的生态理念指导下，绘就一幅自然界万物繁荣祥和的美丽图景。同时，引导人们更好地践行社会主义核心价值观，助推实现人的自由全面可持续发展，推动建成人民满意的教育，最终为国家教育事业健康发展与中华民族伟大复兴增砖添瓦。

世界是普遍联系的，没有人是孤立无援的，当然我也不是。生命中的许多人给予了我支持、鼓励与善意，对此我深表感激。首先，要感谢我的外祖母和我的父母，从小就教会我真诚为人、高贵处事、优美待物的道理，使我一向心存温暖、珍惜美好、不舍努力，我满怀思念、爱戴与感激之情将本书献给最爱的您们。其次，感谢古今中外生态文明研究事业的前辈和学生时代给予我莫大支持的老师们，您们给了我思想启发和创作灵感，让我找到了充满力量与催人奋进的节奏。最后，我要感谢所有激发并深化了本书思想的朋友、学生和我的家人，特别是海南岛上我那一群纯真可爱、心向光明的学生，以及在人生低谷给了我无限力量的我的孩子，谢谢你们无声却又强大的赐予。同时，我也要向为本书得以问世付出心血的中国社会科学出版社诸编辑们敬达谢忱！尽管作者为本书付出了艰辛努力，但受理论知识和论述水平所限，书中有许多地方有待深入探究，然，纰漏之处均不是我所要感谢的人的责任。期望各界同仁和广大读者在阅读过程中认真鉴别与思考，敬请批评指正。

邵娜娜

2024 年 3 月 20 日